圖解系列

圖解

本書特色
● 輕鬆理解食品加工學的發展與相關理論
● 以簡潔扼要的方式,清楚說明、重點整理
● 配合圖表輔助,加深學習記憶

食品添加物與實務

張哲朗
李明清等 / 著

閱讀文字

理解內容

觀看圖表

圖解讓
食品添加物
更簡單

序言

食品添加物在食品之製造、加工、調配、改裝、輸入或輸出之過程當中，扮演著重要的角色，食品原料經由添加不同功能的食品添加物來達到改善品質、降低成本以及延長保存的目的。食品添加物雖具有多種的功能，但是不當的使用及管理，卻會直接或間接危害消費者的健康。

近年來，國際上爆發多起因為食品添加物而導致人體健康的危害事件，例如2005年英國政府發現產品中可能含有具致癌性的工業用染色劑蘇丹紅一號；2008年中國發生奶粉中添加三聚氰胺事件，台灣2012年的澱粉事件，2013年的食用油混油事件以及2014年的餿水油、飼料油事件，也讓食品添加物相關議題受到消費大眾的極度重視。

民國108年6月12日新修訂的食品安全衛生管理法，第15條規定食品或食品添加物有下列情形之一者，不得製造、加工、調配、包裝、運送、貯存、販賣、輸入、輸出、作為贈品或公開陳列：一、變質或腐敗。二、未成熟而有害人體健康。三、有毒或含有害人體健康之物質或異物。四、染有病原性生物，或經流行病學調查認定屬造成食品中毒之病因。五、殘留農藥或動物用藥含量超過安全容許量。六、受原子塵或放射能污染，其含量超過安全容許量。七、攙偽或假冒。八、逾有效日期。九、從未於國內供作飲食且未經證明為無害人體健康。十、添加未經中央主管機關許可之添加物。

食品添加物的安全性是當前最熱門之課題，有關食品安全衛生的問題，一直是國人關注的焦點，多數之食品為了延長食品保存期限、擁有好的賣相等目的而被刻意的添加食品添加物，但若添加之數量過多，或添加不被核准之物質，極可能增加消費者身體負擔而危及健康。

行政院衛福部已經公告在案之「食品添加物使用範圍及限量暨規格標準」條文共四條，於民國111年3月10日做了最新的修正及施行：包含本標準修正發布之第二條附表一及第三條附表二。對防腐劑、殺菌劑、抗氧化劑、漂白劑、保色劑、膨脹劑、營養添加劑、著色劑、食品工業用化學藥品、溶劑、乳化劑等添加物，都訂有准用種類及用量上限，然因食品添加物種類繁多，加上國內食品安全衛生

之問題亦需與國際接軌，故對於食品添加物之管理除需仰賴對進口或市售食品之抽驗之外，對於國內現行法令之規範、未列於核准品項上物質之管制，以及源頭管理機制之建立情形，更應全面檢討，始能正本清源，以保障民眾食的安全。

食品添加物管理規範自1976年（民國65年）發布實施以來，未做大幅度的修正。衛福部於民國103年以Codex與EU規範爲主要參考依據，研擬草案內容。104年公布於食藥署網站，並且收集各界建議研擬修改草案初稿內容。105年藉由溝通各界建議並且建立草案查詢系統供各界提出建議。106年食藥署對意見較分歧之處，辦理產學會議進行討論。草案內容也送請食品衛生安全與營養諮議會進行審查，並持續說明及溝通以確認導入後之適切性。107年11月28日預告了「食品添加物使用範圍及限量標準」草案。預計新制可以解決「使用範圍需以函釋補充說明」、「同類食品有不同範圍名稱」等問題，且可接軌國際最新標準，統一添加物名稱與功能類別及編號等。現行僅能由食品添加物向欲添加的食品單向查詢，透過新的查詢系統，未來的查詢可以輸入「食品添加物品名」或「食品類別名稱」，即可顯示查詢條件及結果。草案至111年12月底仍未正式公告。

食品添加物的管理，除了政府主管機關應制定規範供業者及民眾依循，並執行例行性的輔導與工廠查核等督導業務之外，使用食品添加物業者的自主管理，應是食品添加物管理最有效的一環。而如何提供食品添加物的正確資料，引導消費者正確的認知及業者正確管理及安全使用食品添加物，進而達到自主管理的目標，爲本書最主要的目的。本書以圖解方式解說，希望讓初次接觸的讀者容易上手，雖然盡力整理編寫，期望能盡善盡美，但恐有遺誤不逮之處，懇請先進賢達不吝指正不勝感激。

本次再版，感謝台灣優良食品發展協會提供：推廣（新版食品添加物使用範圍及限量標準草案）說明會的寶貴資料，讓本書的可讀性增加不少，特此致謝。

作者簡介

張哲朗
學歷
(1)省立屏東農業專科學校農業化學科三年制畢業
(2)美國Lake Superior State University企業管理碩士
經歷
味全食品工業股份有限公司生產技術副總裁兼亞洲事業總經理
大成長城企業股份有限公司資深副總經理

黃種華
現職
台灣優良食品TQF發展協會食品志工
學歷
省立屏東農業專科學校農業化學科三年制畢業
經歷
台鳳工業股份有限公司生產部經理
台鳳工業股份有限公司總裁特別助理

吳伯穗
現職
台灣優良食品TQF發展協會食品志工
學歷
國立台灣大學畜牧學研究所碩士
經歷
味全食品工業股份有限公司研發經理

顏文俊

現職

國立台灣大學食品科技研究所兼任教授

學歷

國立台灣大學農化研究所碩士

經歷

掬水軒公司廠長

旺旺集團技術副總監

蔡育仁

現職

台灣優良食品TQF發展協會食品志工

學歷

國立台灣海洋大學水產食品科學研究所碩士

經歷

中華穀類食品技術研究所研究員、督導、管理代表

標準檢驗局CNS委員（食品）

徐能振

現職

台灣優良食品TQF發展協會食品志工

學歷

(1)屏東農專農化科畢業

(2)中興大學食品科學系畢業

經歷

義美食品龍潭廠區總廠長

邵隆志

現職

台灣優良食品TQF發展協會食品志工

學歷

文化大學食品營養學系畢業

經歷

味全食品工業股份有限公司研發經理

味全文教基金會顧問

李明清

現職

台灣優良食品TQF發展協會食品志工

學歷

國立台灣大學化工系畢業

經歷

味全食品工業股份有限公司台北總廠長

純青實業公司顧問

導讀

　　圖解食品添加物與實務，是為了讓消費者對食品添加物有正確的認知，及業者可以方便管理食品添加物而寫，如果您要在台灣從事食品添加物的加工販賣，或者從事食品加工而需要用到食品添加物，那麼第一章的內容就是遊戲的規則，您一定要有所理解才好，而附錄一到附錄九，是政府管理的法源依據，而有權管您的是衛生福利部。

　　一般消費者，只要談到食品添加物，總是認為那是不好的東西，那是因為對食品添加物的認識不夠清楚所致，第二章讓您了解各國政府是如何訂出：食品添加物使用範圍及限量標準，在訂定過程中，其實已經加入了很高的安全係數在內，因此只要能遵守政府的規定，應該不必恐慌的，任何食品或食物吃的適當有益身體健康，吃得過分就會對身體有毒害，毒性試驗由最毒的急性毒性開始到致癌試驗，對於人類是以致癌試驗為優先考慮，致癌等級越高，只能說明它致癌的證據越確鑿，並不代表我們一定會因此而得癌，即便是我們所攝入的量極多，就如尼古丁是一級致癌物，但有人吸一輩子菸都不會遭遇肺癌，癌症的致病因素很多，又具有一定的家族遺傳特點等等，對於一級致癌物，我們不必膽戰心驚，吸菸喝酒這種不良嗜好當然是該儘量避免，關鍵還是保持健康的生活作息及飲食習慣等才是最重要的。不要迷信某些抗癌或防癌食物，癌症的成因是多種因素造成的，不能簡單地歸結一種致癌物，或是期待透過食用某種或某幾種食物就可預防癌症的發生。食物多樣，營養均衡，戒菸限酒，適當運動，保持良好心態才是根本。

　　第三章到第九章，把目前台灣衛生福利部公告的17類可以使用的食品添加物，做了簡要的介紹，讓您有個通盤的了解，您也可以選擇性的看有關的部分，或有興趣的部分即可。第十章的10.1 食品配方設計——食品添加物的使用，是您實際要使用食品添加物當為配方時，可以依樣使用的參考程序書，10.2主要食品添加物使用範圍及限量以及10.3主要食品添加物的規格，列出常用的食品添加物資料供您方便參考。如果您需要完整的所有資料，可以上衛福部食品藥物管理署網站參閱（http://www.fda.gov.tw/-法規資訊-食品、餐飲及營養類-食品添加物使用

範圍及限量暨規格標準）可以查到詳細完整的資料（食品添加物使用範圍及限量暨規格標準的附表一：食品添加物使用範圍及限量。附表二：食品添加物規格。），當您在做配方設計時如果有需要，也可以由食品添加物的供應商得到必要的協助。10.4是107年11月28日預告「食品添加物使用範圍及限量標準」草案的範例說明。條文共9條，主要增加了食品分類系統及符合國際編碼的編號。以硝酸鹽做的範例讓讀者對於草案有整體的認識。

第十一章的使用案例，列出一些作者在各有關領域使用食品添加劑的實際經驗供參考，您可以參考各位作者的資歷，選擇跟您有關的項目參考使用，相信可以在比較短的時間找到您的最適當配方。

附錄一到附錄八把目前常用的台灣食品安全衛生有關的法規及辦法附列於後，方便讀者查詢使用。附錄九的參考文獻中，列出聯合國以及世界各國有關食品添加物標準的網站，供有興趣深入研究食品添加物的讀者參考。

行政院衛福部已經公告在案之「食品添加物使用範圍及限量暨規格標準」，於民國111年3月10日做了最新的修正及施行：標準內的第二條附表一：食品添加物使用範圍及限量、第三條附表二：食品添加物的規格。而107年11月28日預告的「食品添加物使用範圍及限量標準」草案，主要是加入食品分類系統及符合國際編碼的編號，讓外顯的格式更方便對照及查詢，兩者是互相互補，本書在104年初版的時候正好碰上開始修改的時段，已經預先把初稿草案內容列入做對照，經過3年多的溝通修改之後，於本書再版的時候，草案已經修改並且預告，利用再版的機會把草案預告內容列入10.4，查看10.4就能了解新版的內容，時序上的剛好碰上，讓閱讀本書的讀者更容易了解來龍去脈。不失為塞翁失馬焉知非福。民國111年12月底，草案仍未正式公告。

第1章　認識食品添加物

第2章　食品添加物的安全性

第3章　保存、防腐

第8章　調味（甜味、酸味、鮮味）

第9章　品質增進（黏稠、結著、乳化、螯合、載體、凝膠、增量）

第10章　食品添加物的使用

第11章　食品添加物的使用實例

附錄　食品相關重要法規

第1章
認識食品添加物

李明清

1.1 食品添加物的定義

依據2014年12月10日新公布的食品安全衛生管理法中第3條食品添加物：指為食品著色、調味、防腐、漂白、乳化、增加香味、安定品質、促進發酵、增加稠度、強化營養、防止氧化或其他必要目的，加入、接觸於食品之單方或複方物質。複方食品添加物使用之添加物僅限由中央主管機關准用之食品添加物組成，前述准用之單方食品添加物皆應有中央主管機關之准用許可字號。因此食品添加物是為某種使用目的而刻意添加，與其他食品中可能存在或殘留之有害物質如重金屬、細菌毒素、放射線或農藥等因汙染或其他原因而進入食品中，其來源與性質完全不同。廣義的食品添加物包括一般食品添加物、人工化學合成添加物、天然食品添加物以及天然食品添加物之加工產品等。一些所謂的公認安全的添加物（generally recognized as safe, GRAS），例如砂糖、食鹽、香辛料等，因為食用安全的毒性評估技術的進步，其使用限制也逐漸被嚴格要求。

食品安全衛生管理法第15條——食品或食品添加物有下列情形之一者，不得製造、加工、調配、包裝、運送、貯存、販賣、輸入、輸出、作為贈品或公開陳列：一、變質或腐敗。二、未成熟而有害人體健康。三、有毒或含有害人體健康之物質或異物。四、染有病原性生物，或經流行病學調查認定屬造成食品中毒之病因。五、殘留農藥或動物用藥含量超過安全容許量。六、受原子塵或放射能汙染，其含量超過安全容許量。七、攙偽或假冒。八、逾有效日期。九、從未於國內供作飲食且未經證明為無害人體健康。十、添加未經中央主管機關許可之添加物。

食品安全衛生管理法第18條——食品添加物之品名、規格及其使用範圍、限量標準，由中央主管機關定之。前項標準之訂定，必須以可以達到預期效果之最小量為限制，且依據國人膳食習慣為風險評估，同時必須遵守規格標準之規定。

食品安全衛生管理法第24條——食品添加物及其原料之容器或外包裝，應以中文及通用符號，明顯標示下列事項：一、品名。二、「食品添加物」或「食品添加物原料」字樣。三、食品添加物名稱：其為二種以上混合物時，應分別標明。其標示應以第十八條第一項所定之品名或依中央主管機關公告之通用名稱為之。四、淨重、容量或數量。五、製造廠商或國內負責廠商名稱、電話號碼及地址。六、有效日期。七、使用範圍、用量標準及使用限制。八、原產地（國）。九、含基因改造食品添加物之原料。十、其他經中央主管機關公告之事項。

小博士解說

食品添加物由法規面、產品登記、稽查輔導及教育宣導等方面多管齊下，全面管理，一直列為衛生機關重點工作項目。

食品添加物的定義

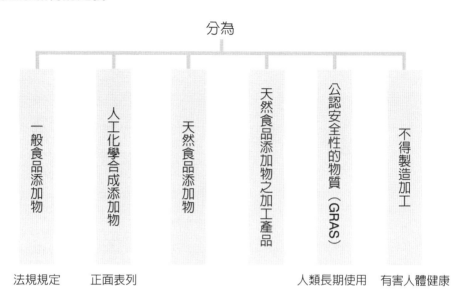

分為

一般食品添加物 ｜ 人工化學合成添加物 ｜ 天然食品添加物 ｜ 天然食品添加物之加工產品 ｜ 公認安全性的物質（GRAS） ｜ 不得製造加工

法規規定　正面表列　　　　　　　　　　　　　　人類長期使用　有害人體健康

外包裝標示

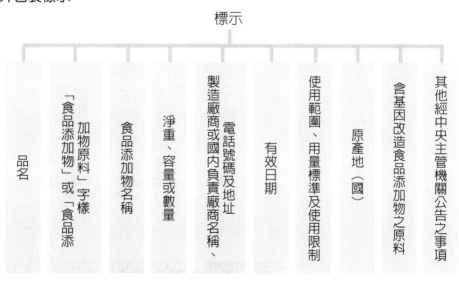

標示

品名 ｜ 「食品添加物原料」字樣或「食品添 ｜ 食品添加物名稱 ｜ 淨重、容量或數量 ｜ 製造廠商或國內負責廠商名稱、電話號碼及地址 ｜ 有效日期 ｜ 使用範圍、用量標準及使用限制 ｜ 原產地（國） ｜ 含基因改造食品添加物之原料 ｜ 其他經中央主管機關公告之事項

＋ 知識補充站

公認安全的添加物（generally recognized as safe, GRAS）：
砂糖、食鹽、香辛料已經被人類長期使用。

1.2 食品添加物的分類(一)

　　「食品添加物使用範圍及限量暨規格標準」是依據食品安全衛生管理法第18條規定所訂定。該標準係採「正面表列」，各類食品添加物之品名、使用範圍、限量及規格，均應符合表列規定，非表列之食品品項，不得使用各該食品添加物。目前分為17大類，每個品項並定有其准用之食品種類及用量上限。目前已超過800個品項，並視管理考量增刪更新，各分類如下表列：

　　違法使用食品添加物製售食品者，除產品應予沒收銷毀外，視其情節之嚴重性，依違反食品安全衛生管理法第44條，可處6萬元以上二億萬元以下罰鍰。

　　「食品添加物使用範圍及限量暨規格標準」資料請參閱行政院衛福部食品藥物管理署網頁（http://www.fda.gov.tw/）→食品資訊網→法規資料。

　防腐劑（Preservative）——防止食品腐敗

　殺菌劑（Bactericide）——殺死造成食品腐敗之微生物

　抗氧化劑（Antioxidant）——產生抗氧化效果預防食品品質劣變

　漂白劑（Bleaching agent）——使顏色淡化增加美觀

　保色劑（Color fasting agent）——與有色物質結合使其顏色固定

　膨脹劑（Leavening agent）——使組織多孔膨鬆增加食感

　品質改良用、釀造用及食品製造用劑——強化營養品質效率（Quality improvement
　　　　　　　　　　　　　　　　　　　　　distillery and foodstuff processing agent）

　營養添加劑（Nutritional enriching agent）——平衡營養

　著色劑（Coloring agent）——添加顏色增進食慾

　香料（Flavoring agent）——增加食慾享受

　調味劑（Seasoning agent）——增進食慾享受

　黏稠劑（Pasting（Binding）agent）——安定組織改良物性

　結著劑（Coagulating agent）——改良蛋白質物性

　食品工業用化學藥品（Chemicals for food industry）——完成製程不可殘留

　溶劑（Dissolving agent（Solvent）——萃取有用成分

　乳化劑（Emulsifier）——使油水混合均勻安定

　其他（Others）——特殊用途

小博士解說
　　分類採用正面表列，除非規定可以使用，否則不可以使用。

食品添加物的分類

種類	用途	品目
防腐劑（Preservative）	抑制黴菌及微生物之生長，延長食品保存期限	己二烯酸、苯甲酸等
殺菌劑（Bactericide）	殺滅食品所附著微生物	過氧化氫
抗氧化劑（Antioxidant）	防止油脂等氧化	BHT、Vit E、Vit C等
漂白劑（Bleaching agent）	對於食品產生漂白作用	亞硫酸鉀、鈉等
保色劑（Color fasting agent）	保持肉類鮮紅色	亞硝酸鈉、硝酸鉀等
膨脹劑（Leavening agent）	為使糕餅產生膨鬆作用	合成膨脹劑等
品質改良劑（Quality improvement, distillery and foodstuff processing agent）	為改良加工食品品質、釀造或食品製造加工必需使用之物質	三偏磷酸鈉、硫酸鈣、食用石膏等
營養添加劑（Nutritional enriching agent）	強化食品營養	維生素礦物質胺基酸等
著色劑（Coloring agent）	對食品產生著色作用	食用紅色六號等
香料（Flavoring agent）	增強食品香味	香莢蘭醛等
調味劑（Seasoning agent）	賦予食品酸味、甘味及甜味	L - 麩酸鈉（味精）、檸檬酸、糖精等
黏稠劑（糊料）（Pasting（Binding）agent）	賦予食品滑溜感與增加黏性	鹿角菜膠、CMC等
結著劑（Coagulating agent）	增強肉類、魚肉類之黏性	磷酸鹽類等
食品工業用化學藥品（Chemicals for food industry）	提供食品加工上所需之酸及鹼	鹽酸、氫氧化鈉等
溶劑（Dissolving agent（Solvent））	食用油脂、香辛料精油之萃取	己烷、丙二醇等
乳化劑（Emulsifier）	讓水與油等之原料乳化	脂肪酸甘油酯等
其他（Others）	具有消泡、過濾等之物質	矽樹脂、矽藻土等

註：全部約800多項。

1.3 食品添加物的分類(二)

107年11月28日預告草案内容：食品添加物使用範圍及限量標準案

1.酸度調整劑（Acidity regulator）	調節食品中酸鹼值之食品添加物，其中有機酸可做為調味使用。
2.抗結塊劑（Anticaking agent）	防止食品中顆粒成分間相互吸附之食品添加物。
3.抗起泡劑（Antifoaming agent）	預防泡沫形成或減低泡沫量之食品添加物。
4.抗氧化劑（Antioxidant）	防止因氧化造成食品品質劣變，延長食品保存期限之食品添加物，具有抗氧化、抗褐變等功能之食品添加物，具有抗氧化、抗褐變等功能之食品添加物。抗氧化劑混合使用時，每一種抗氧化劑之使用量除以其用量標準所得之數值（即使用量／用量標準）總和應不得大於1.0。
5.漂白劑（Bleaching agent）	用於食品(不包含穀物、豆類、塊根或塊莖磨粉製品)脫色之食品添加物，不 包括色素。
6.增量劑（Bulking agent）	用於增加食品體積或容量，但不會造成食品熱量顯著增加之食品添加物。
7.碳酸化劑（Carbonating agent）	用於食品之碳酸化(Carbonation)之食品添加物。
8.載體（Carrier）	為易於加工操作或使用等目的，用於溶解、稀釋或分散等物理性作用於營養素或其他食品添加物，未改變或增加其功能特性之食品添加物。
9.著色劑（Color）	用於增加或恢復加工後食品顏色之食品添加物。
10.保色劑（Color retention agent）	用於保留、安定或增強食品本身顏色之食品添加物。
11.乳化劑（Emulsifier）	維持食品中兩相或兩相以上乳化安定性之食品添加物。
12.硬化劑（Firming agent）	用於形成或維持蔬菜或水果之組織硬度或脆度或與凝膠劑形成更堅固之膠體之食品添加物。
13.調味劑（Flavor enhancer）	可加強食品中原有風味之食品添加物。
14.麵粉處理劑（Flour treatment agent）	添加於穀物、豆類、塊根或塊莖磨粉製品或其團狀半成品中，用以改善其烘焙特性或顏色之食品添加物。
15.起泡劑（Foaming agent）	添加於食品中，有助於泡沫形成或穩定之食品添加物。
16.凝膠劑（Gelling agent）	使食品形成凝膠之食品添加物。
17.包覆劑（Glazing agent）	使用於食品之表面，有助於構成明亮之外觀或形成具保護性之包覆層。
18.保濕劑（Humectant）	防止食品於保存過程因脫水造成品質劣變之食品添加物。

19.包裝用氣體（Packing gas）	充填包裝過程中，填充於包裝容器之氣體，具有保護包裝中食品功用。
20.防腐劑（Preservative）	可防止微生物造成之食品品質劣變，以延長食品保存期限之食品添加物，具有抑制細菌、真菌或噬菌體生長之功能。罐頭一律禁止使用防腐劑，但因原料加工或製造技術關係，必須加入防腐劑者，應事先申請中央衛生主管機關核准後，始得使用。同一食品依表列使用範圍規定混合使用防腐劑時，每一種防腐劑之使用量除以其用量標準所得之數值（即使用量／用量標準）總和不得大於1.0。
21.推進用氣體（Propellant）	用於推送食品原料、半成品或成品之氣體。
22.膨脹劑（Raising agent）	可釋出氣體，用以增加麵團或麵糊之體積之食品添加物。
23.螯合劑（Sequestrant）	控制食品中陽離子反應活性之食品添加物。
24.安定劑（Stabilizer）	可幫助食品中兩種或兩種以上成分保持均勻分佈之食品添加物。
25.甜味劑（Sweetener）	可賦與食品甜味之添加物，不包括單醣及雙醣。同一食品依表列使用範圍規定混合使用甜味劑時，每一種甜味劑之使用量除以其用量標準所得之數值（即使用量／用量標準）總和不得大於1.0。
26.黏稠劑（Thickener）	可增加食品黏度之食品添加物。
27.營養添加劑（Nutrient additives）	用以補充食品中特定營養成分之食品添加物。
28.香料（Flavorings）	用於改變或恢復加工後食品香氣特性之食品添加物。

註：全部約1000多項。

＋知識補充站

　　本草案的修訂分類與國際上的分類接近，也列入了國際編碼（INS），方便國際接軌之用，將原有的17項類別移列到新增功能類別，多用途添加物功能類別也增加列入，例如硝酸鉀原為保色劑類別，新的分類也列入防腐劑類別。

　　添加物已有其他標準管理者，予以刪除，例如殺菌劑類別。類別的增加及同樣品項在類別上重複列入，使得依照28類別的品項總數由原有的約800項增為1000多項。

　　草案於107年11月28日預告，預告期180天，公告後預計有2年緩衝期。

1.4 食品添加物使用之國際通則

　　WHO 食品法規委員會於1973 年舉出食品添加物使用之6大項通則，包括：
1. 必須經過毒物試驗之測試及評估。
2. 必須具有安全使用之範圍及劑量。
3. 在使用方法上，須被評估其使用範圍安全性。
4. 需經常被法定單位所確認。
5. 使用需符合下列需求：
   (1) 為保存食品營養品質。
   (2) 為消費者之特殊飲食需求。
   (3) 增進食品之品質保存、安定性和官能特性，並避免劇烈改變食品之自然性及品質。
   (4) 使用於食品製造、運送和儲藏，以提供完整美好之原料或避免不當之操作介入。
6. 應需考慮的一般原則：
   (1) 需用於具有使用限制、目的及條件之特殊食品。
   (2) 以最低使用量為原則。
   (3) 需考慮消費者每日安全攝取量，及特殊消費群之可能攝取量。

　　食品添加物的安全攝取容許量的原則，就是食品添加物添加於食品中可發揮其效果的量，給予人體每天攝取，而不會引起任何的毒性。毒性試驗中，最被重視的項目是包括致癌性試驗的慢性毒性試驗，其中設定每日攝取安全容許量（ADI, acceptable daily intake ）是很重要的。通常以慢性毒性試驗所得到的最高無作用量，乘以 1/100（安全係數 ）做為每日攝取的安全容許量。但是有時侯，為了考慮其安全性與有用性，也有採用 1/250 或是 1/500 為其安全係數的。基本原則是，使用這一種食品添加物的食品，其最高攝取量中所含的食品添加物的量不能超過ADI。化學物質多多少少都具有毒性，食品添加物也不例外。

　　過去已使用過的食品添加物中，已經證實有多種有致癌性，例如：甘精（dulcin ）、食用紫色 1 號（benzyl violet 4B ）、溴酸鉀等的致癌性已經被證實。所以食品添加物的使用必須限定其用量、使用目的、使用方法、使用對象，並且要經過一連串科學試驗及評估，而不是可以無條件隨意添加於食品中，這也已經成為國際上的一般通識。

小博士解說
　　國際通則作為國際上溝通之用，最終仍以當地法定單位的公告為準。

食品添加物使用之國際通則

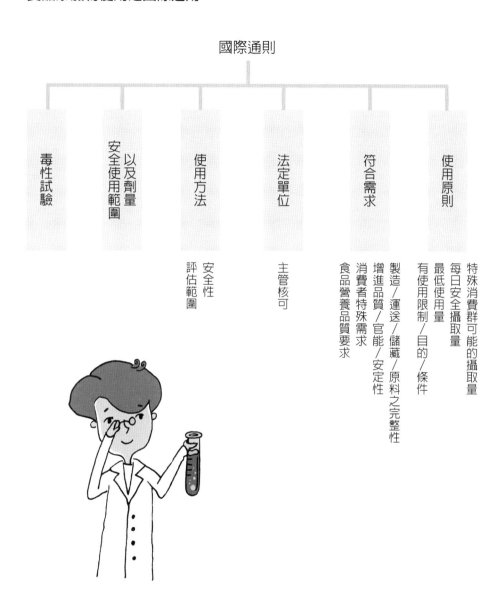

國際通則

- 毒性試驗
- 安全使用範圍以及劑量
- 使用方法
  - 安全性評估範圍
- 法定單位
  - 主管核可
- 符合需求
  - 食品營養品質要求
  - 消費者特殊需求
  - 增進品質／官能／安定性
  - 製造／運送／儲藏／原料之完整性
- 使用原則
  - 有使用限制／目的／條件
  - 最低使用量
  - 每日安全攝取量
  - 特殊消費群可能的攝取量

✚ 知識補充站

食品添加劑的安全使用之範圍及劑量依照各國的法定單位公告為準，各國對於同樣的品項可以有不同的標準。

1.5 食品添加物的標示

加工食品使用食品添加物應依法標示「食品添加物名稱」，其標示規定如下：

1.4.1 食品添加物名稱應使用「食品添加物使用範圍及限量暨規格標準」
所定之食品添加物品名：指該食品添加成分於「食品添加物使用範圍及限量
暨規格標準」中所列之中文名稱，例如苯甲酸、麩酸鈉、二丁基羥基甲苯。
或通用名稱：指一般民眾對該食品添加物熟悉慣用之名稱，例如：麩酸鈉
（sodiumglutamate），通用名稱為味精。

1.4.2 屬甜味劑（含化學合成、天然物萃取及糖醇），應同時標示「甜味劑」及品名
或通用名稱。（100 年 1 月 1 日起）

1.4.3 屬防腐劑、抗氧化劑者，應同時標示其用途名稱及（品名或通用名稱）。用
途名稱：指使該食品添加物添加於食品中用途目的之名稱，例如：苯甲酸
（benzoic acid），用途名為防腐劑；二丁基羥基甲苯（dibutyl hydroxyl toluene,
BHT），用途名為抗氧化劑。

1.4.4 屬調味劑（不含甜味劑、咖啡因）、乳化劑、膨脹劑、酵素、豆腐用凝固劑、
光澤劑者，得以用途名稱標示之；屬香料者，得以香料標示之；屬天然香料
者，得以天然香料標示之。

1.4.5 特定食品添加物加標警語：

a. 添加阿斯巴甜之食品（包括代糖錠劑及粉末）應以中文顯著標示「苯酮尿症
患者（Phenylketonurics）不宜使用」、「內含苯丙胺酸」或同等義意之字樣
標示之。

b. 添加聚糊精之食品，應以中文顯著標示「過量食用對敏感者易引起腹瀉」。

小博士 解說

上述規定為台灣的規範，更多食品添加物標示規定，請參閱「食品安全衛生管理法條文
函釋彙編」（網址：衛福部網首頁（網址：http://www.fda.gov.tw ）→業務專區→食品
查驗登記管理→食品添加物項下參閱）。

食品添加物的標示

食品添加物及其原料之容器或外包裝，應以中文及通用符號，明顯標示下列事項：

一、品名。

二、「食品添加物」或「食品添加物原料」字樣。

三、食品添加物名稱；其為二種以上混合物時，應分別標明。其標示應以第十八條第一項所定之品名或依中央主管機關公告之通用名稱為之。

四、淨重、容量或數量。

五、製造廠商或國內負責廠商名稱、電話號碼及地址。

六、有效日期。

七、使用範圍、用量標準及使用限制。

八、原產地（國）。

九、含基因改造食品添加物之原料。

十、其他經中央主管機關公告之事項。

食品添加物之原料，不受前項第三款、第七款及第九款之限制。前項第三款食品添加物之香料成分及第九款標示之應遵行事項，由中央主管機關公告之。

第一項第五款僅標示國內負責廠商名稱者，應將製造廠商、受託製造廠商或輸入廠商之名稱、電話號碼及地址通報轄區主管機關；主管機關應開放其他主管機關共同查閱。

➕ 知識補充站

· 標示是廠商與消費者的直接溝通平台。

· 誠實標示是廠商最重要的義務。

· 消費者依照標示做出選擇。

1.6 **食品添加物之管理**

　　食品添加物管理可藉由導入HACCP的源頭管制於驗收作業標準中，建立完整的驗收作業制度。進料應該有完善之接收檢驗制度。對進料之接收，應有書面接收檢驗制度，該制度至少應包括採購訂單、食品添加物驗收規格、檢驗標準、抽樣計畫、不合格品處理程序等，如果有QC工程圖就可以詳細列出來。

　　建立處理不合格的原材料、半成品、成品、加工設備和包裝材料的程序。包括拒收、讓步接受或改作其他用途降級使用，所有相關員工都了解該程序。應由被授權的員工作出決定。不合格品之處理程序與特別採購程序之建立，會使得食品添加物管控更加完善。

　　食品添加物管控制度中供應商管理亦是相當重要的一環，一般食品業者在選擇供應商時，會針對供應商本身特性以及配合企業策略發展來挑選。一般在選擇供應商方面，多會採用價格、品質、交期與服務四項評估因素，而隨著時代的變遷，此四項供應商選擇評估標準，也有相對重要性的的變化。供應商管理透過新供應商審查、供應商定期評鑑及工廠實地評鑑等，由源頭就控制，更可降低後段可能產生不良品之危害與風險。

　　工廠透過追溯與批號管理，由其資訊可以瞭解食品添加物的來源、生產的歷程、儲藏、運送、傳遞、商品的存在與位置，是一個可以雙向往上下游追蹤或追溯食品資訊的管控。因此，工廠如果建立一套標準之追溯作業程序，更可以掌握產品品質資訊，衛生福利部於103年已經公告：食品及其相關產品追溯追蹤系統管理辦法以及應該執行的業別。

　　工廠透過緊急事件的處理作業程序（危機處理應變措施），如發生對工廠食品安全有影響的潛在緊急狀態與意外事件（例如三聚氰胺、食用油事件、塑化劑等事件），經由此程序可解決工廠當急之問題，並且與異常處理程序及成品回收程序作連結，就能達到全面品質的有效管理。

小博士解說

1. 有書面寫下來的標準才叫做管理，管理靠制度制度靠表單。
2. 食品添加物業者之登錄管理，是103年衛生福利部首先推出的第一個業別，顯示衛生福利部對於食品添加物管理的重視。

食品添加物之管理

管理
方法

- 自己生產
  - 合成方法化學方法合成 / 最多的添加物
  - 副產物/微量不純物
  - 半合成方法天然物抽出 / 發酵方法
  - 非合成方法蒸餾 / 精製

- 向外購買
  - 驗收檢驗標準
  - 驗收書面作業
  - 儲存環境條件 / 存量紀錄 / 可追朔姓

- 不合格品
  處理程序
  - 原材料 / 半成品 / 成品

- 供應商
  輔導制度
  - 評鑑制度

- 追溯制度
  - 生產到商品存在的歷程

- 緊急處理
  - 作業程序

➕ **知識補充站**
- · 食品添加物的源頭管理是主要的重點。
- · 它是顧客管理之外的重要指標。
- · 依照添加劑的性質設立管理流程。

1.7 食品添加物查驗登記作業

食品添加物依成分組成可概略分為單品食品添加物、複方食品添加物及食用香料三類。食品添加物核可文件，包括食品添加物許可證、複方食品添加物及食用香料核備用之許可書函，是由業者申請辦理「食品添加物查驗登記」，經審查合格後核發。說明如下：

一、單品食品添加物：係指其品項列表於「食品添加物使用範圍及限量暨規格標準」並符合其規格標準規定之產品。依據查驗登記作業規定，單品食品添加物（香料除外）須經中央主管機關查驗登記並發給許可證，始得製造、加工、調配、改裝、輸入或輸出。

二、複方食品添加物：係指以「食品添加物使用範圍及限量暨規格標準」收載之品目為主原料，再調和食品原料或其他法定食品添加物而製成（即產品由二種或二種以上成分組成者），供食品加工用途者。依行政院衛生署89年9月28日衛署食字第0890020449號公告，此類食品添加物得免除辦理查驗登記手續；但基於業者自主管理之需，業者可自願檢具相關資料繳費後提出申請取得許可證或許可書函。

三、食用香料：係指「食品添加物使用範圍及限量暨規格標準」第十類「香料」所載品項。依本署89年9月28日衛署食字第0890020449號公告，食用香料得免除辦理查驗登記手續；但基於業者自主管理之需，業者可自願檢具相關資料繳費後提出申請，取得食用香料許可書函。

四、食品添加物許可證或食用香料許可書函有效期限為五年。期滿仍需繼續製造、輸入者，應於許可證到期前三個月內向中央主管機關申請核准展延之，但每次展延不得超過五年，逾期未申請展延或不准展延者，原許可證自動失效。

五、食品添加物查驗登記作業事項及更多食品添加物新案、移轉、展延、變更、補發申辦說明、申辦流程、各申辦表單及相關資料，請至行政院衛福部食品藥物管理署網頁參閱。

六、食品添加物查驗登記主管單位

受理機關名稱：行政院衛福部食品藥物管理署，送件申請地點、電話及收件時間請上衛福部網站查詢：

一般週一至週五（工作日）為上午9：00～12：00，下午1：30～5：00。

小博士解說

有關申辦文件及表單填寫相關問題請電詢衛福部食品藥物管理署。

食品添加物查驗登記作業

登記作業說明

單品食品添加物	登記並發給許可證 使用範圍及限量暨規格標準
複方食品添加物	免除辦理查驗登記手續 規格標準之品目為主原料
食用香料	可自願檢具相關資料 繳費後提出申請 取得食用香料許可書函
食品添加物許可	有效期限為五年
食品添加物查驗	登記作業 網站及表格
食品添加物查驗登記	主管單位 衛福部

✚ 知識補充站

查驗登記時要預先知道各項遊戲規則，以便參加遊戲。

1.8 食品添加物工廠衛生管理人員

依食品相關衛生法規，食品添加物製造工廠應設置衛生管理人員。

依據食品製造工廠衛生管理人員設置辦法：

1.7.1 衛生管理人員執行工作如下：

　　(一) 食品添加物良好衛生規範之執行與監督。

　　(二) 其他有關食品衛生管理及員工教育訓練工作。

1.7.2 食品添加物使用注意事項

　　(一) 使用單品食品添加物時，應選擇合法登記核可的產品。

　　　　合法登記之食品添加物商品，不論輸入或國產，其容器或外包裝應註明（食品添加物）字樣，並標示許可證字號「衛署添製字第○○○○○○號」。

　　(二) 製造或使用複方食品添加物時，應確認其配方每一品目為合法准用之食品添加物。

　　(三) 食品添加物之使用，應符合「食品添加物使用範圍及限量暨規格標準」之規定。秤量與投料應建立重複檢核制度，確實執行，並作成紀錄。

　　(四) 食品添加物應設專櫃貯放，由專人負責管理，並以專冊登錄使用之種類、食品添加物許可字號、進貨量、使用量及存量等。

　　(五) 食品製造業者於購入單品食品添加物，應先行詳加確認購用之食品添加物是否取得許可證。並請供應商提具許可證影本等相關資料，以備衛生主管機關查核。

　　(六) 食品添加物的使用食品對象、使用量、使用目的及食品中之殘留量均應遵循「食品添加物使用範圍及限量暨規格標準」之規定。

　　(七) 「食品添加物使用範圍及限量暨規格標準」內之食品添加物品項及規定會公告新增或修訂，最新規定請隨時至行政院衛福部食品藥物管理署網頁（http://www.fda.gov.tw/）→食品資訊網→法規資料→食品添加物使用範圍及限量暨規格標準參閱。

小博士解說

　　專責的衛生專責人員，才能負起衛生的管理責任。

食品添加物工廠衛生管理人員

管理人員

職掌

GHP執行

資格

1. 公立或經政府立案之私立專科以上學校，或經教育部承認之國外專科以上學校食品、營養、家政、生活應用科學、畜牧、獸醫、化學、化工、農業化學、生物化學、生物、藥學、公共衛生等相關科系所畢業者。

2. 應前款科系所相關類科之高等考試或相當於高等考試之特種考試及格者。

3. 應第1.項科系所相關類科之普通考試或相當於普通考試之丙等特種考試及格，並從事食品或食品添加物製造相關工作三年以上，持有證明者。

申報

應檢具下列文件送請直轄市、縣市衛生主管機關核備，異動時亦同：

1. 申報書一份及資料卡一式三份。

2. 衛生管理人員之資格證明文件、身分證、契約書影本各一份。

3. 工廠登記證影本一份。

資格確保

衛生管理人員於從業期間，每年至少應接受主管機關或經中央主管機關認可之食品衛生相關機構舉辦之衛生講習八小時。

管制類別

影響食品安全衛生行業

✚ 知識補充站

· 衛生管理人員的資格條件以寬放為原則（例如生活應用科學）。

· 實際參加受訓之後有能力管理才重要。

· 專人專責是必要的規定。

第2章
食品添加物的安全性

李明清

2.1 **安全性解析**

　　由於食品添加物大多數並非傳統食品中原有的成分，而是外加的成分，因此其安全性亦即人類攝取後對健康的影響最受注意。不論是天然或是化學合成物，它是否可以被指定為准許使用的食品添加物，其毒性與安全性是要最優先考慮的因素。

　　目前在世界各國大都採用依據世界衛生組織與聯合國糧農組織在1958年發表的「使用化學物質為食品添加物時之安全性確認法」實施的毒性試驗（動物試驗）所得的毒性資料做為評估安全性的基本依據。食品添加物的安全攝取容許量的原則，就是食品添加物添加於食品中可發揮其效果的量，給予人體每天攝取，不會引起任何毒性之量。

　　毒性試驗中最被重視的項目是包括致癌性試驗的慢性毒性試驗，其中設定每日攝取安全容許量（acceptable daily intake, ADI）是很重要的。通常以慢性毒性試驗所得的最高無作用量（no observable effect level, NOEL）乘以1/100（安全係數）做為每日攝取安全容許量。但是有時候考慮其安全性與實用性，也有採用1/250或是1/500為其安全係數的。

　　基本原則是使用這一種食品添加物的所有食品的最高攝取量中所含的食品添加物的總量不能超過ADI。因此動物毒性試驗與人群膳食調查要同時實施，才能訂出各種食物可以添加的食品添加物的量。化學物質多多少少都具有毒性，食品添加物也不例外。過去已使用過的食品添加物而證實多種有致癌性，例如：甘精（dulcin）、食用紫色1號（benzyl violet 4B）、溴酸鉀等的致癌性已經證實。所以食品添加物的使用必須限定其用量、使用目的、使用方法、使用對象，經過一連串科學試驗及評估，並不是無條件隨意可以添加於食品中的。

　　安全係數的1/100，是考慮人類與動物的安全係數1/10以及每個人之間的差異性1/10而來，可以說已經把安全係數放大很多，如果有特殊情形甚至放大到1/250及1/500，因此如果能遵循政府的規定來添加使用公告的食品添加物基本上是安全的。

小博士解說

・經由動物毒性試驗得到LD_{50}以及NOEL，從而得到人體ADI。
・然後探討人類飲食習慣，得到各種可能添加此添加物的食品每日最大可能使用量。
・限制食品中添加物最大添加量，添加物每日總量不能大於ADI。

安全性解析

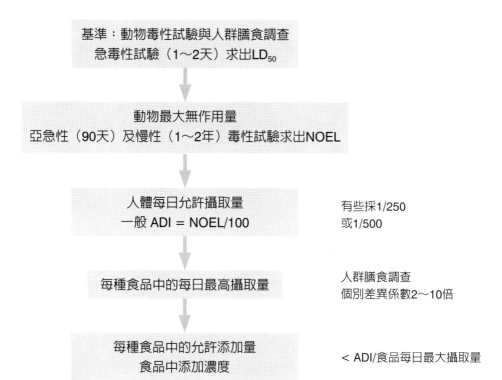

基準：動物毒性試驗與人群膳食調查
急毒性試驗（1～2天）求出LD_{50}

⬇

動物最大無作用量
亞急性（90天）及慢性（1～2年）毒性試驗求出NOEL

⬇

人體每日允許攝取量
一般 ADI = NOEL/100

有些採1/250
或1/500

⬇

每種食品中的每日最高攝取量

人群膳食調查
個別差異係數2～10倍

⬇

每種食品中的允許添加量
食品中添加濃度

< ADI/食品每日最大攝取量

✚ 知識補充站

$$LD_{50}$$
可以做為物質毒性的比較

	LD_{50}（mg/kg）
乙醇	10000
鹽（氯化鈉）	4000
嗎啡	900
滴滴涕	100
尼古丁	1
河豚毒	0.1
戴奧辛	0.001
肉毒桿菌毒素	0.00001

資料來源：Manahan, S.E (1992). Toxicologial Chemistry (2nd ed., pp.201-205). Boca Raton: Lewis Publishers.

2.2 急性毒性試驗

　　急性毒性試驗是指一次或者24小時之內多次投試化合物的試驗，必須求出化合物會使實驗動物發生中毒以致半數致死的劑量，它是毒性研究的第一步。一次是指在瞬間將受試化合物輸入實驗動物的體內之意。也可以經過呼吸道吸入或者經皮膚接觸進入，而所謂「一次」是指在一個特定的時間內使實驗動物持續的接觸受試化合物的過程。

　　急性毒性試驗實驗的目的是為了(1)求出受測試的化合物對實驗動物的致死劑量（通常以LD_{50}為主要參數），以初步估計該化合物對人類毒害的程度。(2)說明受測試化合物在急性毒性劑量之下的中毒特徵。(3)可用於研究緊急救治措施之參考。急性毒性資料，可以作為亞急性和慢性毒性試驗的劑量參考。實驗動物則以選擇哺乳動物為主。

　　急性毒性試驗目前實際應用中以大鼠和小鼠為主，尤其以大鼠使用最多。家兔常常用於研究化合物的皮膚毒性。貓、狗也可用於急性毒性試驗，但因為價格高不容易大量使用。豬是雜食性動物，對一些化合物的生物效應表現與人類有相似之處，尤其是皮膚結構與人較近似。但因為體積大、價格貴，不方便大量使用。

　　歸納起來，在進行化合物急性毒性研究中，選擇實驗動物的原則是：儘量選擇對化合物的反應與人類近似的動物；易於飼養管理，試驗操作方便；易於獲得而且價格較低的動物。為了有利於預測化合物對人類的危害，會選擇兩種以上的實驗動物，最好是一種為齧齒類，一種為非齧齒類，分別求出其急性毒性參數，而雌雄兩性動物同時分別進行，每個劑量組兩性動物的數目要相等。急性毒性使用的小鼠體重以20g、大鼠200g、家兔2.2kg、貓1.7kg左右為宜。實驗動物餵養室的室溫應控制在23±3℃，相對濕度60%～70%。每籠動物的數目以不干擾動物個體活動及不影響試驗觀察為度，必要時需單籠飼養。飼養室採用人工晝夜為佳，早6點至晚6點進行12小時光照，其餘12小時保持黑暗，使用一般食用常規試驗室的飼料，可以自由飲水。實驗動物染毒方法經口接觸的目的是研究外來化合物能否經胃腸道吸收以及求出經口接觸的（LD_{50}）等。灌胃是以液態受試化合物或者將固態、氣態化合物溶於某溶劑中，配製成一定濃度，裝入注射器經過導管注入胃內。

小博士解說

　　參考用量：小鼠一次灌胃體積在0.6ml/隻或0.3ml/10g體重較合適，大鼠一次灌胃體積不超過5ml/隻（通常用2.5ml/100g體重），家兔不超過10ml/2kg體重，狗不超過50ml/10kg體重。試驗的目的是為了求出LD_{50}。

急性毒性試驗

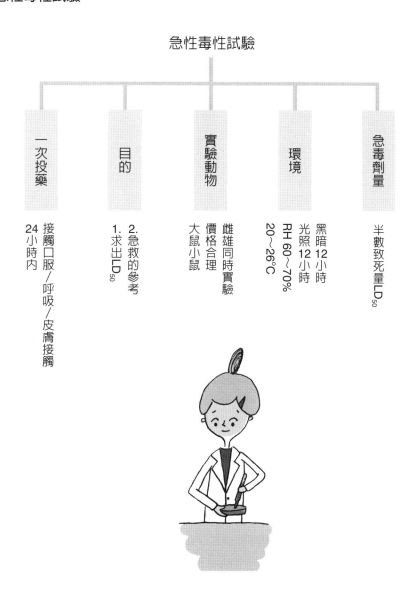

急性毒性試驗

一次投藥
24小時內
接觸口服／呼吸／皮膚接觸

目的
1. 求出LD_{50}
2. 急救的參考

實驗動物
雌雄同時實驗
價格合理
大鼠小鼠

環境
$20\sim26°C$
RH $60\sim70\%$
光照12小時
黑暗12小時

急毒劑量
半數致死量LD_{50}

➕ 知識補充站

急毒性試驗是試驗的第一步，它除了可以做為各種添加物對人類毒害的比較之外，也可以作為急救的參考。

2.3 慢性毒性試驗

　　慢性毒性為動物在正常生命期的大部分時間內接觸受測試物質所引起的不良反應。目的是求得最大無害作用劑量（maximal no-adverse effect level）——在一定時間內，受試物質按一定方式與機體接觸，用現代的檢測方法或靈敏的觀察指標，未能觀察到任何損害作用的最高劑量。化學物質在體內的蓄積作用，是發生慢性中毒的基礎。

　　在實驗動物的大部分生命期間將受測試化學物質以一定方式染毒，觀察動物的中毒表現，並進行生化、血液、病理組織等檢查，以闡明此化學物質的慢性毒性。慢性毒性試驗，一般均採用大鼠。所選用的品系應是對該類受試物質的毒性作用敏感的。兩種性別都應該使用，最常使用剛斷奶或已斷奶的年幼動物來進行慢性毒性的長期生物學試驗。在齧齒類動物最好在6週齡之前。應保證試驗結果的可靠性並能進行統計學處理，實驗組和對照組動物，應採用隨機分配的方法。每組都應有足夠的動物數用來進行詳細的生物學和統計學分析。每一個劑量組和相應的對照組至少應該有50隻雄性和50隻雌性的動物，不包括提前剖殺的動物數。一般每天給予受試物質。如果所給的化學物質是混在飲水中或飼料中，應保證連續給予。口服、皮膚接觸、吸入是三種主要給受試物途徑。試驗期限至少應該維持到12個月。一般情況下，試驗結束時間對小鼠和倉鼠應在18個月，大鼠在24個月。因自溶，被同類吃掉，或因管理問題所造成的動物損失在任何一組都不能高於10%。小鼠和倉鼠在18個月，大鼠在24個月時，各組存活的動物不能少於50%。

　　觀察——至少每天進行一次動物情況的檢查。每天還應有數次有目的的觀察。及時發現所有的毒性作用的開始及其變化，並能減少因疾病、自溶或被同類所食造成的動物損失。在試驗的前13週內，每週稱量體重一次，以後每4週稱量一次。在試驗的前13週內，每週檢查一次動物的食物攝取情況，以後如動物健康狀況或體重無異常改變，則每3個月檢查一次。

　　血液檢查（血紅蛋白含量，血球壓積，紅血球計數，白血球計數，血小板，或其他血凝試驗）應在3個月，6個月，以後每隔6個月及實驗結束時進行。尿分析指標：外觀；每個動物的尿量和比重；蛋白，糖，酮體，潛血（半定量）；沉澱物鏡檢（半定量）。臨床化學——每6個月及實驗結束時，收集各組每性別的10隻大鼠的血液標本進行臨床化學檢查。分離血漿，進行下列指標測定：總蛋白濃度；白蛋白濃度；肝功能試驗（如鹼性磷酸酶，穀丙轉氨酶，穀草轉氨酶，γ穀氨醯轉肽酶，鳥氨酸脫羧酶）；糖代謝，如糖耐量；腎功能，如血尿素氮。

小博士解說
　　肉眼和病理檢查常常是慢性／致癌性結合試驗的基礎。肉眼剖檢所有的動物，包括那些在實驗過程中死亡或因處於垂死狀態而被處死的，應進行肉眼檢查。

慢性毒性試驗

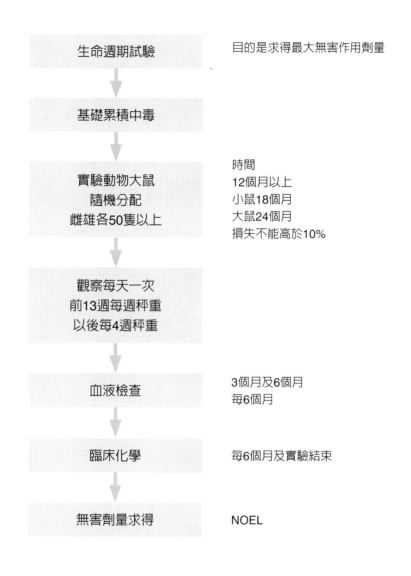

生命週期試驗	目的是求得最大無害作用劑量
基礎累積中毒	
實驗動物大鼠 隨機分配 雌雄各50隻以上	時間 12個月以上 小鼠18個月 大鼠24個月 損失不能高於10%
觀察每天一次 前13週每週秤重 以後每4週秤重	
血液檢查	3個月及6個月 每6個月
臨床化學	每6個月及實驗結束
無害劑量求得	NOEL

2.4 致突變試驗

致突變試驗是指對致癌物質進行初步篩選，是預防癌症的重要手段。致突變試驗有基因突變試驗、染色體畸變試驗、 DNA損傷試驗等。基因突變試驗中的鼠傷寒沙門氏菌回復突變試驗又稱Ames試驗，它採用沙門氏菌（Salmonella typhimurium）突變株做實驗，其為組胺酸合成缺陷株（His-），在不含組胺酸的培養基上無法生長，必須於含有組胺酸的培養基上才能生長。在不含組胺酸的培養基加上突變物質時，如果將其由His-回復成His+，就使其在不含組胺酸的培養基上也能生長。所以觀察其回復突變菌落的數量就可以檢測樣品中是否含有致突變物質。

回復突變成野生型後能自行合成組氨酸，可在最低營養平皿上生長成可見菌落。計算最低營養平皿上的回變菌落數來判定受試物是否有致突變性。標準試驗菌株有四種：TA97和TA98檢測移碼突變、TA100檢測鹼基置換突變、TA102對醛、過氧化物及DNA交聯劑較敏感。

有些物質本身結構沒有毒性，但經活體內的酵素活化後，會衍生成致癌物質；而有些毒物則會被代謝成不具致癌性的衍生物。因為微生物細胞中沒有此種代謝酵素，所以在安氏試驗系統中添加了老鼠肝臟細胞抽出液（S9mix），以模擬活體的代謝情況。

將受試物、試驗菌株培養物和S9混合液加到培養基中，37℃培養48小時，計算可見菌落數。如每個培養皿菌落數為陰性對照的每個培養皿菌落數的兩倍以上，即認為此受試物為鼠傷寒沙門氏菌的致突變物。

如果不加S9混合液得到陽性結果，說明受試物是直接致突變物；加S9混合液才得到陽性結果，說明該受試物是間接致突變物（食品添加物在攝入人體經肝代謝後的產物具有致突變性）。只要在一種試驗菌株得到陽性結果，即認為受試物是致突變物；僅當四種試驗菌株均得到陰性結果，才認為受試物是非致突變物。

小博士解說

致突變試驗的品質控制是透過：(1)盲法觀察和(2)陰性對照和陽性對照的設立。盲法觀察是觀察人員不瞭解所觀察的標本的染毒劑量或組別，可免除觀察人員對實驗資料產生主觀影響。陰性對照指不加受試物的空白對照，陽性對照是加入已知突變物的對照，陰性結果的判定條件是：最高劑量應包括受試物溶解度許可或灌胃量許可的最大劑量。使用哺乳動物細胞進行體外試驗，常選LD_{50}或LD_{80}為最大劑量。溶解度大，毒性低的化學物，在細菌試驗中往往以5mg/皿作為最高劑量。

致突變試驗

Ames試驗沙門氏菌突變株
組氨酸合成缺陷株

↓

試驗菌 　　　　　　　TA97 TA98
　　　　　　　　　　TA100 TA102

↓

培養基不含組氨酸 　　培養時間 37℃×48小時

↓

判定四種試驗菌
都陰性結果
才認定非致突變物

↓

S9試驗 　　　　　　　大鼠肝勻漿上清液

↓

致突變不加S9得到陽性結果
直接致突變物
加S9得到陽性結果
間接致突變物

✚ 知識補充站

　　致突變試驗是在急性及慢性試驗之後，指對致癌物質進行初步篩選，是預防癌症的重要手段。

2.5 致癌性試驗

　　當某種化學物質經短期篩選試驗證明具有潛在致癌性，或其化學結構與某種已知致癌劑十分相近時，就要做致癌性試驗。動物致癌性試驗爲人體是否引起腫瘤的可能性提供資料。將受試化學物質以一定方式餵給動物。

　　爲選擇合適的動物，應該先進行有關的急性和慢性毒物試驗。致癌性結合試驗，一般均採用大鼠。爲保證試驗結果的可靠性並能進行統計學處理，實驗組和對照組動物，應採用隨機分配的方法。每一個劑量組和相應的對照組至少應該有50隻雄性和50隻雌性的動物，不包括提前剖殺的動物數。

　　爲了評價致癌性試驗，至少要設三個劑量組及一個相應的對照組。高劑量組可以出現某些較輕的毒性反應，但不能明顯縮短動物壽命。這些毒性反應可能表現在體重增加受到輕度抑制（低於10%）。低劑量不能引起任何毒性反應，應不影響動物的正常生長、發育和壽命。一般不應低於高劑量的10%。中劑量應介於高劑量和低劑量之間。一般每天給予受測試物質。如果所給的化學物質是混在飲水中或飼料中，應保證連續給予。

　　確定試驗期限的準則：一般情況下，試驗結束時間小鼠應在18個月，大鼠在24個月。當最低劑量和對照組存活動物只有25%時，也可以結束試驗。在某種情況下因明顯的毒性作用只造成高劑量組動物過早死亡，此時不應結束試驗。陰性試驗應符合下列標準：因自溶，被同類吃掉，或因管理問題所造成的動物損失在任何一組都不能高於10%。小鼠和倉鼠在18個月，大鼠在24個月時，各組存活的動物不能少於50%。

　　試驗方法觀察至少每天進行一次動物情況的檢查。在試驗的前13週內，每週稱量體重一次，以後每4週稱量一次。血液學檢查（血紅蛋白含量、紅血球計數、白血球計數、血小板，或其他血凝試驗）應在3個月，6個月，以後每隔6個月及實驗結束時進行。尿分析收集各組每性別10隻大鼠尿樣進行分析，最好是在做血液檢查的同時並取自同一大鼠。肉眼和病理檢查常常是慢性／致癌性結合試驗的基礎。

　　腫瘤的發生率是整個實驗終了時，患瘤動物總數在有效動物總數中所占的百分率。有效動物總數指最早出現腫瘤時的存活動物總數。誘癌試驗陽性的判斷標準，採用世界衛生組織提出的四條標準：(1)腫瘤只發生在試驗組動物中，對照組無腫瘤；(2)試驗組與對照組動物均發生腫瘤，但試驗組中發生率高；(3)試驗組動物中多發性腫瘤明顯，對照組中無多發性或只少數動物有多發性腫瘤；(4)試驗組與對照組動物腫瘤的發生率無顯著性差異，但試驗組中腫瘤發生的時間較早。上述四條中，試驗組與對照組之間的資料經統計學處理後任何一條有顯著性差異即可認爲檢品的誘癌試驗陽性。

小博士解說
　　實驗組腫瘤發生率與對照組無差異，才算陰性結果。

致癌性試驗

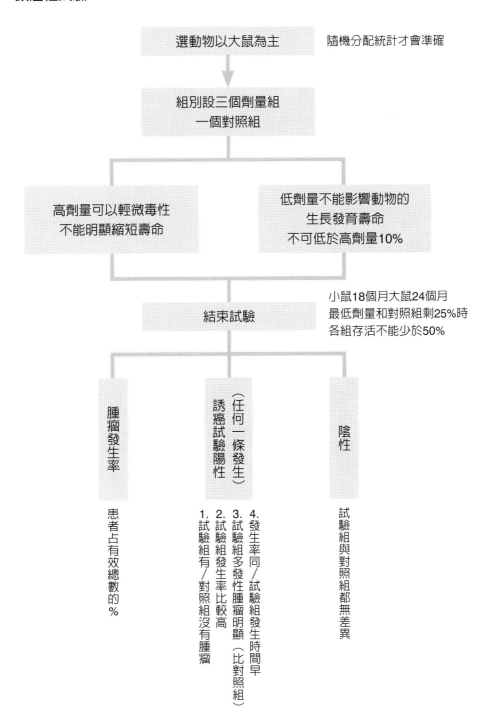

2.6 致癌物質(一)

致癌物質種類有放射性物質和磁電反應、化學物質和病毒三大類。

1. **放射性物質和磁電反應**。(1)輻射：一種能量，以電磁波、高速粒子的形態傳送。能量高的名為游離輻射，有電磁波輻射和粒子輻射兩大類。一般低能量如太陽光、燈光、紅外線、微波、無線電波、雷達波等則稱為非游離輻射。(2)靜電。(3)磁場。

2. **化學物質**。(1)香菸：主要成分有尼古丁和少量丙酮。(2)酒精：乙醇，大量食用會損害肝臟。乙醇會先轉為乙醛，而乙醛有麻醉神經作用。(3)藥物殘留。(4)亞硝酸胺：硝酸鹽來自土壤，經過蔬菜的吸收；亞硝酸鹽來自貯存的肉類，例如火腿、香腸、熱狗及臘肉等等；胺類化合物則存於海產中，例如秋刀魚及魷魚等。硝酸鹽與胺類共同食用，會形成亞硝酸胺致癌物。亞硝酸胺與口腔、食道及胃癌有關。(5)食物處理不當，高溫油炸、燒烤及煎烤等都會使到食物產生多環芳香碳氫化合物。此物質與呼吸道及腸胃道的癌症促成關係密切。煙燻類食物的致癌物質，會來自於燃燒的材料，例如甘蔗及稻穀等等，其中含有多環芳香碳氫化合物及芳香胺類致癌物質。醃製類、發酵類及乾製海產食物也可能致癌。(6)來自食物添加劑和包裝與容器受到的汙染。(7)黃麴毒素。(8)環境汙染。

3. **病毒**。(1)B肝病毒可以導致肝癌。(2)人類嗜T淋巴細胞病毒（human T-lymphotropic virus）可以導致熱帶痙攣性癱瘓（tropical spastic paraparesis）和成人T細胞白血病。(3)人類乳突病毒可以導致子宮頸癌、皮膚癌、肝門癌和陰莖癌。(4)皰疹病毒科中，卡波西肉瘤相關皰疹病毒（Kaposi's sarcoma-associated herpesvirus）能夠導致卡波西肉瘤（Kaposi's sarcoma）和體腔淋巴瘤，而艾伯斯坦巴爾病毒可以導致伯奇氏淋巴瘤（Burkitt's lymphoma）、霍奇金淋巴瘤（Hodgkin's lymphoma）、B淋巴擴增紊亂（B lymphoproliferative disorder）和鼻咽癌。

    主要可疑致癌物——吸菸、類雌激素、酚甲烷、電離輻射、滴滴涕、丁二烯、乳腺癌致癌物列表、多環芳香烴。

小博士解說

食物中三大致癌物——苯並芘／黃麴毒素／亞硝胺。
國際癌症研究機構（IARC）——致癌物分為：1類／2A類／2B類／3類／4類（己內醯胺）。

致癌物質(一)

致癌物

物理性輻射	電磁波粒子 靜電／磁場
化學性	香菸、酒精、藥物殘留、 亞硝酸胺、食物處理不當、 來自食物添加劑和包裝與容器受汙染、 黃麴毒素、環境汙染
生物性	B肝病毒、人類嗜T淋巴細胞病毒 人類乳突病毒、皰疹病毒
主要可疑致癌物	多環芳香烴、吸菸
食物三大致癌物	苯並芘／黃麴毒素 亞硝胺

＋知識補充站

致癌物質種類有放射性物質、磁電反應、化學物質和病毒等。

2.7 致癌物質(二)

　　致癌物質（Carcinogen）是指任何會直接導致生物體產生癌症的物質、輻射及放射性同位素等，這些作用於生態環境中，會造成動物細胞基因組內的去氧核糖核酸（是控制個體生命的遺傳和生理的重要化學物質）受到損害、突變使得細胞內的生化反應不能夠正常工作，例如訊息傳遞及代謝失常等等。

　　癌症是一群疾病的總稱，受到損害的細胞不會經過細胞正常程序性死亡，反而導致細胞在形態上改變，或是不斷增生，甚至擴散到其他器官。接觸致癌作用機會較多的人，患上癌症的機率也會相對地較高。

　　世界衛生組織下屬的國際癌症研究機構（IARC）將致癌物質按照危險程度分為4類：

　　1類致癌物：對人體有明確致癌性的物質，如大氣汙染、黃麴毒素、砒霜、石棉、六價鉻、甲醛、酒精飲料、菸草及檳榔等。

　　2A類致癌物：對人體致癌的可能性較高的物質，在動物實驗中已經發現充分的致癌性證據。但對人體雖有理論上的致癌性，而實驗性的證據有限。如丙烯醯胺、無機鉛化合物及氯黴素等。

　　2B類致癌物：對人體致癌的可能性較低的物質，在動物實驗中發現的致癌性證據尚不充分，且對人體的致癌性的證據有限。如咖啡、泡菜、手機輻射、氯仿、滴滴涕、鎳金屬、硝基苯、柴油燃料及汽油等。

　　3類致癌物：對人體致癌性的證據不充分，且對動物致癌性證據有限。有充分的理論機理表明其對動物有致癌性，但對人體沒有同樣的致癌性。如茶苯胺、蘇丹紅、咖啡因、二甲苯、糖精及其鹽類、氧化鐵、有機鉛化合物、靜電磁場、三聚氰胺及汞與其無機化合物等。

　　4類致癌物：對人體可能沒有致癌性的物質，缺乏充足證據支持其具有致癌性的物質。如己內醯胺。

　　聯合國的全球化學品統一分類和標籤制度將致癌物區分為兩類：1組：被確認是或者相信對人類有致癌潛在可能，1A組：測驗基於人類證據，1B組：測驗基於動物證據，2組：懷疑對人類的致癌物質。

　　美國衛生及公共服務部將致癌物質分為2組：被確認是對人類有致癌潛在可能，及有理由地懷疑對人類的致癌物質。

小博士解說

　　毒性試驗以致癌試驗為優先考慮。

國際癌症研究機構（IARC）

IARC

| 1類致癌 | 對人體有明確致癌性的物質，大氣汙染、黃麴毒素、砒霜、石棉、六價鉻、甲醛、酒精飲料、菸草及檳榔等。 |

| 2A類致癌 | 對人體致癌的可能性較高的物質，在動物實驗中已經發現充分的致癌性證據。 |

| 2B類致癌 | 對人體致癌的可能性較低的物質，在動物實驗中發現的致癌性證據尚不充分，且對人體的致癌性的證據有限。 |

| 3類致癌 | 對人體致癌性的證據不充分如茶苯胺、蘇丹紅、咖啡因、二甲苯、糖精及其鹽、氧化鐵、有機鉛化合物、靜電磁場、三聚氰胺及汞與其無機化合物等。 |

| 4類致癌 | 對人體可能沒有致癌性的物質，缺乏充足證據支持其具有致癌性的物質。如己內醯胺。 |

2.8 一類致癌物質

IARC（國際癌症研究機構）的致癌分級是以致癌證據的確鑿程度為依據的，1類是明確的人類致癌物，2A類是很可能導致人類癌症，2B類是可能導致人類癌症，3類是不明確是否能導致人類癌症，4類是不太可能導致人類癌症。

1類致癌物有大家所熟知的黃麴黴毒素、尼古丁、苯並芘（燒烤、煎炸食物）、檳榔等。還有些多少聽說過的比如砷、鎘、苯、甲醇、氡、煤焦油、X射線、載奧辛（瀝青）。又有些很常見，但很多人意識不到的比如酒精、鹹魚、紫外線、室內燒煤、橡膠工業和木屑等等。常見的一級致癌物其來源是：黃麴黴毒素：爛花生、花生油、玉米、大米、棉籽中最為常見。亞硝胺：來自腐爛的糧食、蔬菜、魚肉、蛋奶。二噁英：來自焦油、瀝青、塑膠燃燒。尼古丁：來自菸草。苯並芘：來自燒烤、煎炸食物。亞硝酸鈉：來自工業鹽、剛醃的醃菜。

對於1類致癌物，很多是天然存在、難以避免，比如氡、黃麴黴毒素（存在於很多天然汙染的食品中）。也有些是人為產生，但已經在環境裡廣泛存在，也難以避免，例如多環芳烴（汽車尾氣）、載奧辛（瀝青）。但只要有效控制，他們給人群帶來的癌症風險是微乎其微的。

不過像吸菸、嚼檳榔、酗酒這些就要盡量避免。酒精被認定致癌的癌種有：口腔癌，咽癌，食道癌，男性結腸癌，女性乳腺癌。二手菸已經被聯合國世界衛生組織列為「第一類致癌物質」，在燃燒不完全的情形下，二手菸會釋放出7,000種以上的化學物質，其中約有93種為致癌物質。所謂「三手菸」，是指菸熄滅後在環境中殘留的汙染物，其有毒物質共有11種高度致癌化合物。尼古丁有很強的表面黏附力，會與空氣中的亞硝酸、臭氧等化合物發生化學反應，產生更強的新毒物，如亞硝胺等致癌物。

吃檳榔的人也有7～8%的人患口腔癌。檳榔中含有一種生物鹼，會導致口腔黏膜纖維化，口腔白斑，導致癌前病變，發生癌症的可能性增大。食物保存不當發生黴變，產生一級致癌物黃麴黴毒素，它能導致肝癌，這在臨床上已經獲得證明。烹飪食物方法不當。食物的燻製、燒烤、醃製不當，烤焦或者烤糊的食物，都會產生亞硝酸鹽。法定的食品添加劑，按規定的劑量使用，安全性有保證。如果超劑量、越範圍使用，也會有致癌的風險。紫外線是明確的人類致癌物，有幾個人真正曬出皮膚癌的呢？相反，很多人普遍曬太陽不夠，導致維生素D不足。

小博士解說

致癌等級越高，只能說明它致癌的證據越確鑿，並不代表我們一定會因此而得癌，即便是我們所攝入的量極多，就如尼古丁是一級致癌物，但有人吸一輩子菸都不會得到肺癌，癌症的致病因素很多，又具有一定的家族遺傳特點等等，對於一級致癌物，我們不必膽戰心驚，吸菸喝酒這種不良嗜好當然是該盡量避免，關鍵還是保持健康的生活作息及飲食習慣等才是最重要的。

一類致癌物質

黃麴黴毒素	爛花生、花生油、玉米、大米、棉籽中最為常見
亞硝胺	腐爛的糧食 蔬菜、魚肉、蛋奶
戴奧辛	焦油 瀝青 塑膠燃燒
尼古丁	菸草
苯並芘	燒烤、煎炸食物
亞硝酸鈉	工業鹽 剛醃的醃菜
偶氮基	含有N＝N 假豬肉

儘量吃帶殼花生，遠離燒廢塑膠之處，舖柏油時不要去看，燻烤時去油脂都是舉手之勞。

IARC的致癌分級

一類致癌物	對人類明確致癌
2A類致癌物	對人類很可能致癌
2B類癌物	對人類可能致癌
3類致癌物	對人類不確定致癌
4類致癌物	對人類不太可能致癌

✚ 知識補充站

　不要迷信某些抗癌或防癌食物，癌症的成因是多種因素造成的，不能簡單地歸結一種致癌物，或是期待透過食用某種或某幾種食物就可預防癌症的發生。食物多樣，營養均衡，戒菸限酒，適當鍛鍊，保持良好心態才是根本。

第3章
保存、防腐

李明清

3.1 台灣使用的防腐劑

　　防腐作用是為了抑制腐敗菌的生長而保存食品的品質，早期的人們使用發酵以及加熱的方法就能達到目的，而利用鹽及糖的醃製可以說是最早的防腐添加物了。防腐劑可以大約分為三大類：有機酸類、無機鹽類以及抗生素類，有機酸有己二烯酸、苯甲酸、乳酸、醋酸、丙酸、檸檬酸、延胡索酸、蘋果酸、酒石酸等；無機鹽類有：磷酸鹽類、硝酸鹽類及亞硝酸鹽類、對羥苯甲酸鹽；而抗生素類則有乳酸鏈球菌素等。

　　有機酸可以作為防腐劑或酸味劑來使用，未解離的有機酸比已經解離的有機酸，容易穿透微生物的細胞膜，從而影響細胞膜內的代謝反應，因此未解離的有機酸擁有比較大的抑菌效果。

　　無機鹽類作為防腐劑來使用的歷史，比有機酸來的久遠，例如使用硝酸鹽於肉類的保存，硝酸鹽主要是可以抑制肉毒桿菌的生長，以免產生毒素，磷酸鹽則廣泛用於食品加工上，維持pH穩定，可以與有機物結合，增加保水力、酸化、鹼化、抗結塊、防腐、膨鬆、發酵、乳化、分散、營養添加、抗結絮等。

　　抗生素的青黴素自從被發現具有廣泛抑制細菌特性之後，曾經被使用為防腐劑，後來，被發現容易誘導抗藥性菌株的產生，而被廢止，但乳酸鏈球菌素，因為是乳酸發酵時，自然產生者，目前有限度使用，並且具有很大的發展潛力。

　　目前有些防腐劑已被證實會引發過敏或呼吸道疾病。對於過敏體質者，嚴重時可能導致過敏性休克。且防腐劑雖屬於弱毒性，但食用過量也有礙健康，故各國對於防腐劑的使用有一定的規範。有些食品業者會改用抗氧化劑取代防腐劑。

　　台灣常用的防腐劑：(1)羥苯酯類：是用對羥基苯甲酸與醇經酯化而得。此類系為優良的防腐劑，無毒、無味、無臭，化學性質穩定，在pH3～8範圍內能耐100℃2h滅菌。常用的有甲酯、乙酯、丙酯、丁酯等。在酸性溶液中作用較強。本類防腐劑用量一般不超過0.05%。(2)苯甲酸及其鹽：為白色結晶或粉末，無氣味或微有氣味。苯甲酸未解離的分子抑菌作用強，故在酸性溶液中抑菌效果較好，最適pH值為4，用量一般為0.1～0.25%。苯甲酸鈉和苯甲酸鉀必須轉變成苯甲酸後才有抑菌作用，用量按酸計。(3)己二烯酸及其鹽：為白色至黃白色結晶性粉末，無味，有微弱特殊氣味。己二烯酸的防腐作用是未解離的分子，故在pH值為4的水溶液中抑菌效果較好。常用濃度為0.05～0.2%己二烯酸與其他防腐劑合用會產生協同作用。

台灣使用的防腐劑

小博士解說

　　防腐劑對微生物繁殖體有殺滅作用，對芽胞則使其不能發育為繁殖體而逐漸死亡。醇類能使病原微生物蛋白質變性；苯甲酸、羥苯酯類能與病原微生物酶系統結合，影響和阻斷其新陳代謝過程；陽離子型表面活性劑類有降低表面張力作用，增加菌體細胞膜的通透性，使細胞膜破裂、溶解。

防腐、發酵、加熱醃製
糖、鹽、亞硝酸添加

防腐劑

有機酸類 ─── 己二烯酸
　　　　　　 苯甲酸
　　　　　　 乳酸
　　　　　　 醋酸
　　　　　　 丙酸
　　　　　　 其他 ─── 檸檬酸
　　　　　　　　　　　 延胡索酸
　　　　　　　　　　　 蘋果酸
　　　　　　　　　　　 酒石酸等

無機鹽類 ─── 磷酸鹽類
　　　　　　 硝酸鹽類及亞硝酸鹽類
　　　　　　 對羥苯甲酸鹽

抗生素類 ─── 乳酸鏈球菌素（nisin）

＋ 知識補充站

防腐原理，大致有如下3種：

1.是干擾微生物的酶系，破壞其正常的新陳代謝，抑制酶的活性。

2.是使微生物的蛋白質凝固和變性，干擾其生存和繁殖。

3.是改變細胞漿膜的滲透性，抑制其體內的酶類和代謝產物的排除，導致其失活。

3.2 中國常用的防腐劑

1. 苯甲酸及其鹽類，白色顆粒或結晶粉末，略帶安息香的氣味。其防腐最佳pH為2.5～4.0，其安全性只相當於山梨酸鉀的1/5，日本已全面取締其在食品中的應用。

2. 山梨酸（己二烯酸）及其鹽類，白色結晶粉末或微黃色結晶粉末或鱗片狀。山梨酸鉀為酸性防腐劑，其主要是通過抑制微生物體內的脫氫酶系統，而達到抑制微生物和起到防腐的作用。對細菌、黴菌、酵母菌均有抑制作用，防腐效果是苯甲酸鹽的5～10倍。產品毒性低，相當於食鹽的一半。其防腐效果隨pH的升高而減弱，pH=3時防腐效果最佳。毒性比對羥基苯甲酸酯類小。在中國可用於醬油、醋、麵醬類，飲料、果醬類等中。

3. 脫氫乙酸及鈉鹽類，脫氫乙酸及其鈉鹽均為白色或淺黃色結晶狀粉末，對光和熱穩定，在水溶液中降解為醋酸，對人體無毒。是一種廣譜型防腐劑，對食品中的細菌、黴菌、酵母菌有著較強抑制作用。在中國廣泛用於肉類、魚類、蔬菜、水果、飲料類、糕點類等的防腐保鮮。

4. 對羥基苯甲酸酯類，產品有對羥基苯甲酸甲酯、乙酯、丙酯、丁酯等。其中對羥基苯甲酸丁酯防腐效果最好。中國主要使用對羥基苯甲酸乙酯和丙酯。日本使用最多的是對羥基苯甲酸丁酯。防腐機理是：破壞微生物的細胞膜，使細胞內的蛋白質變性，並能抑制細胞的呼吸酶系的活性。抗菌活性成分主要是分子態起作用，由於其分子中內的羥基已被酯化，不再電離，pH值為8時仍有60%的分子存在。因此在pH4～8時的範圍內均有良好的效果。性能穩定且毒性低於苯甲酸。是一種廣譜型防腐劑。由於難溶於水，所以使用時先溶於乙醇中。為更好地發揮防腐劑作用，最好將兩種以上的該酯類混合使用。

5. 雙乙酸鈉是常用於醬菜類的防腐劑，安全、無毒，有很好的防腐效果，在人體內最終分解產物為水和二氧化碳。對黑根菌、黃麴黴、李斯特菌等抑制效果明顯。在醬菜類中用0.2%的雙乙酸鈉和0.1%的山梨酸鉀合用在醬菜中，有很好的保鮮效果。

6. 丙酸鈣，白色結晶性顆粒或粉末，略帶輕微丙酸氣味，對光和熱穩定，易溶於水。丙酸是人體內氨基酸和脂肪酸氧化的產物，所以丙酸鈣是一種安全性很好的防腐劑。ADI（每日人體每公斤允許攝入量）不作限制規定。對黴菌有抑制作用，對細菌抑制作用小，對酵母菌無作用，在中國常用於麵製品發酵及乳酪製品防黴等。

7. 乳酸鈉，為無色或微黃色透明液體，無異味，略有鹹苦味，混溶於水、乙醇、甘油等。一般濃度為60～80%，主要用在肉、禽類製品中，對大腸桿菌、肉毒梭菌、李斯特菌等有抑制作用。乳酸鈉在原料肉中具有良好的分散性，對水分有良好的吸附性，能有效地防止原料肉脫水，達到保鮮、保潤作用。在中國主要適用於烤肉、火腿、香腸、雞鴨禽類製品和醬鹵製品等。在肉製品中保鮮的參考配方：乳酸鈉：2%，脫氫醋酸鈉0.2%。

中國常用的防腐劑

苯甲酸及其鹽類	碳酸飲料、低鹽醬菜、蜜餞、葡萄酒、果酒、軟糖、醬油、食醋、果醬、果汁飲料、食品工業用桶裝濃果蔬汁
山梨酸鉀	除了同上之外，還有魚、肉、蛋、禽類製品、果蔬保鮮、膠原蛋白腸衣、果凍、乳酸菌飲料、糕點、餡、麵包、月餅等
對羥苯甲酸丙酯	果蔬保鮮、果汁飲料、果醬、糕點餡、蛋黃餡、碳酸飲料、食醋、醬油
脫氫乙酸鈉	腐竹、醬菜、原汁桔醬
丙酸鈣	生濕麵製品（餛飩皮）、麵包、食醋、醬油、糕點、豆製食品
雙乙酸鈉	各種醬菜、麵粉和麵糰中
乳酸鈣	烤肉、火腿、香腸、雞鴨類產品和醬鹵製品
乳酸鏈球菌	素罐頭食品、植物蛋白飲料、乳製品、肉製品
納他黴素	乳酪、肉製品、葡萄酒、果汁飲料、茶飲料
過氧化氫	生牛乳保鮮、袋裝豆腐乾

使用上注意事項

食品先滅菌	防腐劑添加之前，食品要先滅菌安全，否則防腐劑將無法達到理想效果
瞭解使用範圍	瞭解當地政府的使用規定是廠商要遵守的第一守則，因各國政府規定不一樣
注意加工需求	考慮防腐劑價格之外，可否溶解安全，會不會影響食品的風味都應充分考慮
微生物種類	防腐劑的特性，有些對酵母菌有效，有些對黴菌特別有效，可以使用複配方式來達到目的
注意pH值	注意各防腐劑發揮效果的pH值範圍

✚ 知識補充站

　　中國正發展生物防腐劑，尤其是聚賴氨酸，中國的防腐劑比台灣多樣應用也廣，符合當地政府的規定是第一要務，2011年上海產的可口可樂在台灣被驗出含有對羥苯甲酸甲酯防腐劑而上報紙，因為在台灣不可以加在碳酸飲料中，而中國可以添加。

3.3 己二烯酸和其鹽類

　　己二烯酸和其鹽類是具有兩個不飽和鍵的脂肪酸，其解離或未解離，都具有抑制細菌活性的作用，未解離狀態比已經解離狀態有更高的抑制活性，它對於酵母菌以及黴菌有良好的抑制效果，在所有的防腐劑當中，其毒性最低，讓它成為防腐劑當中，使用頻率最高的品項，它抑制微生物生長的機制：部分原因是其作用在酵素的活性上面，例如在脂肪氧化的脫氫酶，己二烯酸會導致β-飽和脂肪酸的堆積，而抑制脫氫酶的作用，另一個原因是：它是酵素硫氫基（-SH）的抑制劑，而硫氫基對於微生物生長是重要的影響因子。

　　己二烯酸可使用於魚肉煉製品、肉製品、海膽、魚子醬、花生醬、醬菜類、水分含量25%以上（含25%）之蘿蔔乾、醃漬蔬菜、豆皮豆乾類及乾酪；用量以Sorbic Acid計為2.0g/kg以下。己二烯酸可使用於煮熟豆、醬油、味噌、烏魚子、魚貝類乾製品、海藻醬類、豆腐乳、糖漬果實類、脫水水果、糕餅、果醬、果汁、乳酪、奶油、人造奶油、番茄醬、辣椒醬、濃糖果漿、調味糖漿及其他調味醬；用量以Sorbic Acid計為1.0g/kg以下。己二烯酸可使用於不含碳酸飲料、碳酸飲料；用量以Sorbic Acid計為0.5g/kg以下。己二烯酸和其鹽類可使用於膠囊狀、錠狀食品；用量以Sorbic Acid計為2.0g/kg以下。

　　己二烯酸在毒性試驗中，其LD_{50}為7.4～10.5g/kg，其添加方法可以直接加入產品中，或者噴灑浸泡，也可以直接混入包材當中，應用在食品原料或加工製品當中，製酒業在傳統上，添加亞硫酸鹽以抑制葡萄酒發酵時，某些雜菌的生長，但是，亞硫酸鹽對某些過敏者造成不適，因此已經逐漸被己二烯酸和其鹽類所取代。

　　己二烯酸類有己二烯酸、己二烯酸鉀和己二烯酸鈉三類品種。實際使用己二烯酸鉀，它易溶於水、使用範圍廣，經常可以在一些飲料、果脯、罐頭等食品看到它的身影；在這裡重點介紹一下己二烯酸鉀：它為不飽和六碳酸；一般市場上出售的己二烯酸鉀呈白色或淺黃色顆粒，含量在98%以上；無臭味、或微有臭味，易吸潮、易氧化而變褐色，對光、熱穩定，相對密度1.363，熔點在270℃分解，其1%溶液的pH值為7～8。己二烯酸鉀為酸性防腐劑，具有較高的抗菌性能，抑制黴菌的生長繁殖；其主要是通過抑制微生物體內的脫氫酶系統，從而達到抑制微生物的生長和起防腐作用，對細菌、黴菌、酵母菌均有抑制作用；其效果隨pH值的升高而減弱，pH值達到3時抑菌達到頂峰，pH值達到6時仍有抑菌能力，但最底濃度不能低於0.2%。

小博士解說

　　己二烯酸、己二烯酸鉀和己二烯酸鈉它們三種的作用機理相同，毒性比苯甲酸類和對羥基苯甲酸酯類要小，日允許量為25mg/kg，為苯甲酸5倍，為對羥基苯甲酸酯類的2.5倍，是一種相對安全的食品防腐劑。

己二烯酸和其鹽類

己二烯酸和其鹽類

規格

CH_3-CH＝CH-CH＝CH-COOH
分子式：$C_6H_8O_2$分子量：112.13
1.含量：99.0%以上。
2.外觀：無色針狀結晶或白色結晶性粉末，無臭或略具特異臭。
3.鑑別：本品之丙酮溶液（本品1g溶於丙酮100mL）1mL，加入水1mL及溴試液2滴，振盪混合時，溶液之顏色立即消失。
4.重金屬：10ppm以下（以Pb計）。
5.水分：0.5%以下。
6.熾灼殘渣：0.20%以下。

作用機制

作用在酵素的活性上面
及酵素硫氫基的抑制劑

添加於

魚肉煉製品等為2.0g/kg以下
醬油、味噌等為1.0g/kg以下
碳酸飲料等為0.5g/kg以下
膠囊狀等為2.0g/kg以下

安定性

抑制酵母菌黴菌生長
阻止酶的作用

安全性

毒性試驗
LD_{50}—(7.4～10.5)g/kg體重

3.4 苯甲酸

苯甲酸又稱安息香酸，結構簡式為C_6H_5COOH，是苯環上的一個氫被羧基（-COOH）取代形成的化合物。苯甲酸一般常作為防腐劑使用，有抑制真菌、細菌、黴菌生長的作用。目前工業上苯甲酸主要是通過甲苯的液相空氣氧化製取的。過程是以環烷酸鈷為催化劑，在反應溫度為140～160℃和操作壓力0.2～0.3MPa下反應生成苯甲酸。反應後蒸去甲苯，並減壓蒸餾、重結晶，即得產品。該工藝利用廉價原料，收率高，因此是工業上主要使用的方法。

苯甲酸及其鈉鹽苯甲酸鈉是很常用的食品防腐劑，對微生物有強烈的毒性，但其鈉鹽的毒性則很低。每公斤體重每日口服5毫克以下，對人體並無毒害。在人體和動物組織中可與蛋白質成分的甘氨酸結合而解毒，形成馬尿酸隨尿排出。苯甲酸的微晶或粉塵對皮膚、眼、鼻、咽喉等有刺激作用。即使其鈉鹽，如果大量服用，也會對胃有損害。操作人員應穿戴防護用具。需貯存於乾燥通風處，防潮、防熱，遠離火源。

苯甲酸分子態的抑菌活性較離子態高，故pH小於4時，抑菌活性高，其抑菌最小濃度為0.015～0.1%。但在酸性溶液中其溶解度降低，故不單靠提高溶液的酸性來提高其抑菌活性。苯甲酸最適抑菌pH為2.5～4.0。由於苯甲酸對水的溶解度低，故實際多是加適量的碳酸鈉或碳酸氫鈉，用90℃以上熱水溶解，使其轉化成苯甲酸鈉後才添加到食品中。若必須使用苯甲酸，可先用適量乙醇溶解後再應用。由於苯甲酸對水的溶解度比苯甲酸鈉低，因此在酸性食品中使用苯甲酸鈉時，要注意防止由於苯甲酸鈉轉變成苯甲酸而造成沉澱和降低其使用效果。1g苯甲酸相當於1.18g苯甲酸鈉。苯甲酸在醬油、清涼飲料中可與對-羥基苯甲酸酯類一起使用而增加效果。苯甲酸是重要的酸型食品防腐劑。在酸性條件下，對黴菌、酵母和細菌均有抑制作用但對產酸菌作用較弱。抑菌的最適pH值為2.5～4.0，一般以低於pH值4.5～5.0為宜。

苯甲酸可使用於魚肉煉製品、肉製品、海膽、魚子醬、花生醬、乾酪、糖漬果實類、脫水水果、水分含量25%以上之蘿蔔乾、煮熟豆、味噌、海藻醬類、豆腐乳、糕餅、醬油、果醬、果汁、乳酪、奶油、人造奶油、番茄醬、辣椒醬、濃糖果漿、調味糖漿及其他調味醬；用量以BenzoicAcid計為1.0g/kg以下。可使用於烏魚子、魚貝類乾製品、碳酸飲料、不含碳酸飲料、醬菜類、豆皮豆乾類、醃漬蔬菜；用量以BenzoicAcid為0.6g/kg以下。可使用於膠囊狀、錠狀食品；用量以BenzoicAcid計為2.0g/kg以下。

小博士解說

實用上大都使用苯甲酸鈉，因為便宜。苯甲酸鈉大多為白色顆粒，無臭或微帶安息香氣味，味微甜，有收斂性；苯甲酸鈉親油性較大，易穿透細胞膜進入細胞體內，干擾細胞膜的通透性，抑制細胞膜對氨基酸的吸收，並抑制細胞的呼吸酶系的活性，從而起到食品防腐的目的。

苯甲酸

分子式：$C_7H_6O_2$　分子量：122.12

規格

1. 含量：99.5%以上。
2. 外觀：白色鱗片狀或針狀結晶，無臭或略具類苯甲醛臭。
3. 鑑別：本品1g溶於氫氧化鈉溶液（氫氧化鈉1g溶於水25mL）20mL，其苯甲酸鹽試驗呈陽性反應
4. 氯化物：0.014%以下（以Cl計）。
5. 砷：4ppm以下（以As_2O_3計）。
6. 重金屬：10ppm以下（以Pb計）。
7. 乾燥減重：0.5%以下（矽膠乾燥器，3小時）。

添加於

1. 本品可使用於魚肉煉製品、肉製品、海膽、魚子醬、花生醬、乾酪、糖漬果實類、脫水水果、水分含量25%以上（含25%）之蘿蔔乾、煮熟豆、味噌、海藻醬類、豆腐乳、糕餅、醬油、果醬、果汁、乳酪、奶油、人造奶油、番茄醬、辣椒醬、濃糖果漿、調味糖漿及其他調味醬；用量以BenzoicAcid計為1.0g/kg以下。
2. 本品可使用於烏魚子、魚貝類乾製品、碳酸飲料、不含碳酸飲料、醬菜類、豆皮豆乾類、醃漬蔬菜；用量以BenzoicAcid為0.6g/kg以下。
3. 本品可使用於膠囊狀、錠狀食品；用量以BenzoicAcid計為2.0g/kg以下。

安定性

急性毒性──2370mg/kg
（小鼠經口）

危險特性

遇高熱、明火或與氧化劑接觸，有引起燃燒的危險。

3.5 對羥苯甲酸乙酯

　　p-氫氧基苯甲酸（p-hydroxybenzoicacid）的羥基（包括有甲基、乙基、丙基、丁基）結合之酯類總稱為parabens。抑菌活性之最適合pH值是3～8。對羥苯甲酸鹽之抑菌活性是與羥基碳鏈長度成正比，抑菌效果則是抑制黴菌與酵母菌遠高於細菌，而革蘭氏陽性菌被抑制效果又比陰性菌來的好。

　　對羥基苯甲酸乙酯為無色結晶或結晶狀粉末，幾乎無臭，稍有澀味，對光和熱穩定，無吸濕性，熔點115～118℃。1g本品約溶於1340mL、25℃的水、1.4mL丙二醇和100mL花生油。制法：由對羥基苯甲酸與乙醇在酸催化下酯化而制得。取本品0.05g，加入乙酸2滴及硫酸5滴，加熱5min時溶液產生乙酸乙酯的氣味。其LD$_{50}$小鼠口服5g/kg體重。ADI 0～10mg/kg體重（以對羥基苯甲酸甲酯、乙酯、丙酯總量計，FAO/WHO，1994）對羥基苯甲酸酯類於1923年建議作為食品和藥品的防腐劑。自從苯甲酸鈉大量投產後，對羥基苯甲酸酯類的使用大量減少。其特點是毒性較苯甲酸等低，抗菌作用與pH無關，但水溶性較低和具有特殊的氣味，使其在食品防腐中的應用有局限性。

　　對羥基苯甲酸酯類的性質與其R基團有直接的相關性，隨著R基團的增大，毒性降低，抗菌性增高，對水溶性減小（脂溶性增大）。而異丙脂、異丁酯的毒性分別比丙酯和正丁酯的毒性要大。由於對羥基苯甲酸酯的水溶性較低，使用時通常先將它們溶於氫氧化鈉、乙酸或乙醇溶液中。對羥基苯甲酸酯鈉的水溶性增高，但貯藏穩定性降低。

　　許多國家，允許將對羥基苯甲酸甲酯、乙酯、正丙酯、丁酯作為食品防腐劑。美國多使用丙酯。日本多使用丁酯，一般都是將不同的酯類混合使用，也可與苯甲酸等混合使用，取其協同作用，以提高防腐效果。對羥苯甲酯除對真菌有效外，由於它具有酚羥基，所以抗細菌性能比苯甲酸、山梨酸都強。它的抗菌作用在pH4～8的範圍內均有很好的效果。對羥基苯甲酸酯的作用機制基本類似苯酚，它可破壞微生物的細胞膜，使細胞蛋白質變性，並抑制微生物細胞的呼吸酶系與電子傳遞酶系的活性。對羥基苯甲酸酯類在魚肉製品、飲料、膠囊中均有應用。由於它在較高溫度下可明顯地感覺出其氣味，因此在成品中的濃度一般在0.05%以下。

小博士解說

　　日本規定：對羥基苯甲酸乙酯、丙酯、丁酯、異丙酯、異丁酯，按對羥基苯甲酸計，最高使用量：醬油，0.25g/L；水果辣醬油0.2g/L；醋，0.1g/L；清涼飲料、果子露，0.1g/L；水果、果裝表皮，0.012g/kg。

對羥苯甲酸乙酯

分子式：$C_9H_{10}O_3$　分子量：166.18

規格

1. 含量：99.0%以上。
2. 外觀：無色結晶或白色結晶性粉末，無臭。
3. 鑑別：(1)本品0.5g加入氫氧化鈉溶液（氫氧化鈉1g溶於水25mL）10mL，加熱煮沸30分鐘，蒸發濃縮至約5mL，冷卻後以稀硫酸（硫酸1mL溶於水20mL）酸化之，過濾所生成之沉澱充分水洗後，在105℃下乾燥1小時，其熔點應在213～217℃。
　　　　(2)本品0.05g加入醋酸2滴及硫酸5滴，加熱5分鐘後有醋酸乙酯之味道產生。
4. 熔融溫度：115～118℃。
5. 游離酸：0.55%以下（以對羥苯甲酸計）。
6. 硫酸鹽：0.024%以下（以SO_4計）。
7. 砷：4ppm以下（以As_2O_3計）。
8. 重金屬：10ppm以下（以Pb計）。
9. 乾燥減重：0.5%以下（80℃，2小時）。
10. 熾灼殘渣：0.05%以下。

作用機制

作用在酵素的活性上面
及酵素硫氫基的抑制劑

添加於

以P-Hydroxybenzoic Acid計
豆皮豆乾類及醬油0.25g／kg以下
醋及不含碳酸飲料0.1g／kg以下
鮮果及果菜之外皮0.012g／kg以下

安定性

抑制酵母菌黴菌生長
阻止酶的作用

安全性

毒性試驗
LD_{50}小鼠口服5g/kg體重

3.6 生物防腐劑

　　乳酸鏈球菌素是由多種氨基酸組成的多肽類化合物，可作爲營養物質被人體吸收利用。1969年，聯合國糧食及農業組織/世界衛生組織（FAL/WHO）食品添加劑聯合專家委員會確認乳酸鏈球菌素可作爲食品防腐劑。1992年3月中國衛生部批准實施的檔指出：「可以科學地認爲乳酸鏈球菌作爲食品保藏劑是安全的」。它能有效抑制引起食品腐敗的許多革蘭氏陽性細菌，如肉毒桿菌，金黃色葡萄球菌，溶血鏈球菌，李斯特氏菌，嗜熱脂肪芽孢桿菌的生長和繁殖，尤其對產生孢子的革蘭氏陽性細菌有特效。乳酸鏈球菌素的抗菌作用是通過干擾細胞膜的正常功能，造成細胞膜的滲透，養分流失和膜電位下降，從而導致致病菌和腐敗菌細胞的死亡。它是一種無毒的天然防腐劑，對食品的色、香、味、口感等無不良影響。現已廣泛應用於乳製品、罐頭製品、魚類製品和酒精飲料中。

　　納他黴素（Natamycin），是由納他鏈黴菌受控制發酵得到一種白色至乳白色的無臭無味的結晶粉末，通常以烯醇式結構存在。它的作用機理是使細胞膜畸變，最終導致滲漏，引起細胞死亡。在焙烤食品用納他黴素對麵團進行表面處理，有明顯的延長保質期作用。在香腸、飲料和果醬等食品的生產中添加一定量的納他黴素，既可以防止發黴，又不會干擾其他營養成分。

　　ε-聚賴氨酸的研究在國外特別是在日本已比較成熟，中國剛剛起步。它是一種天然的生物代謝產品。具有很好的殺菌能力和熱穩定性，是具有優良防腐性能和巨大商業潛力的生物防腐劑。在日本，ε-聚賴氨酸已被批准作爲防腐劑添加於食品中，廣泛用於方便米飯、濕熟麵條、熟菜、海產品、醬類、醬油、魚片和餅乾的保鮮防腐中。徐紅華等研究了ε-聚賴氨酸對牛奶的保鮮效果。當採用420mg/L的ε-聚賴氨酸和2%甘氨酸複配時，保鮮效果最佳，可以保存11天，並仍有較高的可接受性，同時還發現ε-聚賴氨酸和其他天然抑菌劑配合使用，有明顯的協同增效作用，可以提高其抑菌能力。在美國，研究者建議把ε-聚賴氨酸作爲防腐劑用於食品中。實踐中發現ε-聚賴氨酸可與食品中的蛋白質或酸性多糖發生相互作用，導致抗菌能力的丟失，並且ε-聚賴氨酸有弱的乳化能力。因此ε-聚賴氨酸被限制於澱粉質食品。

　　溶菌酶是一種無毒蛋白質，能選擇性地分解微生物的細胞壁，在細胞內對吞噬後的病原菌起破壞作用從而抑制微生物的繁殖。特別對革蘭氏陽性細菌有較強的溶菌作用，可作爲清酒、乾酪、香腸、奶油、生麵條、水產品和霜淇淋等食品的防腐保鮮劑。

小博士解說
　　利用生物方法產生的防腐劑比利用化學方法更容易讓消費者接受為天然方法。

生物防腐劑

常用種類

乳酸鏈球菌素（Nisin）	乳製品、罐頭製品、魚類製品和酒精飲料中。
納他黴素（Natamycin）	香腸、飲料和果醬。
ε-聚賴氨酸	方便米飯、濕熟麵條、熟菜、海產品、醬類、醬油、魚片和餅乾的保鮮防腐。
溶菌酶	清酒、乾酪、香腸、奶油、生麵條、水產品和霜淇淋。

來源

生物防腐劑通常是從動物、植物和微生物的代謝產物中提取，例如乳酸鏈球菌素是從乳酸鏈球菌的代謝產物中提取到的一種多肽物質，多肽物質可以在機體內降解為各種氨基酸，台灣及中國對乳酸鏈球菌素有使用範圍及最大許可量之規定。

未來趨勢

化學合成防腐劑向生物防腐劑發展	在安全及人類信心考慮之下，人類正在探索更安全更方便的天然食品防腐劑，例如動物源的溶菌酶、殼聚糖、魚精蛋白、蜂膠等；植物源的瓊脂低聚糖、杜仲素、辛香料、丁香、烏梅提取物；微生物源的乳酸鏈球菌素、納他黴素、紅麴米素等；動物、植物和微生物複合源的R-多糖等。
高價生物防腐劑向低價生物防腐劑發展	生物防腐劑、無毒無害，但價格貴，大多數食品企業難以承受，如何大幅度降低生物防腐劑的成本是推廣使用生物防腐劑的先決條件。

✚ 知識補充站

ε-聚賴氨酸在日本，已被批准作為防腐劑添加於食品中是新近很有潛力的生物防腐劑。

3.7 乳酸鏈球菌素

　　乳酸鏈球菌素是乳酸鏈球菌產生的一種多肽物質，由34個氨基酸殘基組成。病理學家研究以及毒理學試驗都證明乳酸鏈球菌素（Nisin）是完全無毒的。乳酸鏈球菌素可被消化道蛋白酶降解爲氨基酸，無殘留，不影響人體益生菌，不產生抗藥性，不與其他抗生素產生交叉抗性，是一種高效、無毒、安全、無副作用的天然食品防腐劑。

　　在水中溶解度，pH值2.5時溶解度爲12%，pH值5.0時下降到4%，在中性和鹼性條件下不溶於水。pH值爲2時耐熱性好，pH值大於5時，耐熱性下降。外觀性狀：白色至淡黃色粉末。Nisin由以下成分組成：乳鏈菌素大於1000IU/mg（大於2.5%）氯化鈉大於50%

　　乳酸鏈球菌素的穩定性也與溶液的pH值有關。如溶於pH=6.5的脫脂牛奶中，經85℃巴氏滅菌15分鐘後，活性僅損失15%，當溶於pH=3的稀鹽酸中，經121℃ 15分鐘高壓滅菌仍保持100%的活性，其耐酸耐熱性能優良。

　　乳酸鏈球菌素能有效抑制引起食品腐敗的許多革蘭氏陽性細菌，如乳桿菌、明串珠菌、小球菌、葡萄球菌、李斯特菌等，特別是對產芽孢的細菌如芽孢桿菌、梭狀芽孢桿菌有很強的抑制作用。通常，產芽孢的細菌耐熱性很強，如鮮乳採用135℃、2秒鐘超高溫暫態滅菌，非芽孢細菌的死亡率爲100%，芽孢細菌的死亡率90%，還有10%的芽孢細菌不能殺滅。若鮮乳中添加0.03～0.05g/kgNisin就可抑制芽孢桿菌和梭狀芽孢桿菌孢子的發芽和繁殖。

　　世界上有不少國家如英、法、澳大利亞等，在包裝食品中添加乳酸鏈球菌素，透過此法可以降低滅菌溫度，縮短滅菌時間，降低熱加工溫度，減少營養成分的損失，改進食品的品質和節省能源，並能有效地延長食品的保藏時間。還可以取代或部分取代化學防腐劑、發色劑（如亞硝酸鹽），以滿足生產保健食品、綠色食品的需要。

　　採用乳酸鏈球菌發酵生產Nisin，是唯一獲得Nisin的途徑。可廣泛應用於肉製品、乳製品、罐頭、海產品、飲料、果汁飲料、液體蛋及蛋製品、調味品、釀酒工藝、烘焙食品、方便食品、香基香料、化妝品領域等中。

小博士解說

　　在pH 4左右的酸奶、果奶中添加0.05g/kg乳酸鏈球菌素，經90℃、20分鐘滅菌產品的保質期由常溫下6天延長到一個月以上。在豆奶、花生牛奶等中添加乳酸鏈球菌素0.1～0.15g/kg，保質期延長3倍以上。

乳酸鏈球菌素

乳酸鏈球菌素

安全性

乳酸鏈球菌素具有不可逆的殺菌作用，不會改變腸道正常菌群，不會引起抗藥性，不會與其他抗生素對抗，是比較安全相對無副作用的防腐劑。在消化道中，它會被蛋白酶水解成氨基酸。

規格

1. 性狀：本品為Streptococcuslactis LancefieldGroupN產生之多肽類抗菌性物質，呈白色粉末狀，可溶於水，不溶於非極性溶劑。
2. 含量：900IU／mg以上。
3. 砷：1ppm以下。
4. 鉛：2ppm以下。
5. 鋅：25ppm以下。
6. 鋅、銅總量：50ppm以下。
7. 總生菌數：10CFU／g以下。
8. 大腸桿菌：陰性／10g。
9. 沙門氏桿菌：陰性／10g。
10. 凝聚酶陽性金黃色葡萄球菌：陰性／10g。
11. 分類：食品添加物第(一)類。
12. 用途：防腐劑。

➕ 知識補充站

使用：本品在台灣可使用於乾酪及其加工製品；用量為0.25g/kg以下。

3.8 防腐劑的認知與未來

　　對食品防腐劑使用的問題如果有正確認識、理性的看待，就能掌握有關食品防腐劑的常識，在購買食品時就能明明白白選購；兒童、孕婦等屬於身體發育特別時期的特殊人群，在食品的攝取方面應該重點予以保護，建議不要給他們食用那些過多使用防腐劑的食品，以保障他們的身體健康。

　　在選購食品、飲料時，盡可能購買有信譽、品質經得起市場考驗的產品，因爲這類產品在使用防腐劑時會更慎重，標示也往往更眞實；有一些中小企業在產品說明或廣告中所宣稱的「本品絕對不含任何防腐劑」也不要輕易相信。一些食品中必用的防腐劑也在往安全營養、無公害的方向發展，例如葡萄糖氧化酶、魚精蛋白、溶菌酶、乳酸菌、殼聚糖、果膠分解物等新型防腐劑也已經出現，建議大家在盡可能的情況下選擇含天然防腐劑的食品，以確保您的健康不受損害。

　　隨著現代人們對養生和健康飲食意識的增加，防腐劑好像已成爲食物中的毒品，消費者在選購食品的時候已經到了「談防腐劑色變」的程度。可是您知道嗎？其實防腐劑是很多食品中的必要添加劑，是保存食物必不可少的成分，正常劑量的防腐劑其實對人體的影響相當有限。

　　防腐劑可怕，沒有防腐劑更可怕：安全使用範圍內，防腐劑對人體的影響幾乎可以忽略，它對人體的副作用甚至比不上鈉，像己二烯酸鉀，防腐性極強，毒性極小，人體中本身也含有它，它可以參與人體的正常代謝。沒有防腐劑的食物極易變質，極易導致細菌在人體內的繁殖，從而引發食物中毒及各類胃腸道疾病，甚至引發死亡。所以，安全範圍內的防腐劑是很多食物中必不可少的元素。

　　什麼樣的食物不含防腐劑還能長期保存？根據中國農業大學食品科學博士范志紅的說法，不含防腐劑並且能長期保存的都是些特別甜、特別鹹、特別酸、特別乾、特別油……的食物。

　　速食麵也是因爲它的麵餅經過油炸烘乾後，水分減少而有防腐的功效。一般情況下，含水分越少的食品越不容易變質。同樣都是麵包，有的保質期只有3天，而有的卻可以達到6個月之久，這就和含水量有關。像蛋黃派這類的食品，除了含水量少、含油多以外，還會在食物表面噴一層酒精就有很好的防腐作用。

小博士解說
　　一些真空包裝，無菌包裝在隔離空氣的同時，也可以有很好的防腐作用。

防腐劑的認知

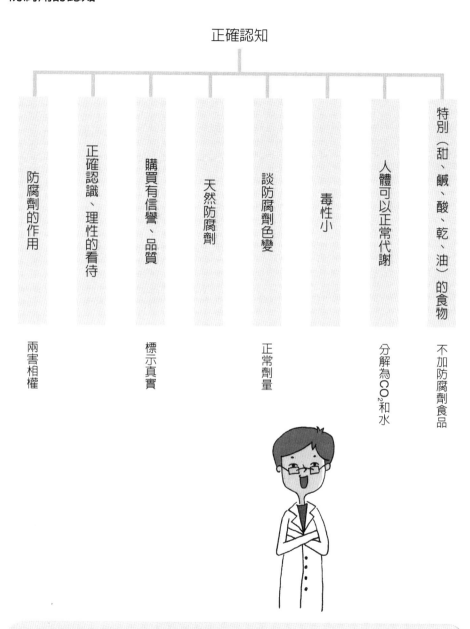

正確認知

- 防腐劑的作用 —— 兩害相權
- 正確認識、理性的看待
- 購買有信譽、品質 —— 標示真實
- 天然防腐劑
- 談防腐劑色變 —— 正常劑量
- 毒性小
- 人體可以正常代謝 —— 分解為 CO_2 和水
- 特別（甜、鹹、酸、乾、油）的食物 —— 不加防腐劑食品

＋ 知識補充站

針對食品防腐劑使用的問題要有正確認識，則不會恐慌。

第4章
殺菌、抗氧化

李明清

4.1 過氧化氫（雙氧水）

　　1818年，L.J.Thenard發現水系無機物、有機物在自動氧化時，或者在生物體內呼吸氧氣，在生成水之前會生成過氧化氫。1950年代以前採用電解法製造過氧化氫。1953年杜邦公司採用蒽醌法製備，現在世界各國基本上都是用這一技術來生產。過氧化氫的分子式為H_2O_2，它的化學性質不穩定，一般以30%或60%的水溶液形式存在，其水溶液俗稱為雙氧水，過氧化氫有很強的氧化性，純過氧化氫是淡藍色的黏稠液體，沸點150.2℃，純過氧化氫比較穩定，若加熱到153℃便會猛烈的分解為水和氧氣。過氧化氫可以與水以任意比例互溶，因其可以發生微弱電離，所以溶液呈弱酸性。

　　過氧化氫用作還原劑時產物為氧氣；用作氧化劑時產物為水，其優點是氧化性強，不引入雜質且不汙染環境，酸性溶液中，過氧化氫可將Fe^{2+}氧化為Fe^{3+}。一般低濃度（例如3%）的過氧化氫，主要用於殺菌及外用的醫療用途，至於較高濃度者（大於10%），則用於紡織品、皮革、紙張、木材製造工業，作為漂白及去味劑。過氧化氫常被食品加工業者添加在豆類加工製品（例如干絲、豆干、麵腸）、及麵製品（例如油麵、烏龍麵）、魚丸、蛤蜊、蜆、鹽水雞、魚刺等，作為殺菌、漂白之用。依食品安全衛生標準，食品不得檢驗出過氧化氫殘留。由於過氧化氫的沸點高達150℃，因此即使將食物煮沸，過氧化氫仍會殘留存在食物中。長期食用，可能導致健康傷害。過氧化氫殘留在食物中，可用簡易稀硫酸加碘化鉀檢驗試劑測試，只要將試劑滴數滴於食品上，如呈黃色或藍色反應，就表示有過氧化氫殘留、如呈無色表示正常。過氧化氫目前為動物之致癌物質，但不是人體致癌物質。動物長期食用，容易得腸胃癌症。人體長期低濃度暴露，對細胞染色體仍會有傷害。

　　對可能有殘留過氧化氫食物，可用下列簡單三種方法去除之。去除方法為用一般常見食品如蒜頭、蘋果皮、枸杞、菠菜莖頭、紅杏菜葉、紅莧菜葉、可爾必思發酵乳液、豬肝、豬血等，與可能有殘留過氧化氫食物共煮或泡水，則有消減殘留過氧化氫效果。這些物質因含亞鐵成分，可分解食物殘留的過氧化氫成為水。而同時二價亞鐵，被作用成為三價鐵。以可能殘留過氧化氫食物約30公克加水約200C.C.加入蒜頭瓣（3瓣，切成薄片）或6個菠菜莖頭，或3片紅杏菜，或3葉紅莧：方法一加熱煮沸10分鐘，可消除大部分過氧化氫之殘留。方法二室溫浸泡2小時，亦可消除大部分過氧化氫之殘留。方法三烘烤加熱法：以烤箱設定220℃，將可能殘留過氧化氫食物置於烤箱中烤一分鐘，亦可消除大部分過氧化氫之殘留。

小博士解說
　　很多顏料、塗料中含有鉛白。使用鉛白的油畫、壁畫等藝術品長時間暴露在空氣中，與硫化氫作用生成硫化鉛而變暗發黑，用過氧化氫塗刷後，會生成白色的硫酸鉛從而使其復原。$PbS + 4H_2O_2 \rightarrow PbSO_4 + 4H_2O$。

過氧化氫（雙氧水）

分子式：H_2O_2　分子量：34.01

規格

1.性狀：本品為無色透明液體，略臭，可溶於水。適合食品使用濃度為30～50%。
2.鑑別：本品1mL加含1滴稀硫酸試液之水10mL，搖勻，加乙醚2mL後，再加1滴重鉻酸鉀試液則於水層生成易消散之藍色，經振盪放置後，藍色會進入乙醚層。
3.含量：不低於標示濃度。
4.酸度：0.03%以下（以H_2SO_4計）。
5.磷酸鹽：0.005%以下。
6.鐵：0.5ppm以下。
7.錫：10ppm以下。
8.砷：3ppm以下（以As計）。
9.重金屬：10ppm以下（以Pb計）。
10.蒸發殘渣：0.006%以下。

作用機制

強氧化作用

添加於

魚肉煉製品等
麵粉及製品不能使用
不能殘留

安定性

魚肉煉製品等之漂白

＋知識補充站

用作氧化劑時產物為水，其優點是氧化性強，不引入雜質且不汙染環境。

4.2 抗氧化劑

　　食品的成分當中，主要為蛋白質、脂質、醣類、纖維質、微量元素以及灰分，其中以脂質最容易受影響而酸敗，主要是因為它所含的不飽和脂肪酸，受空氣中氧氣的作用發生氧化現象，如果有三價的鐵離子以及二價銅離子等金屬離子存在，則催化的結果會讓氧化更容易發生。

　　油脂氧化的初期，是雙鍵旁的碳原子，因為光以及熱等而產生不安定的自由基，反應初期因為速度比較慢，不會有異味產生，但接下來的連鎖反應，自由基會與空氣中的氧結合變成氫過氧化脂質（ROOH），因為不安定，很容易分解成為過氧化脂質自由基（ROO・）或者脂質自由基（R・），最終會形成多種過氧化物，再裂解成醛類及酸類等二次氧化生成物，這些生成物被人體吸收之後，在體內產生自由基，將影響DNA等的運作而使組織老化。

　　不飽和脂肪酸是最常見的容易被氧化的分子，防止富含脂肪食品的氧化是非常重要的，這些含脂食物很少通過風乾存放，而是以煙燻或發酵的方法來儲藏，為了防止油脂氧化，可以使用物理方法來隔絕氧氣，以避免發生氧化，也可以添加抗氧化劑，例如添加BHT、維生素E於沙拉油中防止氧化，也可以添加金屬螯合劑，例如多磷酸鹽，或添加維生素於蘋果汁中防止褐變等，抗氧化劑可以分為天然物質、化學合成物質、有機酸以及多磷酸鹽等四大類。

　　氧化會產生自由基，再反應形成過氧化物而使食物變質，抗氧化劑可以將這些分子自由基、過氧化物等去除，從而使食品的變質降低，有一些抗氧化劑扮演氫的供應者或電子供應者的角色，用來捕捉自由基成為安定的混合體，阻止氧化的進行，有一些會與促進氧化的金屬離子形成錯鹽，以抑制氧化，有一些以有機酸、無機酸和其衍生物形成相乘劑，抑制自由基與氧的結合。

　　抗氧化劑可以直接添加於食品中使用，但是當加熱時它會揮發，所以要特別注意補充的時機，也可以把它噴在食品表面，以防止氧化，也可以運用於包材表面的處理，以防止食品表面油脂的氧化。

小博士解說

　　使用抗氧化劑時要先考慮其添加的必要性，優先使用加工方式或物理方式（放脫氧劑）處理，最後才考慮添加的種類以及用量，暴露在空氣和陽光下是食物氧化的兩大因素，因此可以優先將食物避光保存和存放在密閉容器中。

抗氧化劑

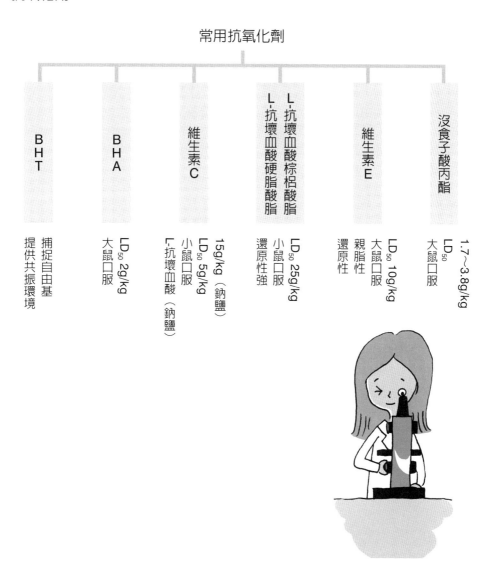

常用抗氧化劑

BHT
捕捉自由基
提供共振環境

BHA
LD$_{50}$ 2g/kg
大鼠口服

維生素C
15g/kg（鈉鹽）
LD$_{50}$ 5g/kg
小鼠口服
L-抗壞血酸（鈉鹽）

L-抗壞血酸硬脂酸脂
還原性強

L-抗壞血酸棕櫚酸脂
LD$_{50}$ 25g/kg
小鼠口服

維生素E
親脂性
還原性

沒食子酸內酯
LD$_{50}$ 10g/kg
大鼠口服

1.7～3.8g/kg
LD$_{50}$
大鼠口服

✚ 知識補充站

　　生物體需要氧來維持生存，氧是高反應活性分子，活性氧會破壞生物體。生物體本身建立一套由抗氧化的代謝產物和酶構成的系統，以避免DNA、蛋白質和脂質不受氧化損傷，它可以阻止活性氧的產生，也可以把活性氧去除，但是活性氧也有重要的細胞功能，因此抗氧化系統並不是把氧化性物質全部清除，而是將這些物質維持在一定的水準。

4.3 L-抗壞血酸（維生素C）

　　食品添加物的使用，以少用爲上，不用更佳，並且著眼於主要原料的品質，在充分了解法律規定以及添加物的特性之後，就可以做出好的選擇。

　　人體必需的營養元素有蛋白質/碳水化合物/脂肪/維生素/礦物質，在台灣，維生素分爲（處方藥/指示藥/食品）級，維生素要由體外攝取，有其補充的必要性，維生素的生產可以由食物中萃取，目前通用有效方法爲人工合成法。而合成方法爲各家的秘方所在，其純度均相當高，而品質則以廠家技術爲依歸，大概流程爲（原料處理－合成－粗製純化－精製－包裝），維生素C最早是由動植物提煉出來，接著有化學製造法，最後發展爲發酵及化學共享製造法。

　　維生素C的一段發酵法由瑞士 Reichstein 發明，目前（羅氏/BASH/武田）三家藥廠仍然使用中，葡萄糖經高溫處理產生山梨醇，然後發酵爲山梨糖，與丙酮反應爲二丙酮山梨糖然後氧化爲二丙酮古龍酸，在有機酸中催化重組爲維生素C，最後經過再結晶爲成品，每一步轉化率爲90%，最終的收率（維生素C/糖）約60%，製程中會消耗丙酮/硫酸/NaOH等，廢棄物處理也要列入考慮。

　　維生素C二段發酵法由中國尹光琳發明，目前（中國/歐洲）列爲主流，葡萄糖經高溫處理產生山梨醇，然後發酵爲山梨糖，再經第二段發酵爲二酮基古龍酸，在有機酸中催化重組爲維生素C，經過再結晶爲成品，此方法比起一段發酵法，消耗較少的（丙酮/硫酸/NaOH），廢棄物處理費也較少，成本爲一段發酵法的1/3左右。

　　維生素C的未來發酵法，第一步把葡萄糖發酵爲KGA（二酮基古龍酸），第二步細菌基因重組，由葡萄糖直接發酵爲維生素C。

　　維生素C的應用上要注意高溫/日曬/水溶液中的不穩定性，可以添加穩定劑改善之，化學衍生物則維持相當穩定，維生素C的應用上依照不同純度粉末和結晶而異，維生素C的鈉鹽用作爲肉類保鮮劑，維生素C的鈣鹽做爲營養素添加，單磷酸維生素C的鈣鹽做爲飼料添加劑，有抗熱抗壓的作用，羅氏藥廠發明的stay-c，不易溶於水可以做爲魚飼料之用。

小博士解說

　　維生素C的添加注意事項：(1)載體的選擇——便宜又好，(2)少量的混合技術考慮，(3)粉狀結塊的防止，(4)錠劑形狀的考慮，(5)膠囊質料的選擇——奈米化/葷素等。

L–抗壞血酸（維生素C）

分子式：$C_6H_8O_6$　分子量：176.13

規格	

1.含量：99.0%以上。

2.外觀及性狀：白色或略帶黃色之白色結晶或結晶性粉末，無臭，具酸味，可溶於水及酒精，不溶於氯仿、乙醚及苯。

3.鑑別：

　(1)將本品0.1g溶於偏磷酸溶液（偏磷酸1g溶於水50mL）100mL，取此溶液5mL逐滴加入碘試液至溶液產生微黃色，再加入硫酸銅溶液（硫酸銅1g溶於水1000mL）及吡咯（pyrrole）各1滴，以50～60°C水浴加熱5分鐘，應呈藍或藍綠色。

　(2)本品水溶液（本品1g溶於水100mL）10mL，加入1～2滴Sodium 2,6–dichlorophenolindophenol試液，溶液之藍色應立即消失。

4.砷：4ppm以下（以As_2O_3計）。

5.重金屬：20ppm以下（以Pb計）。

6.乾燥減重：0.4%以下（矽膠減壓乾燥器，3小時）。

7.熾灼殘渣：0.10%以下。

作用機制

提供氫離子捕捉自由基使油脂分子安定，則氧化不再持續進行。

添加於

本品可使用於各類食品；用量以Ascorbic Acid計為1.3g/kg 以下。

安定性

易被熱光及金屬破壞，失去氧化能力。

安全性毒性試驗

LD_{50}：5g/kg體重以上

第5章
調色（漂白、保色、著色）

李明清

5.1 漂白劑

　　漂白劑是以化學方法，把食品色素脫除具有漂白作用的化學物質，可以分為氧化性和還原性兩大類，漂白效果以氧化性的漂白劑為佳，氧化漂白劑被歸類在殺菌劑，而還原性漂白劑的亞硫酸鹽類，則成為漂白劑的主流，當還原性漂白劑用完之後，氧化仍會繼續進行而顯現不良顏色，所以亞硫酸鹽一般使用在加工的前處理，例如蔬果剝皮之後，先以亞硫酸鹽水溶液浸漬，再做乾燥處理可以防止褐變反應的發生，蝦類浸入亞硫酸鹽水溶液中，取出滴乾再行冷凍可以防止蝦頭變黑等。

　　亞硫酸鹽很早就被人們拿來當漂白劑使用，它對食品具有殺菌、抗氧化及漂白的作用，也可以防止褐變的產生，其作用很早就被人們了解及使用，一般認為它添加於食品中是無害的，絕大多數紅酒中都自然存在亞硫酸鹽，而且有時也會在紅酒中加入亞硫酸鹽作防腐劑，防止變質和氧化，1987年後半年起，所有美國的紅酒若含有超過10ppm的亞硫酸鹽，都必須特殊標明。歐盟類似的規定開始於2005年11月。它廣泛被用於脫水蔬果、水產蝦類、果汁飲料及蜜餞食品中。

　　近年來因為科技的進步，在流行病學研究中，發現亞硫酸鹽是造成氣喘的誘發因子之一，亞硫酸鹽過敏是存在的，但它仍是不明確的過敏原，可能在食入後幾分鐘造成呼吸困難。哮喘患者和對阿司匹林過敏的人更有可能對亞硫酸鹽過敏。過敏反應包括打噴嚏、喉嚨腫脹以及麻疹，需要及時救治。對亞硫酸鹽過敏的人應盡量避免食用用亞硫酸鹽處理過的食品。因此對它採取了比較嚴格的管制。

　　衛生福利部公告的漂白劑共有九種，其中八種為亞硫酸鹽類，亞硫酸鹽在酸性的條件下可以生成還原力很強的亞硫酸，而達到漂白效果，硫酸鹽也可以抑制一些氧化酵素的褐變反應，亞硫酸鹽可以解離成為亞硫酸離子，可以與酵素蛋白質中的雙硫鍵作用，而引起斷鍵，使酵素失去活性，亞硫酸鹽可以與還原醣等形成安定的強基磺酸鹽，而有效防止梅那反應之非酵素褐變產生，亞硫酸鹽在pH值4以下會形成亞硫酸，而有抑菌效果，在烘培製造中因為亞硫酸鹽可以打斷雙硫鍵，可以增加麵團的黏彈性，高濃度（10%）亞硫酸鹽可以破壞一些黴菌毒素。

小博士解說

　　亞硫酸鹽最常用於蜜餞加工之前處理（保色、漂白），麵粉的熟成以改變麵粉的顏色及增強筋性，生甘薯乾的漂白，玉米澱粉製造之前處理（殺菌軟化胚芽），葡萄酒釀造（防止褐變抑菌）。

漂白劑

漂白劑

氣喘誘發因子之一，部分亞硫酸鹽通過肺部不被代謝，造成氣喘之過敏反應

正常情形變成硫酸鹽，由尿液排出體外（ADI 0.7mg/kg (SO$_2$計)）

可防止褐變反應（酵素因素和非酵素因素）

亞硫酸鹽為主流，早期的GRAS，具還原性

➕ 知識補充站

　　亞硫酸鹽很早就被人們拿來當漂白劑使用，它對食品具有殺菌、抗氧化及漂白的作用，也可以防止褐變的產生，其作用很早就被人們了解及使用。

5.2 保色劑

保色劑以硝酸鹽及亞硝酸鹽為代表，有硝酸鉀、硝酸鈉、亞硝酸鉀及亞硝酸鈉等，其使用食品範圍及用量標準都一樣：(1)本品可使用於肉製品及魚肉製品；用量以NO_2殘留量計為0.07g/kg以下。(2)本品可使用於鮭魚卵製品及鱈魚卵製品；用量以NO_2殘留量計為0.0050g/kg以下。使用限制生鮮肉類、生鮮魚肉類不得使用。

硝酸鹽在體內很容易由尿液中排出，剩下的在口腔中部分被唾液還原成亞硝酸鹽，在胃液的酸性條件中變成亞硝酸，再變成亞硝酸酐，它轉變為亞硝酸鹽轉換 以1/30為計算基準，例如在一公斤的肉品中加入3公克的硝酸鈉，計算如下：$(NO_3(62)/NaNO_3(85))*(3$公克$/1$公斤$)*(1/30) = 0.073$（公克亞硝酸根／1公斤肉），大於標準的0.07必須修正，保色劑之使用限制是依其在食品中之亞硝酸根殘留量來計算（目前的標準是70ppm以下才合法），而非依其添加量或使用量。

保色劑添加於肉製品及魚肉製品中，除改善食品顏色，也可抑制肉毒桿菌的形成（肉毒桿菌是目前已知毒性最強的細菌，其LD_{50}：5×10^{-8}g/kg）、賦予肉品特殊醃漬風味、抗氧化作用、改善醃肉組織等功用。但亞硝酸鹽屬於對人體不友善的化學物質，過量將破壞紅血球送氧功能、引發中毒反應。

亞硝酸鹽分解產生的一氧化氮會與血紅素作用，把含二價鐵的血紅素（可輸送氧氣）變成含三價鐵的變性血紅素（喪失輸送氧氣功能），好在人體紅血球中，有還原酵素可以把變性血紅素還原為血紅素，使人體內變性血紅素維持在低的水平（1～2%）。

亞硝酸鹽毒性強，故很少單獨使用，市售之保色劑皆以製劑方式（混合硝酸鹽、維生素C、多磷酸鹽、菸鹼醯胺、賦形劑等）來使用。一方面可避免誤用而引起中毒，一方面可安定發色之效果。保色原理是肉品中的肌紅蛋白會與亞硝酸根的一氧化氮結合，當加熱變性後成為穩定的鮮紅色之緣故。

保色劑以硝酸鹽及亞硝酸鹽為代表，二者皆能使肉製品呈現鮮紅色澤。大廠牌肉製品多能依規定使用，反而是小廠商或肉販自製的產品較令人擔心。另外，蔬菜因使用大量氮肥，使葉菜類積蓄之硝酸鹽問題亦值得注意。

小博士解說

一氧化碳對於血紅蛋白和肌紅蛋白都有很強的結合能力，是氧氣的200到250倍。肌紅蛋白一旦和一氧化碳結合後，色澤就會變得紅艷又安定，所以魚肉加入一氧化碳後就變得紅嫩美觀。業者添加後把魚肉上色，變的更漂亮，但是使用鮮度不足的魚貨，利用一氧化碳發色使之變的「看起來新鮮」。例如經一氧化碳處理後的生魚片，雖然沒有急毒性不致於立即危害人體，但紅嫩的色澤卻會引導消費者誤判為新鮮，而吃下不新鮮的魚肉，導致腹瀉、食物中毒。目前日本及歐盟皆已禁止進口魚貨添加一氧化碳。

保色劑

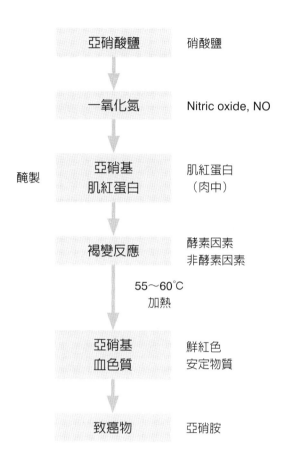

	亞硝酸鹽	硝酸鹽
	↓	
	一氧化氮	Nitric oxide, NO
	↓	
醃製	亞硝基 肌紅蛋白	肌紅蛋白 （肉中）
	↓	
	褐變反應	酵素因素 非酵素因素
	↓ 55～60℃ 加熱	
	亞硝基 血色質	鮮紅色 安定物質
	↓	
	致癌物	亞硝胺

➕ **知識補充站**

保色劑功能：
1. 固定肉色——肌紅蛋白。
2. 抑制細菌及肉毒桿菌繁殖。
3. 賦予肉品特殊風味。
4. 抗氧化。
5. 改善肉的組織。

5.3 硝酸鹽對人體的影響

人體每天吃進的硝酸鹽，蔬菜就占了約80%。蔬菜類食物如菠菜、萵苣，由於吸收了土壤中的氮肥，因此會含有硝酸鹽成分。吃進身體中細菌會將硝酸鹽，分解爲亞硝酸鹽。含硝酸鹽的蔬菜在鹽醃製中也會產生亞硝酸鹽。亞硝酸鹽在身體中如果與胺類物質一起會產生亞硝胺，而亞硝胺是一種致癌物質。

人類的主要三大營養素：碳水化合物、脂肪、蛋白質，氮是蛋白質當中獨有的元素，自然界中的氮元素空氣中就占有約80%，水及土壤中占有約20%，下雨的時候雨也會把空氣中的氮帶入土壤當中，土壤中有細菌會把氮素轉化成硝酸鹽，植物在夜間會吸收硝酸鹽輸送到葉片上，白天則藉著光合作用把二氧化碳與硝酸鹽等合成氨基酸進而成爲植物蛋白質而儲存於植物體內，森林中植物的落葉又會把氮元素回存到土壤當中，當植物的葉子被人們拿去使用之後，就必須由肥料中來補充氮元素以求得平衡。

當光合作用強的時候硝酸鹽殘存量就小，施肥過度時菜中的硝酸鹽就會增多，在陰天光照不足或採收太早都會使菜中的硝酸鹽含量增高，葉菜在傍晚採收會降低硝酸鹽含量，爲了降低硝酸鹽含量，農民可以藉著控制施肥及調整水分以控制生長期來達到目的。

硝酸鹽其實毒性不大也容易代謝掉，只要不轉化成亞硝胺致癌物，其實不必太恐慌，經查國際先進國家對於蔬菜中硝酸鹽含量之管理規範，僅歐盟在2006年12月19日針對菠菜及萵苣2種蔬菜，依不同品種、不同產季及不同栽種方式訂定硝酸鹽限量2,000～4,500ppm。又即使在良好農業操作規範的栽種情況下，仍無法達到上述所定之限量。因此，再重新調查評估約4萬1千9百多件蔬菜後，歐盟於2011年12月2日重新修訂，菠菜及萵苣之硝酸鹽限量修正爲2,000～5,000ppm。

硝酸鹽在人體中約有1/30會轉爲亞硝酸鹽，世界衛生組織曾對每人每天的攝取量規定-硝酸鹽小於225mg/亞硝酸鹽9.3mg。聯合國及歐盟規定，每人每天每公斤體重最高可以攝取3.7毫克。以60公斤的體重來說，每人每天可以攝取的硝酸鹽最高約爲222毫克。假若食用100公克含有3,000毫克／公斤硝酸鹽的蔬菜，攝取的硝酸鹽就會達到300毫克，超過了聯合國及歐盟的規範值。

胡蘿蔔素、維生素C及維生素E爲抗氧化劑，扮演阻斷亞硝酸鹽轉換成亞硝胺，同時能將亞硝酸鹽還原爲一氧化氮而加以清除。鑑於蔬果含有重要營養素維生素C、膳食纖維及礦物質等，且有助預防癌症和其他慢性疾病，整體評估，適量攝入蔬果所含硝酸鹽，尚不致對人體造成健康上危害。

小博士解說

古人用天然鹽醃製肉類色澤風味特別好，因為天然鹽中含有硝酸鹽。19世紀抑制醃製肉之肉毒桿菌而加入製造火藥的硝石中含有硝酸鉀。

硝酸鹽對人體的影響

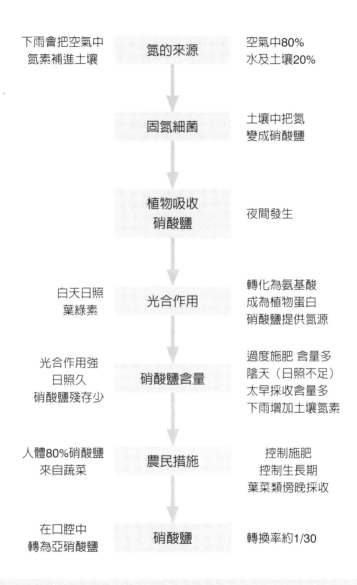

下雨會把空氣中氮素補進土壤	**氮的來源**	空氣中80%水及土壤20%
	固氮細菌	土壤中把氮變成硝酸鹽
	植物吸收硝酸鹽	夜間發生
白天日照葉綠素	**光合作用**	轉化為氨基酸成為植物蛋白硝酸鹽提供氮源
光合作用強日照久硝酸鹽殘存少	**硝酸鹽含量**	過度施肥 含量多陰天（日照不足）太早採收含量多下雨增加土壤氮素
人體80%硝酸鹽來自蔬菜	**農民措施**	控制施肥控制生長期葉菜類傍晚採收
在口腔中轉為亞硝酸鹽	**硝酸鹽**	轉換率約1/30

✛ 知識補充站

· 阻斷生成亞硝胺——（膳食纖維／胡蘿蔔素／多酚類）食物。
· 阻斷生成癌症——維生素B_2食物。
· 不偏食／吃得均勻／吃當季新鮮蔬果。

5.4 亞硝酸鹽對人體的影響

在台灣亞硝酸鹽被當為保色劑，日常生活中，亞硝酸鹽也用來作為肉類食物防腐及預防肉毒桿菌生長的防腐劑，常見的有香腸、臘肉、培根、火腿、熱狗等。用硝來醃肉，作香腸、火腿、臘肉等已有長久的歷史，其目的除了可以抑制細菌的腐化作用，還可以使肉類紅潤和產生特殊風味，但若使用超過限量，對人體也會有很大的影響。

含胺類的食物通常有(1) 乾燥海產類食物：乾燥海產鯖魚（柴魚）、鰹魚、魷魚乾、章魚、蝦米乾、魷魚絲等。(2) 生鮮海產中，如：干貝、鱈魚、魚骨、秋刀魚。(3)少數水果如番茄及香蕉，則含有二級胺成分。

含亞硝酸鹽食物與含胺類食物一起食用，在腸胃中就容易產生亞硝胺致癌物質。有些食物不可以含著一起吃，例如火腿及熟成的硬起司、香腸及魷魚、香腸或臘肉與秋刀魚、胡蘿蔔與干貝等。主要原因是含亞硝酸鹽食物與含胺類食物一起吃，在腸胃中即容易產生亞硝胺（Nitrosamines）致癌物質。優酪乳、優格等乳酸飲料如果與含亞硝酸鹽的食品一起食用，將會增加亞硝酸鹽在腸胃道的濃度，增加亞硝胺的生成。但如果平常只吃優酪乳或養樂多，則能抑制腸道有害細菌合成亞硝胺，有降低血中亞硝胺濃度的好處。如果，很不幸地，生成了「亞硝胺」，那含有維生素B_2的食物，也能阻斷它引發癌細胞。木耳、黃豆、糙米、地瓜葉、南瓜等等，還有柿子、柑橘、香蕉、梨各種水果，都富含維生素B_2。

亞硝胺致癌物質，若長期食用將對人體產生以下危害：(1) 致癌性：亞硝胺會誘發肝、呼吸道、食道、胃、腸等器官病變，並導致癌症的發生。(2) 致突變性：使得基因突變，導致孕婦容易有生下畸形兒的危險。(3) 急性毒性：亞硝胺具有強烈肝毒性，容易引起肝炎、肝硬化、肝急性中毒。

臺灣的衛生福利部公告，食品的亞硝酸鹽濃度不得在成品內超過0.07g/kg，水質標準的最大限值為每公升10毫克。亞硝酸鹽對人的致死量為每公斤體重22毫克。亞硝酸鹽及其衍生物過亞硝酸鹽一起構成了抵禦細菌入侵的第一道防線，這道防線在口腔和胃的酸性環境中運轉效率特別高。假如沒有了亞硝酸鹽和過亞硝酸鹽，齲齒將會伴隨我們終生，真菌將會入侵我們的口腔，沙門氏菌、李斯特菌和志賀菌將對我們發動猛烈的攻擊。

亞硝酸會和血紅素結合，降低血紅素的攜帶氧氣的功能，可能造成嬰兒的全身缺氧而呈現膚色發藍紫，即「藍嬰症」。部分研究發現，亞硝酸鹽可預防細菌感染、減少罹患高血壓和心血管系統疾病等風險，人體可由增加硝酸鹽攝取量，經酸化亞硝酸鹽產生一氧化氮，對微生物產生抗菌作用，此有助於增強人體抵抗力如抵抗胃腸炎等，並具有調節血小板、舒張血管及保護血管之功能。

小博士解說

只要降低「亞硝胺」形成，就能降低致癌風險。建議多吃蔬果，其中所含酚類物質、維生素類等，可清除亞硝酸鹽，預防形成亞硝胺。

亞硝酸鹽對人體的影響

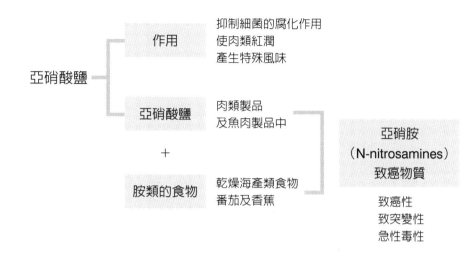

亞硝酸鹽

作用
- 抑制細菌的腐化作用
- 使肉類紅潤
- 產生特殊風味

亞硝酸鹽
- 肉類製品
- 及魚肉製品中

+

胺類的食物
- 乾燥海產類食物
- 番茄及香蕉

亞硝胺
（N-nitrosamines）
致癌物質

- 致癌性
- 致突變性
- 急性毒性

➕ 知識補充站
- 食用含亞硝酸鹽的食品對人體會造成很大的影響。
- 火腿及香腸不要和魷魚、秋刀魚等一起吃。

5.5 著色劑

　　著色劑本身構造上，具有發色團及助色團，在可見光之下可以呈現顏色的東西，以色差計測定其數值，以表示顏色的屬性，著色劑著色之後，可以加強食品被食用的吸引力，增加食慾是它最大的貢獻。

　　著色劑使用時，一般要以溶劑溶解之後，才容易均勻添加於產品中，著色劑容易與銅、鐵等金屬離子作用，因此容器的選擇要注意，著色劑吸濕強，要密封保存，其耐熱、耐光及耐酸性要優先考慮，然後依照產品的顏色，選用比較接近的著色劑，生鮮魚肉蔬果不能使用著色劑。

　　主要的紅色6號不適用於發酵食品，常用於餅乾、果凍、果醬、調味醬、清涼飲料及糕點，紅色7號不適用於酸性飲料，因為染色效果好，常用於餅乾、罐頭及魚肉製品，紅色40號耐光性佳色澤穩定，適用於櫻桃、草莓等飲料、香腸、火腿、肉乾等製品，以及蜜餞、果醬等產品。黃色4號可溶於水、甘油及乙醇，無臭味、耐熱、耐光及耐酸性強，可以說是成分很穩定的著色劑，也可以與其他色素混合使用，在合成色素中，使用最廣、使用量最多，黃色5號為橙黃到橙紅，與黃色4號的橘黃稍微不同之外，其餘特性與黃色4號相同。綠色3號成本高且安定性不佳，它常與其他色劑混用，常用於抹茶口味的餅乾或飲料之添加。藍色1號常與黃色4號或5號一起用，可以變成綠色，藍色1號的染著效果強，常添加於豌豆、罐頭、果凍、果醬、口香糖、葡萄汁及糕點，藍色2號較常用於糖果、糕點、汽水、果汁中，鋁麗基色素是色素附著在氫氧化鋁上面，可以分散於油性及高稠狀產品，呈現亮麗的顏色，可供烘焙糖果、乳製品、點心、化妝品及藥品的糖衣或食品包材著色之用。

　　花青素廣存於植物界，耐熱性安定，常用在pH值4以下之食品中，與二氧化硫作用會褪色，需注意，類胡蘿蔔素在自然界中有600多種，具有高染著效果，微量添加就有效果，如果經由高科技處理之後，有優異的安定性及儲藏性，添加之後不會因日照而變色，在果汁中可增進維生素C的安定性，保存香氣，在體內會轉為維生素A，增強營養，自然界中的海藻黃素、葉黃素、紫黃素含量最多，茄紅素、辣椒紅都含有類胡蘿蔔素，可當為天然著色劑來使用，銅葉綠素鈉使用於乾海帶、口香糖、蔬果儲藏、烘焙、果醬、果凍製品，二氧化鈦為白色色素，也可做為背景顏色用，添加於米粉等米麵傳統食品、魚漿製品、糖果、沙拉醬、蜜餞等，亦可用於希望呈現純白之產品之中。

小博士解說

　　人類在1856年發明人工合成色素之後，因為它的穩定性及色澤顯現比天然食用色素來的好，且容易調色成本又低，到了1976年蓬勃發展之後，以天然色素來合成，也成其大宗，國際上已經開發的天然食用色素已經有100多種，足以供廠商的選用。

著色劑

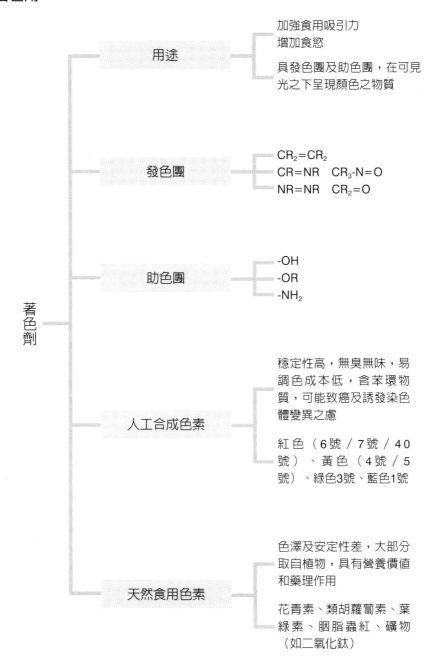

著色劑

用途
- 加強食用吸引力增加食慾
- 具發色團及助色團,在可見光之下呈現顏色之物質

發色團
- $CR_2=CR_2$
- $CR=NR$　$CR_3-N=O$
- $NR=NR$　$CR_2=O$

助色團
- -OH
- -OR
- $-NH_2$

人工合成色素
- 穩定性高,無臭無味,易調色成本低,含苯環物質,可能致癌及誘發染色體變異之慮
- 紅色(6號／7號／40號)、黃色(4號／5號)、綠色3號、藍色1號

天然食用色素
- 色澤及安定性差,大部分取自植物,具有營養價值和藥理作用
- 花青素、類胡蘿蔔素、葉綠素、胭脂蟲紅、礦物(如二氧化鈦)

第6章
品質改良（麵粉處理劑、硬化劑、抗結塊劑、抗起泡劑、安定劑）

李明清

6.1 品質改良用

　　能夠改良食品品質效果的食品添加物，都可以做為品質改良用，麵粉處理劑的添加使麵粉在儲存中會氧化變白，也可以改變麵粉的性質，以有利於後段加工成型作業，但會耗費儲存空間和時間，麵粉改良更能加速麵粉的催化熟成，大約每100克麵粉添加0.25克就能達到效果，它會提高麵包土司的韌度及口感，主要原因是如同替酵母增加營養讓酵母發育更好，從而使發酵完成的麵團更好操作。

　　黏稠劑、安定劑等具有的黏性，可以改良食品的口感，例如冰淇淋的型態、布丁果凍的柔軟感、調味醬的濃厚感，合成的添加劑有海藻製品（褐藻酸鈉）、牛乳製品（酪蛋白鈉）、植物纖維素（甲基纖維素）、澱粉（修飾澱粉）等，而天然的添加劑有：酪蛋白、刺槐豆膠、關華豆膠、阿拉伯膠、三仙膠、刺梧桐膠、洋菜紅藻及果膠等。

　　結著與增黏劑可以增加食品的黏性和結著性，而有安定的作用，磷酸鹽可以增加蛋白質的保水作用，使肉類組織更有彈性，磷酸鹽最初作為結著使用於肉品加工，後來發現其具有螯合金屬離子的特性，於是廣泛被當作食品改良來使用。

　　乳化劑也稱為界面活性劑，它使用於食品的乳化、分散等目的，主要作用是促進水與油的混合，乳化劑是為了乳化的形成與安定，它由親水基和疏水基組成，親水基是丙二醇和蔗糖，疏水基是脂肪酸，乳化劑的添加可以增加巧克力產品的滑潤口感，也可以在製造冰淇淋時使奶油與牛乳混合均勻，卵磷脂是天然的乳化劑，能讓食品形成安定的乳化狀態，包覆劑近來也成為添加劑的一環，它的功能是在食品的表面形成一層薄膜，防止食品遭受氧化或微生物的侵害。

　　常見的品質改良有：用於烘焙食品，增加麵團的烤焙彈性的乳酸硬脂酸鈉，可以添加於各類食品作為抗氧化及強化人體結締組織與微血管的維生素C，作為膨脹劑的磷酸二氫鈣，添加於麵包及果汁中作為一種還原劑使用的L-半胱胺酸鹽酸鹽，以及作為黏稠、保濕保香及溶劑之用的甘油。

小博士解說

　　品質改良，顧名思義就是為了在食品加工上，讓食品的品質更佳，更好操作以及完成之後食品品質更好維持，依照各種食品特性所加入的添加劑。

品質改良用

品質改良 ── 麵粉處理劑 ── 0.25g/100g麵粉
50%乳酸硬脂酸鈉
22%乳清
22%玉米粉
5%磷酸二氫鈣
0.9%L-半胱胺酸鹽酸鹽
乳化劑、分解酵素
氧化酵素等

黏稠劑 ── 口感

安定劑 ── 型態穩定
布丁柔軟度

凝膠劑 ── 增加黏性
濃厚感

乳化劑 ── 界面活性
乳化分散

結著 ── 結著
安定作用

增黏劑 ── 保水性
有彈性
增加黏性

包覆劑 ── 保護膜
防止氧化
及微生物侵害

麵團 ── 乳酸硬脂酸鈉彈性
膨脹劑

6.2 釀造用

能夠提高釀造時微生物的發酵力，強化釀造食品特性的所有食品添加物，都可以做為釀造用，例如防腐劑、調味劑、酸和鹼、無機鹽類及營養強化劑等。

防止釀造中腐敗菌及病原菌之汙染，可以添加過錳酸鉀或磷酸當作防腐劑，為了維持釀造品的外觀，例如在清酒釀造時會添加氯化鋁防止色變，過錳酸鉀也常常被用來脫除難聞的臭味，膽鹼磷酸鹽是核准使用的添加物，用來調整清酒與醬油的風味，有機酸與無機酸都可以用來做pH調整之用。

釀造過程中微生物所需的營養素，也可以適當添加補足，例如維生素B_2可以添加來促進微生物的生長，有些可以添加植物油來取代維生素B_2，為了提高發酵能力、縮短發酵時間，微生物生長所需要的無機鹽類，例如磷酸、硫酸鎂、磷酸胺、及磷酸鉀也常常出現在培養基當中。

常用於釀造用有：過錳酸鉀是強氧化劑，只能微量使用作為氧化脫色之用，同時它也可以做為脫臭及殺菌之用，含結晶水的氯化鋁可以添加於清酒的釀造，防止顏色的產生，也可以用於miso釀造，防止色變，添加量在0.01～0.1%時效用最大。

氯化鈣可以做為乳酪凝固之用（0.02%以下），醬菜及罐頭添加可以增加脆度，馬鈴薯油炸前先浸於0.1%氯化鈣中可防止褐變，豆漿的凝固劑使用量為大豆的3～5%，氫氧化鈣可以增加醬菜的脆度，製造水飴時作為中和劑，來中和草酸或硫酸，蔗糖精製中與CO_2一起作用，可以沉澱碳酸鈣，並且吸附不純物以減少活性碳及矽藻的用量。

膽鹼磷酸鹽可以保持清酒風味，磷酸氫二鉀在發酵中可以做為營養劑使用，與磷酸二氫鉀並用，可以做為酸鹼緩衝劑使用，磷酸氫二銨同時含有磷及銨，兩者均為酵母菌生長的要素，可以做為酵母菌助劑，磷酸二氫銨除了可以促進酵母菌生長之外，在清酒或合成酒母釀造水中，可以做為磷酸劑來使用，硫酸鈣可以用來作為豆腐凝固劑、酵母菌發酵助劑，硫酸銨可作為醬油、酒母的發酵助劑，也可作為氮源的補充劑，製造麵包時作為酵母菌助劑，硫酸鎂可以與鈣鹽並用作為微生物之營養劑。

小博士解說

釀造用劑主要是針對釀造時微生物的發酵力，尤其是酵母菌發酵時，有所助益的添加物，例如磷酸氫二銨同時含有磷及銨，兩者均為酵母菌生長的要素，可以做為酵母菌助劑。

釀造用

作用

| 釀造用 | 釀造中
可以提高發酵能力
之食品添加劑 |

| 防腐敗
防變色 | 添加過錳酸鉀或磷酸
添加氯化鋁防變色
0.01～0.1%效果大 |

| 脫臭
澄清 | 過錳酸鉀除臭
添加劑澄清 |

| 調pH
調味
調水質 | 添加有機酸／無機酸
膽鹼磷酸鹽調味
硬度太高太低均不宜 |

| 強化營養 | 添加維生素B_2 |

| 提高發酵
能力 | 磷酸／硫酸鎂
磷酸銨／磷酸鉀
硫酸鈣 |

＋知識補充站
釀造用劑主要目的是提高釀造時微生物的發酵力，以及強化釀造食品特性。

6.3 食品製造用

　　離子交換樹脂是吸附劑的一種，陽離子交換樹脂分為強酸性基（pH值1～14適用）與弱酸性基（pH值5～14適用），用以去除溶液中的陽離子，最典型的是鍋爐用水去除鈣離子以便軟化用水，陰離子交換樹脂分為強鹼性基與弱鹼性基，用以去除溶液中的陰離子，離子交換樹脂在製程上用於脫色、精製去除不純物等作用，再生之後可以重複使用，每年補充樹脂即可，唯一要注意的是會產生廢水必須處理，白陶土可以做為助濾劑使用，以澄清溶液。滑石粉常常與酸性白土、白陶土等混合使用，作為助濾劑，矽藻土的作用與滑石粉相同，作為助濾劑使用，在成品中的殘存量不能大於0.5%。活性碳是使用最廣的吸附劑，在製糖以及味精工業上，用於脫色之用，釀酒以及油脂工業用於脫色及去除不良氣味之用，活性碳為多孔性物質，有很大的吸附表面積（500～1500m^2/g）使它有優越的接觸面積以發揮吸附作用。

　　丙酮為一種抽出劑，可以從食品原料中溶出特殊的有機成分，例如利用丙酮抽取蛋黃的膽固醇，丙酮可以與水、酒精、乙醚、氯仿及揮發性油脂自由混合，它的沸點為56.5℃，可以容易去除，己烷常常作為植物油脂的抽出溶劑，當大豆種子壓榨之後，豆渣內還有4～5%油脂，利用己烷抽出，可以把殘油降到0.2%，己烷的沸點69℃，可以容易蒸餾去除回收使用。

　　二氧化矽是白色多孔隙的粉末，可以作為食品消泡劑使用，也可以作為合成膨脹劑或乾燥粉末食品，防止食品凝結、結塊，添加量約0.5～1.0%，矽樹脂常用於醬油、果汁、果醬、啤酒、罐頭的加工製程中，當作消泡劑使用，添加時要持續攪拌，以產生比較好的消泡效果，溴化油在果汁飲料乳化的時候，作為比重調整劑，以提高乳化效果，胡椒基丁醚可以溶於石油系碳氫化合物及乙醇，但不溶於水，使用於米、麥、豆類、穀物等儲藏時之殺蟲劑，其使用量0.024g/kg穀物。

　　鹽酸在醬油製造中，用來分解大豆渣中的蛋白質成為胺基酸溶液，再調味成為合成醬油，0.1～0.2%的鹽酸可以用來洗淨果皮，鹽酸在味精工業的麩酸回收製程上，用來調整pH值為3.2，以利麩酸的析出回收，氫氧化鈉可以做為製程中的酸鹼中和之用，在味精工業的精製階段，利用氫氧化鈉中和麩酸變成麩酸一鈉鹽（味精），除了中和作用之外，也提升商品的外型以符合消費需求。

小博士 解說

　　在熟麵、涼麵、烏龍麵、餛飩皮、燒賣皮等的製作過程都會添加鹼水，主要是小麥粉中的蛋白質，會與鹼水作用，使麵團組織緊密，增加彈性及延展性，而有軟滑口感。

食品製造用

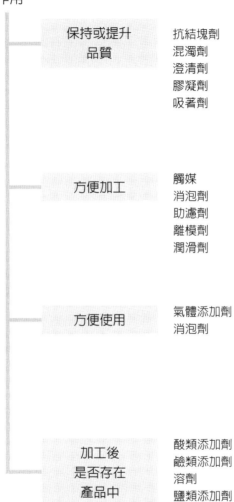

作用

保持或提升
品質

抗結塊劑
混濁劑
澄清劑
膠凝劑
吸著劑

方便加工

觸媒
消泡劑
助濾劑
離模劑
潤滑劑

方便使用

氣體添加劑
消泡劑

加工後
是否存在
產品中

酸類添加劑
鹼類添加劑
溶劑
鹽類添加劑

✚ 知識補充站

　　所謂製造用是指在製造時有幫助的物質,製造完成之後有沒有殘留在產品中往往是關鍵,例如鹽酸在味精工業的麩酸回收製程上,用來調整pH值為3.2,以利麩酸的析出回收它最後並沒有殘留在麩酸中。

6.4 碳酸鈣

　　碳酸鈣外觀爲無臭、無味的白色粉末或無色結晶，融點爲825℃，相對密度（水=1）爲2.70～2.95，在碰到稀酸時會放出二氧化碳，化學方程式爲：$CaCO_3+2HCl\rightarrow CaCl_2+H_2O+CO_2$，在高溫時會分解，也會放出二氧化碳，化學方程式爲：$CaCO_3\rightarrow CaO+CO_2$在溶有二氧化碳的水中溶解而成碳酸氫鈣，加熱後，碳酸氫鈣會分解成碳酸鈣，並放出二氧化碳。方程式：$CaCO_3+H_2O+CO_2\rightarrow Ca(HCO_3)_2$；$Ca(HCO_3)_2\rightarrow CaCO_3+CO_2+H_2O$碳酸鈣是用途極廣的寶貴資源，石灰岩在人類文明史上，以其在自然界中分布廣、易於獲取的特點而被廣泛應用，石灰石是製造水泥、石灰、電石的主要原料，也是冶金工業中不可缺少的要角，台灣宜蘭的大白石爲優質石灰石，經超細粉磨之後，其純度有98%，被廣泛應用於醫藥、化妝品、飼料等產品的製造中使用。

　　依生產方法的不同，可以將碳酸鈣分爲重質碳酸鈣、輕質碳酸鈣、膠體碳酸鈣和晶體碳酸鈣。輕質碳酸鈣又稱沉澱碳酸鈣，簡稱輕鈣，是將石灰石等原料煅燒生成石灰（主要成分爲氧化鈣）和二氧化碳，再加水消化石灰生成石灰乳（主要成分爲氫氧化鈣），然後再通入二氧化碳，生成碳酸鈣沉澱，最後經脫水、幹燥和粉碎而製得。（台灣宜蘭的大白石爲優質石灰石，經1100℃煅燒後，純度會達到99%）輕質碳酸鈣的沉降體積（2.4～2.8mL/g）。除了用於醫藥食品。還可用作牙粉、牙膏及其他化妝品的原料。

　　碳酸鈣是製藥工業培養基中的重要組分之一，其作用除了提供Ca元素之外，還對穩定發酵培養過程中pH值的變化發揮了緩衝作用，所以碳酸鈣成爲製藥工業微生物發酵的緩衝劑。在藥品的試劑之中，碳酸鈣一般可作爲填料，在止酸片中則起一定的藥效。碳酸鈣可作爲食品添加劑，在食品中宜添加少量，通常不超過2%，以保證人體所必需的鈣的攝入。因爲在正常情況下，人體內鈣總量約爲1200克，其中99%存在於骨骼和牙齒中，還有1%是人類血液中必不可少的成分，所以在各種食品添加劑中碳酸鈣也是其中之一（衛福部的標準爲1%）。在某些食品中（如口香糖、巧克力），碳酸鈣可以作爲強化劑，既降低成本，又作爲基質材料。在牙膏中，重質碳酸鈣作爲磨擦劑使用，在化妝品中，較細的優質碳酸鈣可以作爲填充劑。

小博士解說

　　超細碳酸鈣是指原生粒子粒徑在20～100奈米之間的碳酸鈣，是日本率先研製出來的，是一種最廉價的奈米材料（台灣宜蘭的大白石爲優質石灰石經1100℃煅燒後，50～60奈米），超細碳酸鈣廣泛應用於橡膠、塑膠、造紙、油墨、塗料、保健食品、飼料、日化、製藥等領域。超細碳酸鈣可用作高檔化妝品、香皂、洗面乳、兒童牙膏等的填料。在工業中超細碳酸鈣是培養基中的重要成分和鈣源添加劑，作爲微生物發酵的緩衝劑而應用於抗生素的生產，在止痛藥和胃藥中也起一定的藥理作用。

碳酸鈣

分子式：$CaCO_3$　分子量：100.09

規格

1. 含量：98.0%以上（200°C乾燥4小時後定量）。
2. 外觀及性狀：白色微細結晶性粉末，無臭、無味，在空氣中穩定。不溶於水及酒精。
3. 鑑別：本品1.0g加水10mL及稀醋酸（醋酸1mL加水3mL）7mL時起泡溶解，此溶液煮沸後以氨試液中和。此溶液之鈣離子試驗呈陽性反應。
4. 鹽酸不溶物：0.2%以下。
5. 游離鹼：本品3.0g加新煮沸冷卻之水30mL，振盪混合3分鐘後過濾，取濾液20mL加酚酞試液2滴時，應呈粉紅色，但再加0.1N鹽酸0.2mL，其液色應即消失。
6. 重金屬：30ppm以下（以Pb計）。
7. 鹼金屬及鎂：1%以下。
8. 鋇：0.03%以下。
9. 砷：4ppm以下（以As_2O_3計）。
10. 氟化物：0.005%以下。
11. 鉛：10ppm以下。
12. 乾燥減重：2.0%以下（200°C，4小時）。
13. 分類：食品添加物第(七)類、第(八)類。
14. 用途：品質改良用、釀造用及食品製造用劑。

品質改良用、釀造用及食品製造用劑

1. 本品可於口香糖及泡泡糖中視實際需要適量使用。
2. 本品可使用於口香糖及泡泡糖以外之其他食品；用量以Ca計為10g/kg以下。

作為營養添加劑

1. 一般食品，在每日食用量或每300g食品（未標示每日食用量者）中，其鈣之總含量不得高於1800mg。
2. 嬰兒（輔助）食品，在每日食用量或每300g食品（未標示每日食用量者）中，其鈣之總含量不得高於750mg。

第7章
功能增進
（營養添加、膨脹、香料）

李明清

7.1 營養添加劑

　　一般人透過正常的飲食，通常就可以得到身體所需的營養素，但是因為某些食品本身就有營養缺乏，例如牛奶中缺維生素C及鐵質，米飯中缺乏離胺酸，或者因為加工及儲存中會減損營養素，例如加熱過程葉酸破壞80%，因此適度的添加營養添加劑有其正面的功用，例如穀類添加維生素B_1、B_2、菸鹼酸、葉酸、鐵質，乳製品添加維生素A及D，果汁添加維生素C等都是常見的例子。

　　人體蛋白質主要由22種胺基酸所組成，其中8種人體無法自行合成的所謂必需胺基酸，要由食物中攝取，當攝取不足就可以由添加來補足，市面上食品添加胺基酸是為了補強蛋白質的品質，例如米麥當中的蛋白質胺基酸組成缺乏離胺酸，使得穀類蛋白質的營養價值受到限制，如果在加工過程添加離胺酸，將可以使其質地接近完全蛋白，豆類當中最缺乏的是蛋胺酸，因此我們會說豆類中的第一限制胺基酸是蛋胺酸，人體中必需胺基酸有一定的比例，例如蛋中所含有的就非常接近這個比例，我們就叫它為完全蛋白質，離胺酸常添加於穀類加工製品中做為營養強化劑，蛋胺酸（甲硫胺酸）一般添加於五穀、魚肉等製品，苯丙胺酸與葡萄糖加熱到80℃容易著色，可以添加於麵粉製品幫烘焙食品著色，並且強化營養。

　　維生素A一般添加於嬰兒奶粉、麵包加工、花生醬、人造奶油中，它是脂溶性不容於水，維生素D用來強化乳品和奶油，另外也添加於火腿、香腸、和魚肉中，維生素E是脂溶性，也叫生育醇，屬於抗氧化營養素，具有清除自由基的能力，食品中常會添加維生素E或者做成膠囊食用，腸道細菌會合成維生素K，成人不易缺乏，新生兒比較有機會缺乏，維生素B 群為水溶性，B_1常用於穀類製品的強化，B_2會添加於穀類或乳品中，而且會與 B_1並用，菸鹼素常添加於穀類及乳製品，維生素 B_6一般添加於嬰兒食品或乳製品，維生素C為水溶性容易被破壞，具有重要抗氧化作用，常添加於果汁奶粉、肉及魚肉製品中，當作抗氧化劑使用。

　　礦物質約占人體4%，是人體重要的組成分，其種類約有20幾種，其中鈣和鐵的吸收率不高：鈣約30%、鐵約10%，在實驗上已發現，飲食中的鈣會影響鐵的吸收，在國內的營養調查上，鈣攝取量普遍不足，世界衛生組織的資料顯示，最普遍的是鐵的營養不良，碘也是普遍會缺乏的礦物質，碳酸鈣可用於餅乾、麵包、魚肉製品，乳酸鈣常用於飲料工業，磷酸鈣可溶於酸做成補充劑，鐵可以用於穀類加工來添加，也可以用於乳製品及嬰兒副食品的添加，台灣早期在食鹽中添加碘解決甲狀腺腫大的問題。

小博士解說
・儘管藉由添加可以方便得到所需的營養，根本上仍然以由食物中自然攝取為佳。
・除了咀嚼食物無法取代之外，咀嚼本身其實也是一種樂趣。

營養添加劑

必需氨基酸	組胺酸　　白胺酸 異白胺酸　離胺酸 甲硫胺酸　苯丙胺酸 色胺酸　　纈胺酸 精胺酸（嬰兒）
維生素	脂溶性— A/ D/ E/ K 水溶性— B/ C
礦物質	占人體 4～5% 鈣　鐵　碘　鉀 氯　鎂　鋅　銅 錳　鉻　硒

作用

> 　營養添加劑不僅可以補充天然食品的營養成分，也可以改善天然食品的營養缺陷及營養成分比例，以滿足人類的營養需求，還可以預防一些營養缺乏症使人們達到健康目的，有些營養添加劑可以提高食品的感官品質，以及達到保藏的效果。

添加注意事項

> 1.添加的應該是人們膳食中含量低於需求的營養素。
> 2.如果在原料中添加應考慮在加工過程不易分解破壞，也不能影響既有食品的色香味等感官需求。
> 3.考慮膳食中有無其他來源，以免過量。
> 4.要考慮與其他營養素之間的平衡。
> 5.營養添加要視產品的種類性質而定。

✛ 知識補充站
　由食品中添加營養素應該多方審慎評估，不要讓消費者以為，由添加的食品中，就能得到充分所需營養，因而忽略了由新鮮食物中攝取營養的重要性。

7.2 膨脹劑

　　爲了讓食品的質地鬆軟（例如麵包、包子、饅頭），或者酥脆（例如餅乾、西點），除了使用酵母發酵，使麵團膨脹之外，膨脹劑的添加也占有相當重要的角色，食品膨脹劑，可以讓食品組織經過烘焙、蒸煮，或者油炸之後膨發鬆軟更有風味，使食品適合食用，且容易消化，膨脹是指藉由導入氣體使麵團體積增大，在應用上，氣體的種類有空氣、水蒸氣、二氧化碳及氨氣等。

　　空氣最容易得到，它用於廣泛的產品，攪拌麵團的時候，就可以把空氣打入形成氣泡，在烘焙的時候，氣泡受熱體積膨大之後將會膨大製品的體積，最常使用的是蛋糕的製作，而水蒸氣有比較高的沸點，當溫度升高大於$100^{\circ}C$時，麵團內部的水分會變成水蒸氣，產生壓力而將製品膨大，水蒸氣的膨大效果，在烘焙的後半期產生，在製作鹽酥餅乾以及擠壓食品（例如爆米花）時尤其明顯。

　　二氧化碳如果混入麵團，受熱的時候將使食品膨脹，而二氧化碳可以由生物酵母發酵或化學劑反應而得到，酵母經常使用在需要發酵的食品上面，酵母代謝麵糰內的糖分產生二氧化碳、酒精、酸、香氣及水，其中的二氧化碳會使麵團膨脹，其他成分對食品的香味及質地會有貢獻，對於軟麥產品、蛋糕、餅乾及西點類比較常使用化學膨脹劑，藉由化學反應產生二氧化碳，因爲酵母會影響麵團的流變性。

　　而化學膨脹劑有加熱分解及酸鹼中和兩個方法，來產生二氧化碳，氨氣產生方法屬於分解型，典型的例子是使碳酸氫銨加熱到$59^{\circ}C$，就會分解成水、氨氣及二氧化碳，氨氣與二氧化碳都是氣體，因此其膨脹效果最好，但是缺點是氨氣的水溶解度大，如果最終產品之含水量超過5%，部分氨氣會溶於成品的水中，而產生不好的臭味，因此膨脹劑適用於含水量2～4%之餅乾、小西點，氨氣也會提高食品的pH值而破壞維生素。

　　發粉是由碳酸氫鈉、酸劑及稀釋劑三種成分組合而成的混合膨脹劑，從發明時的酸60%、鹼30%、澱粉10%，到目前爲止配方變化不大，而酸劑種類則變化多端，發粉中的鹼性物質常使用碳酸氫鈉，不同的酸劑有不同的溶解度，溶解度大解離速度快，爲速效型發粉，因此控制不同的酸劑，就能得到不同類型的發粉。

小博士解說
　　食品組織經過烘焙、蒸煮、或油炸之後膨發鬆軟更有風味，使食品適合食用。

膨脹劑

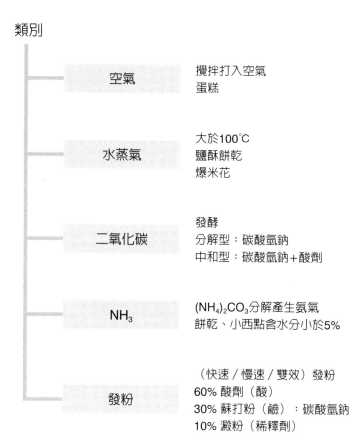

類別

空氣
攪拌打入空氣
蛋糕

水蒸氣
大於100℃
鹽酥餅乾
爆米花

二氧化碳
發酵
分解型：碳酸氫鈉
中和型：碳酸氫鈉＋酸劑

NH₃
$(NH_4)_2CO_3$分解產生氨氣
餅乾、小西點含水分小於5%

發粉
（快速／慢速／雙效）發粉
60% 酸劑（酸）
30% 蘇打粉（鹼）：碳酸氫鈉
10% 澱粉（稀釋劑）

＋知識補充站

發粉有三型：
快速型——有機酸類當酸劑。
持續型——酸性磷酸鹽當酸劑。
慢速型——明礬當酸劑。

7.3 食品香料

　　香料是指具有揮發性的芳香物質，主要對嗅覺造成作用，對於聽覺及味覺也有影響，可以提升食品品質應用很廣，在化妝品、食品、醫藥、香水等行業也使用很多，而在食品加工應用上面的香料就叫做食品香料。

　　早期食品加工業者會製造自己所需要的香料來使用，漸漸因為應用廣泛，而形成專業化的香料工業，為了研究及鑑定香氣的成分，從天然香料抽出的單離香味物質，可以合成為天然同等香味物質，它基本上是由天然原料以物理方法得到的物質，在這些單離香味物質的合成，甚至是由人為方法合成的物質，如果出現的香味是自然界沒有出現的香味，就可以叫做合成香料。

　　香料吃進口中之後，呈現的總合感覺叫做香味，它是嗅覺、味覺等各種感覺送到腦部解析之後，得到的一個綜合結果，也就是該食物的香味，其中以調香及調味最為重要，香辛料是人類很早就使用的物質，它大部分由植物取得，一般都會把他歸類為公認安全的食品添加物GRAS（generally recognized as safe），精油是由植物體當中獲得的油狀物質，它含有原來植物的香氣，是一種揮發性物質。

　　香料可以大約分為：天然香料、天然同等香料及合成香料三大類，天然食品香料是由天然植物或動物，不加工或者簡易加工取得，可以供應人類食用的物質，天然等同食品香料，是從天然香料的原料分離所得到的物質，經過深加工之後，可以供人食用的香料，其香味與自然香味相同，合成食品香料可以由天然香料的原料獲得，再經過人工合成，其產物可能會出現自然界沒有的香味。

　　食品香料除了調味、調香功能之外，穩定性極為重要，否則不但香料損失，食品品質也會受到影響，食品香料種類太多，很難有一套簡單方法來規範，但是各國政府都很重視香料的安全性，不過因為香料的用量很少，目前為止還很少發現有食用香料而中毒的事件，人們越來越重視使用天然香料，因為它是由天然物質取得大致上是安全的。

　　天然香料大都來自芳香物質，在植物體內各種酵素作用轉化而成，植物性香料成分不但提供香味，對身體各項機能也有正面功用，植物種類繁多，也使人們有豐富的選擇性，像大蒜、薑、胡椒、肉桂、丁香等等，而動物性香料則主要用於香水之用，麝香是雄性麝香鹿的生殖分泌物，為高級香水的定香劑，靈貓香是雄性或雌性靈貓之香囊分泌的黏液，比麝香更優，龍涎香是抹香鯨魚腸內分泌物，可以製成香水、香精，海狸香是從海狸的雄雌性生殖器小囊中抽出，為東方型香精之定香劑，麝鼠香是由麝鼠腺袋中得到的脂肪性液體，與麝香及靈貓類似，肉類在烹煮過程中，會產生香味於湯中，可以作為食品加工調香之用，也可以把它噴霧乾燥之後，作為食品香料之用。

小博士解說
　　植物性香料以食用為主，而動物性香料大多用來做香水。

食品香料

	食品香料 （Flavorings）	食品加工上 應用的香料
	香辛料 （Spices）	一般當為 公認安全的食品添加物
	精油 （Essential oil）	植物體中獲得的 油狀物質 含有植物香氣的 揮發性物質
類別	天然香味物質 （Natural flavoring substances）	動物性香料 植物性香料
	天然同等香味物質 （Natural identical flavoring substances）	天然原料 以物理方法得到
	合成香味物質 （Artificial flavoring substances）	自然界沒有出現的香味 可以全部由天然物組成 或人為仿造香料

7.4 香辛料

　　食品添加物中的香辛料，因為是植物性，除了調香之外也有抑制菌的效果，在美國習慣上把香辛料列入公認安全食品（GRAS），世界各國對於它的管制也相對很少，使用上把天然的植物完整或破碎或磨粉來使用，近來因為加工技術的發達，大體上使用下列三種方法來提純使用：(1)凍結研磨法：它最主要的功用是可以減少香辛料中的有用精油的損失，(2)蒸氣蒸餾法：可以比研磨法取得純度更高的物質（例如揮發性精油），一般精油含量在原料中約1%以下，但是丁香花高達18%是比較特殊的例子，(3)超臨界萃取法：使用CO_2等流體當作萃取媒介，在特殊條件之下可以得到最純的產品。

　　香辛料除了直接添加在食品中，做為調味增香之外，它也有抑制菌的功能、抗氧化效果、降血脂、防血栓、防高血壓、降血糖以及調節免疫功能等生理功用，可以說是改善現代文明疾病的好幫手。

　　香辛料的抑菌效果，以最低抑菌濃度表示，濃度越低表示抑菌效果越好，兩種抑菌劑混合時，有時會有加乘作用，有時會有相減作用，例如迷迭香與鼠尾草混合會有相乘作用，研究上發現香辛料抽出物可以有效阻止病原菌和產毒菌的生長，蒜（GARLIC）對多數菌都有抑制效果，其次是丁香（CLOVE），香辛料抽出使用的溶劑有：水、酒精、正己烷等，不同溶劑的抽出物，會因pH值等的不同而有不同的抑菌效果，一般pH值低的時候抑菌效果比較好，但也有少數例外，酒精的抽出物對酵母菌及黴菌的抑制效果，以肉桂最好，香辛料的精油（essential oils）對微生物產生黃麴毒素的影響，以百里香精油比較好，只要0.2mg/ml濃度就能抑制微生物生長，並且阻止其產生毒素，香辛料中的什麼成分起到抑菌效果相當複雜，一般來說（-OH）基容易和酵素的活化位置產生氫鍵而使酵素失活，醛基會與微生物細胞的硫氫基產生反應而起到抑菌效果。

　　生理效能上，大蒜可以降低LDL膽固醇，提高HDL膽固醇，具有抗氧化、預防血栓形成、降血壓血糖、提高免疫力等功效，丁香是花苞未開花前將其乾燥而得到，它含有丁香醇、香草素，可以做為香料、香水的原料，可以止牙疼，肉桂含有桂皮醛，是香料重要原料，胡椒盛產於西印度，含有胡椒鹼，具有抗癲癇效果，將未成熟的果實摘下來烘乾，就成為黑胡椒，將已經成熟的果實去除外皮，就是白胡椒，薑黃是地下莖產物，可以做為咖哩粉及芥茉粉的調味及著色料，它含有薑黃素，有抗氧化、抑菌、抑病毒的作用，聯合國WHO/FAO認為薑黃是自然色素，美國FDA認定薑黃為公認安全類食品添加物。

小博士解說

　　天然的香辛料有各種對於人體有益的生理機能，使它在食品添加物中受到人們青睞的程度一枝獨秀。

　　黑／白胡椒原來是同樣的東西也讓人覺得很有趣。

香辛料

香辛料

抽取方式
凍結研磨
蒸氣蒸餾
超臨界萃取

抑菌功用
溶劑-水、酒精、正己烷、pH影響
對酵母菌／黴菌：肉桂效果好
蒜、丁香效果佳
成分有效複雜

生理機能
大蒜：降血中膽固醇
　　　三酸甘油脂
　　　LDL
　　　提高HDL
　　　具抗氧化
　　　預防血栓形成
　　　提高免疫力
　　　防心血管疾病，降血脂
　　　抑制動脈硬化防中風
　　　蒜精衍生含硫化合物
丁香：花苞未開花前乾燥
　　　精油丁香醇香草素
　　　降血壓血糖、香料、香水、止牙疼
肉桂：桂皮
　　　桂皮醛香料
生薑：散寒
　　　薑辣素
胡椒：西印度盛產
　　　胡椒鹼有抗癲癇效果
　　　黑胡椒／白胡椒
薑黃：地下莖
　　　含薑黃素
　　　抗氧化
　　　抑菌／抑病毒
　　　（美國）GRAS

第8章
調味（甜味、酸味、鮮味）

李明清

8.1　甜味劑

8.2　酸味調整劑

8.3　調味劑（鮮味）

8.1 甜味劑

　　甜味劑，除了給予食品的甜度之外，也提供食品許多的加工特性，讓甜味劑成爲日常生活的必需品，甜味劑可以分爲天然糖類、半天然品及合成甜味料等，美國及歐盟則把它分爲營養甜味劑及非營養甜味劑兩大類

　　營養甜味劑經人體吸收之後，在體內可以代謝產生熱量，蔗糖（sucrose）也叫做砂糖（cane sugar），甜味劑以它當標準甜度定爲1.0，它在自然界中的甘蔗及甜菜含量最多，爲雙糖是由等量的果糖和葡萄糖脫水而成，除了可以供給熱量之外，因爲可以提高食品的滲透壓降低水活性可以抑制食品中微生物的生長，也具有保水力的特性，烘焙上焦糖化會產生色澤，也可以增加食品的黏稠度。果糖在自然界的水果中含量豐富，甜度是所有天然糖類中最高，約爲蔗糖的0.8～1.5倍，果糖在低溫時甜度較高，適合添加在冷藏後飲用的食品，一般在常溫時的液態糖就是果糖，使用玉米澱粉經過液化、糖化、異構化之後可以製成高果糖玉米糖漿，果糖的耐熱性比蔗糖低，容易產生梅納反應，但是比蔗糖有好的滲透壓，可以用在食品的保存上抑制有害微生物的生長，在代謝上比蔗糖快，甜度高攝取量低，有利糖尿病患者，果糖在口腔中分解會產生左旋糖，不容易附在牙齒上，不太會引起牙齒病。

　　山梨糖醇首先在槳果類中被發現，商業上可由穀類澱粉糖化爲葡萄糖再轉化製成，甜度約爲蔗糖的一半，可用於無糖糖果、冰品、巧克力、低熱量果醬等。木糖醇存在於大多數的蔬果和槳果中，商業上可以由木糖植物經過水解／氫化／純化製成，也可以由微生物發酵製成，適合在糖果、休閒食品、巧克力、口香糖使用，嬰兒食品不得添加。甘露糖醇存在蘿蔔、芹菜、橄欖及海藻中，與山梨糖醇特性相似，除了做甜味劑使用之外，也可以當做抗結塊劑及吸濕劑之用。麥芽糖醇由一分子葡萄糖與一分子山梨糖醇結合而成，可以由澱粉水解成麥芽糖漿再氫化而成，液態的甜度爲蔗糖的0.6倍，結晶態爲0.9倍，與蛋白質及氨基酸共熱時，因爲沒有還原性端基所以不會褐變，可以應用於蛋白質食品中。果寡糖在自然界中的香蕉牛蒡與洋蔥中含量豐富，其甜度爲蔗糖的0.6倍，其加工特性與蔗糖類似，寡糖是含有3～10個單糖的分子，人體不會消化吸收，留存到腸內成爲乳酸菌的食物，對腸道的健康有益處。

　　非營養甜味劑一般無法被人體代謝吸收，甜度一般都很高，只要添加少量就能達到甜味效果，也不產生熱量，符合現代人低熱量的訴求。糖精爲蔗糖300倍甜度。阿斯巴甜由天門多氨酸與苯丙氨酸合成，甜度爲蔗糖150～200倍。醋磺內酯一鉀由西德開發成功，甜度爲蔗糖150～200倍。甘草精由甘草根部萃取，甜度爲蔗糖50～180倍，呈味慢且有甘草餘味。索馬甜由西非一種植物果實純化而得到，甜度爲蔗糖的2000～3000倍，在酸性條件下安定，但烘焙與蒸煮會失去安定性。環己基磺醯氨酸鹽（塞克拉美）用於休閒飲料、加工蔬果，其與糖精以10：1比例混合有加乘效果。甜菊萃由甜菊萃取得到，甜度爲蔗糖100～300倍。

甜味劑
以下為營養甜味劑 —— 可以產生熱量

	蔗糖	甘蔗、甜菜 甜度1.0
玉米澱粉製成 低溫比較甜 滲透壓比蔗糖高 不易引起牙病	果糖	存在水果中 甜度0.8～1.5
穀類澱粉製成	山梨糖醇	存櫟果中 甜度0.5
木糖植物製成 微生物發酵製成 嬰兒食品不得添加	木糖醇	存蔬果櫟果中 甜度1.0
抗結塊劑 吸濕劑	甘露糖醇	存於蘿蔔、芹菜、橄欖、海藻中 甜度0.3
澱粉水解製成	麥芽糖醇	1分子葡萄糖+1分子山梨糖醇 液態　甜度0.6 結晶態　甜度0.9
加工特性與蔗糖同 腸道乳酸菌食物 人體不消化吸收	果寡糖	存於香蕉、牛蒡、洋蔥中 甜度0.6 3～10個單醣組成

＋ 知識補充站

以下為非營養甜味劑 —— 人體不代謝 / 不產生熱量 / 低熱量訴求

糖精－甜度300

阿斯巴甜－甜度150～200

醋磺內酯－鉀-甜度150～200

甘草精－甜度80～180

索馬甜－甜度2000～3000

賽克拉美－甜度大於300類似糖精

甜菊萃－甜度100～300

8.2 酸味調整劑

　　結構上具有-COOH的官能基，水解之後會產生氫離子的物質，添加在食品中能增加食品的酸味，增添並且改善感官的功能者，就叫做食品酸味調整劑，它除了增加食品的酸度之外，也有防腐及降低金屬離子（會引起的氧化及褐變）之作用。

　　酸味調整劑當中，除了磷酸之外，大都是有機酸，它們廣泛存在於自然界中：例如蘋果中的蘋果酸，柳橙中的檸檬酸，葡萄中的酒石酸，食用醋中的醋酸，發酵乳中的乳酸等等，酸味調整劑的主要功能，當然是添加在食品中提供酸味，賦予食品特殊風味，糖酸比是人們對於食品品評很重要的指標，除此之外，當酸度增加、pH值降低之後，也可以抑制細菌、酵母菌及黴菌的生長，而起到防腐的作用，酸味的緩衝能力也能修飾辣味及香味，而得到不同的效果，酸味調整劑如果配合抗氧化劑來使用時，因為酸味調整劑能夠抓取會引起氧化及褐變的金屬離子，而提高抗氧化的效果。

　　醋酸常常用於醃物的調酸之用，也用於食品加工器具的殺菌，醋酸如果與0.05～0.5%的乳酸鏈球菌配合使用，對於芽孢桿菌有良好的抑菌效果，雙醋酸鈉對於烘焙食品、乾酪、飼料、奶油及屠體表面產生的黴菌，有良好的抑菌效果，檸檬酸用途很廣，主要用於pH調控之用，乳製品、碳酸飲料、水果罐頭、蜜餞、果醬等，都可以看到它的影響，如果與抗氧化劑一起使用，也能防止褐變反應，0.15～0.2%的反丁烯二酸的酯類，可以取代亞硝酸鹽用於燻肉中，以抑制肉毒桿菌的生長，使保存期由6天延長到56天。

　　乳酸是乳酸菌發酵產生的，主要功用是抗菌，可以作為防腐劑來使用，乳酸鈉可以添加於海綿蛋糕中，以便減少離水現象，蘋果酸主要存在於水果中，未成熟的果實中特別明顯，用途很廣，常常用於清涼飲料、冰品、硬糖、烘焙食品、罐頭食品、布丁、果醬、果凍與蜜餞中，琥珀酸存在天然水果中，可以添加於點心粉，以延長保存期限而不會改變其風味，酒石酸是葡萄中的主要有機酸，在自然界中以游離酸及鉀、鈣、鎂等鹽類方式存在，酒石酸鉀可以做為抗結塊劑、膨鬆劑、防腐劑、安定劑、增稠劑、吸濕劑及表面活性劑來使用，磷酸鹽類總數有30種以上，廣泛用於食品加工上，主要為pH緩衝，也能與與多電荷電解質之有機物結合，而增加保水力、抗結塊等功用，但是如果攝取過多，磷酸鹽會降低鈣、鐵及其他礦物質的吸收。

小博士解說

　　酸味調整劑中，美國的FDA及聯合國 FAO/WHO，認為無需規範ADI的項目有：醋酸、檸檬酸、乳酸；認為無毒的：雙醋酸鈉；認為GRAS的：反丁烯二酸、蘋果酸、琥珀酸。

酸味調整劑

```
酸味調整劑 ─┬─ 官能基          增加酸味
           │    -COOH         防腐作用
           │                  螯合金屬離子
           │
           ├─ 存在自然界       蘋果：蘋果酸
           │                  柳橙：檸檬酸
           │                  葡萄：酒石酸
           │                  食醋：醋酸
           │                  發酵乳：乳酸
           │
           ├─ 醋酸            不必規範ADI
           │                  醃物調酸
           │                  食品器具消毒
           │
           ├─ 雙醋酸鈉         無毒
           │                  抑制黴菌
           │
           ├─ 檸檬酸          不必規範ADI
           │                  pH調控
           │                  與抗氧化劑並用防止褐變
           │
           ├─ 反丁烯二酸       GRAS
           │                  抑制肉毒桿菌
           │
           ├─ 乳酸            不必規範ADI
           │                  防腐劑
           │
           ├─ 蘋果酸          GRAS
           │                  清涼飲料調酸
           │
           ├─ 琥珀酸          GRAS
           │                  點心粉延長保存期
           │
           ├─ 酒石酸          ADI 30mg/kg
           │                  抗結塊劑
           │
           └─ 磷酸            可樂飲料0.6g/kg
```

8.3 調味劑（鮮味）

　　人類最初的四種基本味——酸、甜、苦、鹹，如果加上鮮味就成為五種，甜味以蔗糖為代表，最低呈味為0.5%，酸味以醋酸為代表，最低呈味為0.012%，鹹味以食鹽為代表，最低呈味為0.2%，苦味以奎寧為代表，最低呈味為0.00005%，鮮味以味精為代表，最低呈味為0.03%，基本味加上辣味及澀味就成為我們所稱的味覺，再加上嗅覺的香味我們可以叫它為風味，如果再加上視覺的顏色及形狀，聽覺的咀嚼聲音，以及溫度、質地的觸覺，我們可以叫它為滋味，最後把外部的氣氛、溫濕度等環境，飲食習慣、文化等環境，以及享用者身體、心理等因素一併加入就叫做美味。

　　自古以來鮮味用來表示魚或肉類的特有味道，東西方聰明的廚師使用番茄以及菇類來煮湯也有類似的鮮味，早期味精由萃取方法生產的時候，成本高、價格貴，並不是一般人們得以使用，相傳有個廚師煮的菜餚很好吃，大家都羨慕他的好手藝，但是他一直不讓人看他料理的過程，顯得有點神祕，直到有一天，被發現原來他在上菜前，總會加入一個小瓶中的祕方添加物——味精，而真相大白，味精或者叫做麩酸（谷氨酸）單鈉鹽，它所呈現的味道——鮮味（Umami）是日本人最後命的名

　　味精的學名叫做L-谷氨酸單鈉一水化合物，英文名稱叫Monosodium L-glutamate簡稱為MSG，谷氨酸是構成人體22種氨基酸之一，1908年日本東大教授池田菊苗（Kilunae Ikeda）從海帶煮出液中提取谷氨酸鈉，創造了新的人工調味料獲得專利。以醱酵方法生產味精，從原料投入到產品產出，其流程相當長，大約要7天左右，醱酵大約2天就完成了，下一階段是從醱酵液中把谷氨酸提取出來。提取的谷氨酸如果把它乾燥會成為粉狀結晶，賣相不是很好，純度也不夠高，因此會進到下一階段去精製，將谷氨酸溶液添加NaOH使變成谷氨酸單鈉鹽，然後經過脫鐵脫色，最後濃縮、結晶、分離、乾燥、篩分而成為商品味精的樣子，有點像鑽石，「只要一點點，清水變雞湯」是早年味精銷售時的口號。

　　核苷酸使用作為鮮味劑之後，有人無意中發現兩種鮮味劑合用，會比用等量單一種鮮味劑的呈味效果更好，這叫做鮮味的相乘效果，當使用4%的核苷酸加上96%的味精得到的新產品其鮮味的呈味力大約為純味精的5倍，這個高呈味的新產品我們就叫它做「高鮮味精」，日本的家庭用味精，基本上均已經使用高鮮味精取代傳統的味精了

　　在台灣因應市場多種口味的需求，製造者也希望提供消費者一次性調味的滿足，而有風味調味料的產出，最初呈現的口味有雞肉味及鰹魚味，尤其以雞肉最對國人口味，以致後來於85年左右傳至中國大陸之後，被稱為雞精粉。風味調料的基礎架構是食鹽、味精、乳糖（澱粉）、各約占30%，因為食鹽最便宜，在東南亞有些廠家把食鹽提高到42%以降低成本，剩下約10%大部分使用蛋白質抽出物以呈味、需要香辛味者，則在此調整加入香辛料或其他口味以符合不同消費者的需求。

調味劑（鮮味）

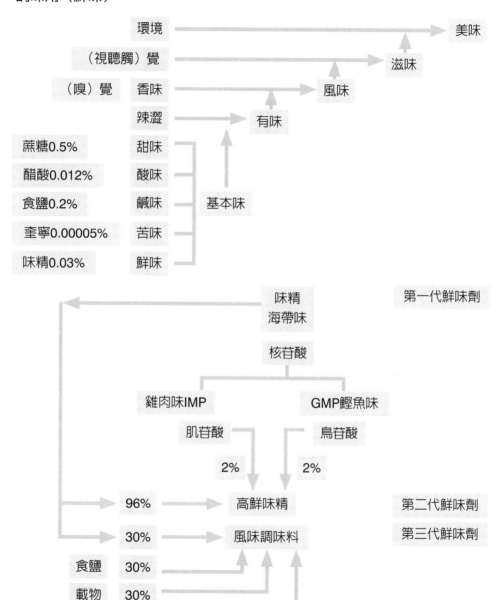

環境 ──────────────→ 美味

（視聽觸）覺 ──────────→ 滋味

（嗅）覺　香味 ────────→ 風味

辣澀 ────→ 有味

蔗糖0.5%　甜味

醋酸0.012%　酸味

食鹽0.2%　鹹味　←─── 基本味

奎寧0.00005%　苦味

味精0.03%　鮮味

味精
海帶味　　　　　　第一代鮮味劑

核苷酸

雞肉味IMP　　　　　GMP鰹魚味

肌苷酸　　　　　鳥苷酸

2%　　　　2%

96% ────→ 高鮮味精　　　第二代鮮味劑

30% ────→ 風味調味料　　　第三代鮮味劑

食鹽　30%

載物　30%

（乳糖／澱粉等）

蛋白質抽出物　10%

（動物／植物）

第9章
品質增進（黏稠、結著、乳化、螯合、載體、凝膠、增量）

李明清

9.1 黏稠

　　黏稠劑廣泛應用於醫藥、化妝品、造紙、紡織、塗料、印刷、食品等工業，在食品應用上，基於可食性與毒性評估，以天然可食性高的分子膠體為主，少數修飾或半合成者，甚至全合成者，應該慎重評估之後，才可以使用作為黏稠劑，在食品加工上主要是為了增加食品黏性產生滑潤感以改善食品品質，天然黏稠劑是以動、植物組織，或滲出的液體等天然素材，經過收集分離純化而得到，修飾或半合成黏稠劑，是以天然素材，經過化學修飾或者微生物發酵而得到，大致上分為纖維素衍生物、澱粉衍生物及微生物發酵產物等，合成黏稠劑是由化工原料以化學聚合而得到，主要有乙烯聚合物及丙烯聚合物，食品上使用的黏稠劑仍以天然黏稠劑為主，半合成及合成的黏稠劑，只有已經公告的甲基纖維素、低甲氧基果膠及褐藻膠丙二醇等。

　　黏稠劑的本質為膠體，膠體在溶液中的功能，取決於其在溶液中的黏度大小、它的保水性、防止冰晶形成的能力、成膠性的好壞及乳化安定性如何？為了能在溶液中形成均勻的溶液，黏稠性的分散性及溶解性要優先考慮。

　　洋菜由紅藻中經熱水萃取再乾燥而製得，洋菜不溶於冷水，可溶於熱水，在食品加工中，主要作為凝膠劑，廣用於乳製品、魚肉、畜產加工、及烘焙製造等，在飲料上作為生啤酒、果汁的澄清劑，作為奶昔、優格的安定劑，海藻酸類主要作為牛奶、布丁的凝膠劑，在果汁及飲料中，促進溶質的分散與增稠，鹿角菜膠也稱紅藻膠，在冷水中不易分散溶解，可溶於熱水，布丁生產時當為凝膠及乳化安定劑之用，阿拉伯膠為半乳糖、阿拉伯糖等所構成的多醣，含有鈣、鎂、鉀的金屬離子，在水中溶解度可達50%，在食品上用為風味固定、泡沫安定及乳化之用，刺槐豆膠由種子的胚乳抽取，精製而得到，在冷水中膨潤需加熱才能達到最大溶解度，不具有成膠性，但是可以添加於可以成膠的洋菜，鹿角菜膠增加凝膠強度，關華豆膠具高水合速率與保水能力，適用於高溫短時間加工，可以增加麵團的回復性，可以做為飲料之增稠劑，三仙膠又叫玉米糖膠，由微生物發酵產生，市售品為乳白粉末，冷熱水都有很好的溶解性，能形成黏稠溶液，在食品加工上作為安定劑、乳化劑、增稠劑、分散劑、質感劑和泡沫安定劑等，是良好的冷凍-解凍安定劑。

小博士解說

　　黏稠劑使用上，就其黏度、保水性、成膠性、乳化安定性、分散性及溶解性來選擇適用者。

黏稠

類別

天然黏稠劑 （Natural pasting agents）	修飾或半合成 黏稠劑 （Modified or semi-synthetic pasting agents）	合成黏稠劑 （Synthetic pasting agents）

動植物組織
及其滲出液體
等天然素材

天然素材經化學修飾
或微生物發酵得到
纖維素衍生物
澱粉衍生物
微生物發酵產物

化工原料經化學聚合
而得到
乙烯聚合物
丙烯聚合物

+ 知識補充站

　　黏稠劑的本質為膠體，膠體在溶液中的功能，取決於其在溶液中的黏度大小，它的保水性，防止冰晶形成的能力，黏稠劑的添加是為了提升食品濃厚感。

9.2 結著

　　結著是為了改善魚肉及畜肉的保水性及乳化性而添加，在食品添加劑的應用上，除了結著之外，也有酸化、膨脹及品質改良的功效，主要功用取決於原料肉蛋白質的保水性及乳化性，磷酸鹽只允許使用在肉製品及魚肉的煉製加工上面。

　　磷酸鹽中的正磷酸鹽由三個質子酸形成，單鹼基鹽為酸性，如正磷酸可用於清涼碳酸飲料的酸化，二鹼基鹽為弱鹼性，如酸性磷酸鋁鈉，可以做為膨脹劑的酸劑使用，磷酸氫二鈉用於緩衝酸鹼變化，三鹼基為鹼性，如磷酸三鈉用於鹼化乾酪之用，正磷酸鹽容易與鹼土族（如鈣、鎂）以及過渡金屬離子（如鐵、銅）形成沉澱，而可以輕易去除特定金屬離子，磷酸鹽能與食品中的蛋白質及多醣類結合，形成網狀膠體物質，可以提高食品的保水力及乳化力。

　　多磷酸鹽是以正磷酸鹽為單體脫水聚合而成，有直鏈型、環形以及網格形（直鏈+環形）三種，直鏈型當中，聚合度為2的二磷酸鹽，也叫做焦磷酸鹽，聚合度為3的三磷酸鹽，也叫做三多磷酸鹽，聚合度大於3的直鏈型多偏磷酸鹽，在19世紀初剛發現時，因為分析技術的欠缺，被誤判為環形的聚合物，被命名為偏磷酸鈉，時至今日，仍習慣上把直鏈型多磷酸鹽叫做偏磷酸鹽，而真正的環形多偏磷酸鹽，有聚合度為3的三偏磷酸鈉，聚合度為4的四偏磷酸鈉。

　　磷酸鹽因為其多價電解質的特性，而有酸鹼調節能力，可與金屬離子結合以及與有機性多價電解質結合，可提升食品的保水力與乳化力，也可與蛋白質及澱粉產生酯化反應，形成架橋結構增加可溶性蛋白質的比例，與金屬離子結合可幫助人體吸收金屬離子。

　　混合數種磷酸鹽一起使用，新鮮原料肉不需添加磷酸鹽，經冷藏冷凍儲存後以及切碎擂潰時，一般以添加0.1～0.3%磷酸鹽來改善食物的保水力及乳化力，正磷酸鹽有優良的酸鹼調節緩衝能力，低聚合度的焦磷酸鹽或三磷酸鹽對增進鹽溶性蛋白質的抽取有其效用。

　　三偏磷酸鈉水溶性佳，可應用於合成架橋型磷酸澱粉及磷酸化大豆蛋白，能使糯米與粽葉不會黏在一起，也可以增加彈性口感，效果比禁用的硼砂還好。

小博士解說

　　高聚合度的偏磷酸鹽能與蛋白質複合，從而改善水油乳化結合量，不溶性的磷酸鈣鹽可以做抗結塊劑。

結著

類別

磷酸鹽 — 改善魚肉及畜肉的
保水性及乳化性

正磷酸鹽
PO_4^{3-}
— 發酵營養劑
酸調節劑
單鹼基鹽—酸性
二鹼基鹽—弱鹼性
三鹼基鹽—鹼性

多磷酸鹽 — 不必規範ADI
以正磷酸鹽為單體（鈉、鉀）
脫水聚合而成有
直鏈型 / 環型 /
網格型（直鏈＋環型）

直鏈型
多磷酸鹽
— 防止清涼飲料沉澱
焦磷酸鹽（二磷酸鹽）
聚合度2
三多磷酸鹽（三磷酸鹽）
聚合度3
偏磷酸鹽（直鏈型多偏磷酸鹽）
聚合度大於3

環型多磷酸鹽 — 乳酪麵團
三偏磷酸鈉（聚合度3）
四偏磷酸鈉（聚合度4）

＋ 知識補充站

添加磷酸鹽一般以0.1〜0.3% 即可改善保水力及乳化力。

9.3 乳化

　　油與水是兩個不互溶的物質，乳化劑是把兩者拉在一起的媒介物質，乳化劑也算是一種界面活性劑，它是由親水基與疏水基所組成的非離子界面活性劑，親水基是丙二醇和蔗糖，疏水基是脂肪酸，親水基的多價醇可以依照各種類組合的不一樣，與酯化程度的不同，而製造出從親水性到親油性的不同產品，界面活性一般以親水基和親油基之間的均衡點來決定，所謂的HLB（value of hydrophile lipophile balance）值，其值越大親水性越強，其值越小則親油性越強。

　　食品用乳化劑的多價醇，以甘油占大多數，接著是蔗糖、山梨醇丙二醇等，而脂肪酸是以碳數為18的硬脂酸和油酸占大多數，卵磷脂是天然添加物，因為價格便宜，自古以來即作為乳化劑而被使用著，近來科技的進步，純化精製的卵磷脂，或者經過酵素分解而提高性能，而使卵磷脂有更高的氧化安定性及好的乳化性。

　　乳化油和水也可以使用激烈的攪拌來達成，但是放久了，會分離為原來的油和水，呈不安定狀態，如果添加適量的乳化劑則其親水基及疏水基會有次序的分布在水-油介面上，而達到乳化安定的目的，乳化依照性質的不同，有O/W型（oil in water），例如蛋黃醬、鮮奶油、牛奶等，以及W/O型（water in oil），例如乳酪、人造乳酪等，把O/W放入水中會散開，而W/O則會漂浮不散開，蛋黃醬的黏度比其原料的醋、油、蛋黃等來的高，關東煮的煮汁含動物膠是一種O/W型，當溫度維持在80～90℃不要沸騰，則乳化物會一直維持獨特風味，W/O型的乳酪，含有16%水分及1.3%食鹽，但是食鹽是溶在水中，因此水中食鹽的濃度約為8%左右。

　　單酸甘油脂和卵磷脂是最古老、最廣泛的乳化劑，單酸甘油脂在人造乳酪製造時，添加0.2～0.5%可以使水乳化安定，與卵磷脂並用在冰淇淋的製造上，可以調整膨脹率，並且使脂肪球凝集，使口感更佳，單酸甘油脂和澱粉會形成複合體，可以防止澱粉的糊化、老化，脂肪酸山梨醇酐酯可以防止冰淇淋冰結晶成長，讓口感順潤，也可以防止吐司麵包的老化，也可以做為餅乾、糖果、豆腐之消泡劑使用，脂肪酸丙二醇酯為W/O型，很少單獨使用，與其他乳化劑使用有相乘效果，與硬脂酸甘油酯混用，作為粉末起泡劑使用於海綿蛋糕、吐司烘焙之用。

小博士解說
　　大豆卵磷脂在食品使用上，可用於冰淇淋、巧克力、烏龍麵、吐司、餅乾、酥油、醬油、湯類等，蛋黃卵磷脂，醫藥用占90%，食品用10%，食品上主要用在牛奶、豆腐、奶昔等。

乳化

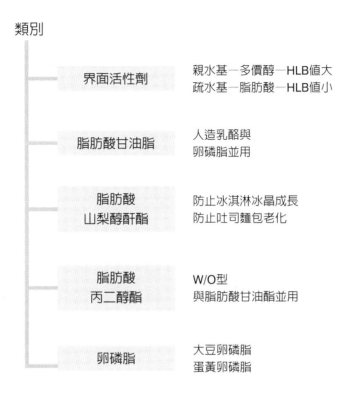

類別

界面活性劑	親水基─多價醇─HLB值大 疏水基─脂肪酸─HLB值小
脂肪酸甘油脂	人造乳酪與 卵磷脂並用
脂肪酸 山梨醇酐酯	防止冰淇淋冰晶成長 防止吐司麵包老化
脂肪酸 丙二醇酯	W/O型 與脂肪酸甘油酯並用
卵磷脂	大豆卵磷脂 蛋黃卵磷脂

乳化性質

O/W型
油滴分散在水中
表現水的性質
例如蛋黃醬

W/O型
水滴分散在油中
表現油的性質
例如乳酪

第10章
食品添加物的使用

李明清

10.1 **食品配方設計** —— **食品添加物的使用**

　　食品添加劑選用之前，要先決定主體原料，因爲主體原料會賦予產品的主要成分，也決定產品的性質與功能。所謂的配方設計，就是把主體原料以及輔助原料配合在一起，組成一個體系，其中每一個成分都會起到一個作用。主體原料有水／碳水化合物／油脂類／蛋白質等，而食品添加物雖然屬於輔助原料，但是它對於食品的色、香、味、形，和某一些特性，有著關鍵的作用，用量雖然少但卻是不可或缺的要素。

　　調色是配方設計上重要的因素之一，調整顏色的過程當中，可以選用一種或多種物質來配合，主要是要能夠突顯產品的特色，並且能夠使消費者感覺愉快。不論著色、保色或者漂白，都應該以天然色素爲依歸，切記不要調出突兀的顏色而嚇跑了消費者。除了天然色素之外，人工合成色素中的紅色六號，常添加於餅乾、果凍、果醬、調味醬、清涼飲料及糕點等食品，而黃色四號是合成食用色素中使用量最高者，是應用極爲廣泛的食用色素。

　　調香對各種食品的風味，有著畫龍點睛的作用，其原理是調和各種香料、香精的平衡而達到和諧之美。調香最常使用於飲料及糖果的製作，調香要特別注意是否會揮發的影響，添加增香劑及香精的複配應該是調香很重要的技術。

　　調味是食品配方中最重要的步驟，調味主要是通過甜味劑、酸味調整劑、調味劑等調味料來進行複配及組合，從而產生美好的風味。味覺也受到黏稠度、油脂、濃厚感等的影響，糖酸比及複配的加乘作用則是調味的重要技術。

　　保存防腐主要是針對有害微生物的防止以及產品本身品質的保持這兩件事情，物理方法上使用降低溫度、加熱及輻射等方法來殺菌或者抑制細菌的增長，化學方法上則是利用殺菌或者抑制細菌的防腐劑之使用來達到目的，而抗氧化劑主要是防止油脂的氧化變質。使用天然的防腐劑是人類長久以來追求的趨勢，合成的防腐劑中以苯甲酸類最便宜，己二烯酸類則效果最好且毒性最低。

　　品質改良的方式有：膨脹、黏稠、結著、乳化、添加化學藥劑、使用溶劑、抗結等方法，它的目的是要改進食品的質地，人們的習慣用語有：軟硬、酥脆、鬆黏、彈性、油膩、多汁、粉狀、粗粒、結晶等，而品質改良之後的評價，可以使用感官檢測及儀器檢測配合使用，果凍、冰淇淋、植物蛋白飲料、都可以是品質改良的好例子。

　　功能性改進是在產品共通性的基礎上，進行特定功能的強化使它成爲功能性食品，人們常常說的強化食品、保健食品或健康食品等都可以列入功能性食品之列，一般上會添加氨基酸、維生素、礦物質等元素。

小博士解說

　　在主體原料決定之後，可以試作樣品以測試是否需要額外的添加劑，食品添加劑合法為最低要求（衛福部公告為準），然後在成本及效益的要求比較之下，就能選到適合的品項，別忘了供應商有豐富的資料庫，可以滿足您的需求。

食品配方設計 —— 食品添加劑的選用

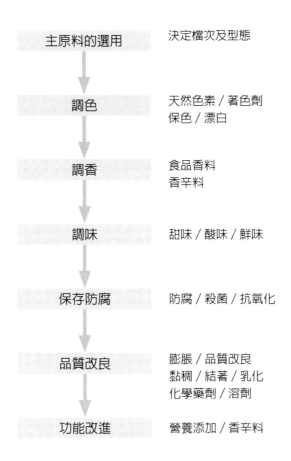

主原料的選用 　決定檔次及型態

調色 　天然色素／著色劑
　保色／漂白

調香 　食品香料
　香辛料

調味 　甜味／酸味／鮮味

保存防腐 　防腐／殺菌／抗氧化

品質改良 　膨脹／品質改良
　黏稠／結著／乳化
　化學藥劑／溶劑

功能改進 　營養添加／香辛料

+ 知識補充站
食品添加劑屬於輔助原料主要著眼於合法使用及限量使用兩大原則。

10.2 主要食品添加物使用範圍及限量

第（一）類防腐劑

001 己二烯酸Sorbic Acid

002 己二烯酸鉀Potassium Sorbate

003 己二烯酸鈉Sodium Sorbate

　　1. 本品可使用於魚肉煉製品、肉製品、海膽、魚子醬、花生醬、醬菜類、水分含量25%以上（含25%）之蘿蔔乾、醃漬蔬菜、豆皮豆乾類及乾酪；用量以Sorbic Acid計為2.0g/kg以下。

　　2. 本品可使用於煮熟豆、醬油、味噌、烏魚子、魚貝類乾製品、海藻醬類、豆腐乳、糖漬果實類、脫水水果、糕餅、果醬、果汁、乳酪、奶油、人造奶油、番茄醬、辣椒醬、濃糖果漿、調味糖漿及其他調味醬；用量以Sorbic Acid計為1.0g/kg以下。

　　3. 本品可使用於不含碳酸飲料、碳酸飲料；用量以Sorbic Acid計為0.5g/kg以下。

　　4. 本品可使用於膠囊狀、錠狀食品；用量以Sorbic Acid計為2.0g/kg以下。

008 苯甲酸Benzoic Acid

009 苯甲酸鈉Sodium Benzoate

　　1. 本品可使用於魚肉煉製品、肉製品、海膽、魚子醬、花生醬、乾酪、糖漬果實類、脫水水果、水分含量25%以上（含25%）之蘿蔔乾、煮熟豆、味噌、海藻醬類、豆腐乳、糕餅、醬油、果醬、果汁、乳酪、奶油、人造奶油、番茄醬、辣椒醬、濃糖果漿、調味糖漿及其他調味醬；用量以Benzoic Acid計為1.0g/kg以下。

　　2. 本品可使用於烏魚子、魚貝類乾製品、碳酸飲料、不含碳酸飲料、醬菜類、豆皮豆乾類、醃漬蔬菜；用量以Benzoic Acid為0.6g/kg以下。

　　3. 本品可使用於膠囊狀、錠狀食品；用量以Benzoic Acid計為2.0g/kg以下。

010 對羥苯甲酸乙酯Ethylp-Hydroxybenzoate

011 對羥苯甲酸丙酯Propylp-Hydroxybenzoate

012 對羥苯甲酸丁酯Butylp-Hydroxybenzoate

　　1. 本品可使用於豆皮豆乾類及醬油；用量以p-Hydroxybenzoic Acid計為0.25g/kg以下。

　　2. 本品可使用於醋及不含碳酸飲料；用量以p-Hydroxybenzoic Acid計為0.10g/kg以下。

　　3. 本品可使用於鮮果及果菜之外皮；用量以p-Hydroxybenzoic Acid計0.012g/kg以下。

備註：
1. 罐頭一律禁止使用防腐劑，但因原料加工或製造技術關係，必須加入防腐劑者，應事先申請中央衛生主管機關核准後，始得使用。
2. 同一食品依表列使用範圍規定混合使用防腐劑時，每一種防腐劑之使用量除以其用量標準所得之數值（即使用量／用量標準）總和不得大於1。
3. 本表所稱「脫水水果」，包括以糖、鹽或其他調味料醃漬、脫水、乾燥或熬煮等加工方法製成之水果加工品。

本表所稱之食品名稱定義：
1. 「煮熟豆」係指經煮熟調味之豆類，包括豆餡。
2. 「海藻醬類」係指以海藻或海苔為原料製成供佐餐用之醬菜。
3. 「濃糖果漿」係指由天然果汁或乾果中抽取50%以上，添加入濃厚糖漿中，其總糖度應在50°Brix以上，可供稀釋飲用者。
4. 「含果汁之碳酸飲料」係指含5%以上天然果汁之碳酸飲料。
5. 「罐頭食品」係指在製造過程中，經過脫氣、密封、殺菌等步驟而能防止外界微生物之再汙染且可達到保存目的之食品。
6. 本表為正面表列，非表列之食品品項，不得使用該食品添加物。

第（二）類殺菌劑
003　過氧化氫（雙氧水）Hydrogen Peroxide
　　　本品可使用於魚肉煉製品、除麵粉及其製品以外之其他食品；用量以H_2O_2殘留量計：食品中不得殘留。

備註：本表為正面表列，非表列之食品品項，不得使用該食品添加物。

第（三）類抗氧化劑
001　二丁基羥基甲苯Dibutyl Hydroxy Toluene (BHT)
002　丁基羥基甲氧苯Butyl Hydroxy Anisole (BHA)
　　　1. 本品可使用於冷凍魚貝類及冷凍鯨魚肉之浸漬液；用量為1.0g/kg以下。
　　　2. 本品可使用於口香糖及泡泡糖；用量為0.75g/kg以下。
　　　3. 本品可使用於油脂、乳酪（butter）、奶油（cream）、魚貝類乾製品及鹽藏品；用量為0.20g/kg以下。
　　　4. 本品可使用於脫水馬鈴薯片（flakes）或粉、脫水甘薯片（flakes），及其他乾燥穀類早餐；用量為0.05g/kg以下。
　　　5. 本品可使用於馬鈴薯顆粒（granules）；用量為0.010g/kg以下。
　　　6. 本品可使用於膠囊狀、錠狀食品；用量為0.40g/kg以下。
　　　以上

003　L-抗壞血酸（維生素C）L-Ascorbic Acid (Vitamin C)
004　L-抗壞血酸鈉Sodium L-Ascorbate
005　L-抗壞血酸硬脂酸酯L-Ascorbyl Stearate
006　L-抗壞血酸棕櫚酸酯L-Ascorbyl Palmitate
014　L-抗壞血酸鈣Calcium L-Ascorbate
　　　本品可使用於各類食品；用量以Ascorbic Acid計為1.3g/kg以下。
　　　限用為抗氧化劑。
　　　以上
009　生育醇（維生素E）dl-α-Tocopherol（Vitamin E）
　　　本品可使用於各類食品；用量同營養添加劑生育醇（維生素E）之標準。
010　沒食子酸丙酯Propyl Gallate
　　　本品可使用於油脂、乳酪及奶油；用量為0.10g/kg以下。
018　亞硫酸鉀Potassium Sulfite
　　　1. 本品可使用於麥芽飲料（不含酒精）；用量以SO_2殘留量計為0.03g/kg以下。
　　　2. 本品可使用於果醬、果凍、果皮凍及水果派餡；用量以SO_2殘留量計為0.1g/kg
　　　　 以下。
　　　3. 本品可使用於表面裝飾用途（薄煎餅之糖漿、奶昔及冰淇淋等產品之調味糖
　　　　 漿）；用量以SO_2殘留量計為0.04g/kg以下。
　　　4. 本品可使用於含葡萄糖糖漿之糕餅；用量以SO_2殘留量計為0.05g/kg以下。
　　　限於食品製造或加工必須時使用。
019　亞硫酸鈉Sodium Sulfite
　　　1. 本品可使用於麥芽飲料（不含酒精）；用量以SO_2殘留量計為0.03g/kg以下。
　　　2. 本品可使用於果醬、果凍、果皮凍及水果派餡；用量以SO_2殘留量計為0.1g/kg
　　　　 以下。
　　　3. 本品可使用於表面裝飾用途（薄煎餅之糖漿、奶昔及冰淇淋等產品之調味糖
　　　　 漿）；用量以SO_2殘留量計為0.04g/kg以下。
　　　4. 本品可使用於含葡萄糖糖漿之糕餅；用量以SO_2殘留量計為0.05g/kg以下。
　　　5. 限於食品製造或加工必須時使用。

備註：
1. 抗氧化劑混合使用時，每一種抗氧化劑之使用量除以其用量標準所得之數值（即
　 使用量／用量標準）總和應不得大於1。
2. 本表為正面表列，非表列之食品品項，不得使用該食品添加物。

第（四）類漂白劑
001　亞硫酸鉀Potassium Sulfite
002　亞硫酸鈉Sodium Sulfite
003　亞硫酸鈉（無水）Sodium Sulfite（Anhydrous）

004 亞硫酸氫鈉Sodium Bisulfite

006 偏亞硫酸氫鉀Potassium

007 亞硫酸氫鉀Potassium Bisulfite

1. 本品可使用於金針乾製品；用量以SO_2殘留量計爲4.0g/kg以下。

2. 本品可用於杏乾；用量以SO_2殘留量計爲2.0g/kg以下。

3. 本品可使用於白葡萄乾；用量以SO_2殘留量計爲1.5g/kg以下。

4. 本品可使用於動物膠、脫水蔬菜及其他脫水水果；用量以SO_2殘留量計爲0.50g/kg以下。

5. 本品可使用於糖蜜及糖飴；用量以SO_2殘留量計爲0.30g/kg以下。

6. 本品可使用於食用樹薯澱粉；用量以SO_2殘留量計爲0.15g/kg以下。

7. 本品可使用於糖漬果實類、蝦類及貝類；用量以SO_2殘留量計爲0.10g/kg以下。

8. 本品可使用於蒟蒻：非直接供食用之蒟蒻原料，用量以SO_2殘留量計爲0.90g/kg以下；直接供食用之蒟蒻製品，用量以SO_2殘留量計爲0.030g/kg以下。

9. 本品可使用於上述食品以外之其他加工食品；用量以SO_2殘留量計爲0.030g/kg以下。但飲料（不包括果汁）、麵粉及其製品（不包括烘焙食品）不得使用。

以上

備註：

1. 本表所稱「脫水水果」，包括以糖、鹽或其他調味料醃漬、脫水、乾燥或熬煮等加工方法製成之水果加工品。

2. 本表爲正面表列，非表列之食品品項，不得使用該食品添加物。

第（五）類保色劑

001 亞硝酸鉀PotassiumNitrite

1. 本品可使用於肉製品及魚肉製品；用量以NO_2殘留量計爲0.07g/kg以下。

2. 本品可使用於鮭魚卵製品及鱈魚卵製品；用量以NO_2殘留量計爲0.0050g/kg以下。

生鮮肉類、生鮮魚肉類及生鮮魚卵不得使用。

002 亞硝酸鈉SodiumNitrite

1. 本品可使用於肉製品及魚肉製品；用量以NO_2殘留量計爲0.07g/kg以下。

2. 本品可使用於鮭魚卵製品及鱈魚卵製品；用量以NO_2殘留量計爲0.0050g/kg以下。

生鮮肉類、生鮮魚肉類及生鮮魚卵不得使用。

003 硝酸鉀PotassiumNitrate

1. 本品可使用於肉製品及魚肉製品；用量以NO_2殘留量計爲0.07g/kg以下。

2. 本品可使用於鮭魚卵製品及鱈魚卵製品；用量以NO_2殘留量計爲0.0050g/kg以下。

生鮮肉類、生鮮魚肉類及生鮮魚卵不得使用。

004　硝酸鈉SodiumNitrate

1. 本品可使用於肉製品及魚肉製品；用量以NO_2殘留量計為0.07g/kg以下。
2. 本品可使用於鮭魚卵製品及鱈魚卵製品；用量以NO_2殘留量計為0.0050g/kg以下。

生鮮肉類、生鮮魚肉類及生鮮魚卵不得使用。

備註：本表為正面表列，非表列之食品品項，不得使用該食品添加物。

第（六）類膨脹劑

001　鉀明礬Potassium Alum

本品可於各類食品中視實際需要適量使用。限於食品製造或加工必須時使用。

002　鈉明礬Sodium Alum

本品可於各類食品中視實際需要適量使用。限於食品製造或加工必須時使用。

006　氯化銨Ammonium Chloride

本品可於各類食品中視實際需要適量使用。限於食品製造或加工必須時使用。

007　酒石酸氫鉀Potassium Bitartrate

本品可於各類食品中視實際需要適量使用。限於食品製造或加工必須時使用。

008　碳酸氫鈉Sodium Bicarbonate

本品可於各類食品中視實際需要適量使用。限於食品製造或加工必須時使用。

010　碳酸氫銨AmmoniumBicarbonate

本品可於各類食品中視實際需要適量使用。限於食品製造或加工必須時使用。

012　合成膨脹劑Baking Powder

本品可於各類食品中視實際需要適量使用。限於食品製造或加工必須時使用。

備註：本表為正面表列，非表列之食品品項，不得使用該食品添加物。

第（七）類品質改良用、釀造用及食品製造用劑

001　氯化鈣Calcium Chloride
002　氫氧化鈣Calcium Hydroxide
003　硫酸鈣Calcium Sulfate
004　葡萄糖酸鈣Calcium Gluconate
005　檸檬酸鈣Calcium Citrate
006　磷酸二氫鈣Calcium Phosphate，Monobasic
007　磷酸氫鈣Calcium Phosphate，Dibasic
009　磷酸鈣 Calcium Phosphate，Tribasic
010　酸性焦磷酸鈣 Calcium DihydrogenPyrophosphate
012　乳酸鈣 Calcium Lactate

054 氧化鈣Calcium Oxide

本品可使用於各類食品；用量以Ca計為10g/kg以下。限於食品製造或加工必須時使用。

以上

014 碳酸鈣 Calcium Carbonate

1. 本品可於口香糖及泡泡糖中視實際需要適量使用。

2. 本品可使用於口香糖及泡泡糖以外之其他食品；用量以Ca計為10g/kg以下。限於食品製造或加工必須時使用。

019 硫酸銨 Ammonium Sulfate

022 硫酸鎂 Magnesium Sulfate

023 氯化鎂 Magnesium Chloride

040 甘油 Glycerol

059 硬脂酸 Stearic Acid

063 硬脂酸鈉 Sodium Stearate

本品可於各類食品中視為實際需要適量使用。限於食品製造或加工必須時使用。

以上

024 磷酸二氫銨 Ammonium Phosphate，Monobasic

035 偏磷酸鉀 Potassium Metaphosphate

037 多磷酸鉀 Potassium Polyphosphate

本品可使用於各類食品；用量以Phosphate計為3g/kg以下。

限於食品製造或加工必須時使用。

以上

042 皂土Bentonite

本品可使用於各類食品；於食品中殘留量應在5g/kg以下。

限於食品製造或加工必須時使用。

044 矽藻土Diatomaceous Earth

1. 本品可使用於各類食品；於食品中殘留量應在5g/kg以下。

2. 本品可使用於餐飲業用油炸油之助濾，用量為0.1%以下。

046 滑石粉Talc

1. 本品可於膠囊狀、錠狀食品中視實際需要適量使用。

2. 本品可使用於其他各類食品；於食品中殘留量應在5g/kg以下。

但口香糖及泡泡糖僅使用滑石粉而未同時使用皂土、矽酸鋁及矽藻土時為50g/kg以下。限於食品製造或加工必須時使用。

049 矽酸鈣Calcium Silicate

1. 本品可使用於合成膨脹劑；用量為5%以下。

2. 本品可使用於其他食品；用量為2.0%以下。

限於食品製造或加工必須時使用。

053　二氧化矽 Silicon Dioxide
　　1. 本品可於膠囊狀、錠狀食品中視實際需要適量使用。
　　2. 本品可使用於其他各類食品；用量爲2.0%以下。
　　　限於食品製造或加工必須時使用。

057　石油蠟 Petroleum Wax
　　1. 本品可於口香糖及泡泡糖中視實際需要適量使用。
　　2. 本品可使用於香辛料微囊；用量爲50%以下。

062　珍珠岩粉 Perlite
　　1. 本品可使用於各類食品；食品中殘留量應在5g/kg以下。
　　2. 本品可使用於餐飲業用油炸油之助濾，用量爲0.2%以下。

068　食用石膏 Food Gypsum
　　本品可使用於豆花、豆腐及其製品；用量以Ca計爲10g/kg以下。

071　棕櫚蠟 Carnauba Wax
　　本品可於糖果（包括口香糖及巧克力）、膠囊狀及錠狀食品中視實際需要適量
　　使用。

072　焦磷酸鉀 Potassium Pyrophosphate
　　本品可使用於各類食品；用量以Phosphate計爲3g/kg以下。

076　三偏磷酸鈉 SodiumTrimetaphosphate
　　本品可使用於米製品、澱粉製品及麵粉製品；用量以Phosphate計爲3g/kg以下。
　　限於食品製造或加工必須時使用。

081　聚麩胺酸鈉（Sodium γ Polyglutamate）
　　1. 本品可使用於麵條；用量爲2%以下。
　　2. 本品可使用於烘焙食品及豆乾；用量爲0.5%以下。
　　3. 本品可使用於粉圓及魚板；用量爲0.1%以下。
　　4. 本品可使用於仙草；用量爲0.05%以下。
　　5. 本品可使用於發酵乳；用量爲0.13%以下。
　　6. 本品可使用於豆腐；用量爲0.1%以下。
　　7. 本品可使用於蛋製品；用量爲0.4%以下。
　　8. 本品可使用於米食；用量爲0.1%以下。
　　　限於食品製造或加工必須時使用。

086　蓖麻油 Castor Oi
　　本品可使用於膠囊狀、錠狀食品；用量爲1g/kg以下。
　　限於食品製造或加工必須時使用。

092　麥芽糖醇糖漿（氫化葡萄糖漿）Maltitol Syrup（Hydrogenated Glucose Syrup）
　　本品可於各類食品中視實際需要適量使用。
　　1. 限於食品製造或加工必須時使用。
　　2. 嬰兒食品不得使用。

備註：本表為正面表列，非表列之食品品項，不得使用該食品添加物。

第（八）類營養添加劑

001　維生素A粉末Vitamin A（dryform）

形態屬膠囊狀、錠狀且標示有每日食用限量之食品，在每日食用量中，其維生素A之總含量不得高於10000I.U.（3000μg R.E.）。

其他一般食品，在每日食用量或每300g食品（未標示每日食用量者）中，其維生素A之總含量不得高於1050μg R.E.。

嬰兒（輔助）食品，在每日食用量或每300g食品（未標示每日食用量者中，其維生素A之總含量不得高於600μg R.E.。限於補充食品中不足之營養素時使用。

004　鹽酸硫胺明（維生素B_1，鹽酸色噻胺）Thiamine Hydrochloride（Vitamin B_1）

形態屬膠囊狀、錠狀且標示有每日食用限量之食品，在每日食用量中，其維生素B_1之總含量不得高於50mg。

其他一般食品，在每日食用量或每300g食品（未標示每日食用量者）中，其維生素B_1之總含量不得高於1.95mg。

嬰兒（輔助）食品，在每日食用量或每300g食品（未標示每日食用量者）中其維生素B_1之總含量不得高於0.9mg。

限於補充食品中不足之營養素時使用。

008　核黃素（維生素B_2）Riboflavin

形態屬膠囊狀、錠狀且標示有每日食用限量之食品，在每日食用量中，其維生素B_2之總含量不得高於100mg。

其他一般食品，在每日食用量或每300g食品（未標示每日食用量者）中，其維生素B_2之總含量不得高於2.25mg。

嬰兒（輔助）食品，在每日食用量或每300g食品（未標示每日食用量者）中其維生素B_2之總含量不得高於1.05mg。

限於補充食品中不足之營養素時使用。

010　鹽酸吡哆辛（維生素B_6）Pyridoxine Hydrochloride（Vitamin B_6）

形態屬膠囊狀、錠狀且標示有每日食用限量之食品，在每日食用量中，其維生素B_6之總含量不得高於80mg。

其他一般食品，在每日食用量或每300g食品（未標示每日食用量者）中，其維生素B_6之總含量不得高於2.1mg。

嬰兒（輔助）食品，在每日食用量或每300g食品（未標示每日食用量者）中其維生素B_6之總含量不得高於0.75mg。

限於補充食品中不足之營養素時使用。

011　氰鈷胺明（維生素B_{12}）Cyanocobalamin（Vitamin B_{12}）

形態屬膠囊狀、錠狀且標示有每日食用限量之食品，在每日食用量中，其維生素B_{12}之總含量不得高於1000μg。

其他一般食品，在每日食用量或每300g食品（未標示每日食用量者）中，其維

生素B$_{12}$之總含量不得高於3.6μg。

嬰兒（輔助）食品，在每日食用量或每300g食品（未標示每日食用量者）中其維生素B$_{12}$之總含量不得高於1.35μg。

限於補充食品中不足之營養素時使用。

012 抗壞血酸（維生素C）Ascorbic Acid（Vitamin C）

形態屬膠囊狀、錠狀且標示有每日食用限量之食品，在每日食用量中，其維生素C之總含量不得高於1000mg。

其他一般食品，在每日食用量或每300g食品（未標示每日食用量者）中，其維生素C之總含量不得高於150mg。

嬰兒（輔助）食品，在每日食用量或每300g食品（未標示每日食用量者）中其維生素C之總含量不得高於60mg。

限於補充食品中不足之營養素時使用。

016 鈣化醇（維生素D$_2$）Calciferol（Vitamin D$_2$）

形態屬膠囊狀、錠狀且標示有每日食用限量之食品，在每日食用量中，其維生素D之總含量不得高於800I.U.（20μg）。

其他一般食品及嬰兒（輔助）食品，在每日食用量或每300g食品（未標示每日食用量者）中，其維生素D之總含量不得高於15μg。

限於補充食品中不足之營養素時使用。

017 膽鈣化醇（維生素D$_3$）Cholecalciferol（Vitamin D$_3$）

形態屬膠囊狀、錠狀且標示有每日食用限量之食品，在每日食用量中，其維生素D之總含量不得高於800I.U.（20μg）。

其他一般食品及嬰兒（輔助）食品，在每日食用量或每300g食品（未標示每日食用量者）中，其維生素D之總含量不得高於15μg。

限於補充食品中不足之營養素時使用。

018 生育醇（維生素E）dl-α-Tocopherol（Vitamin E）

形態屬膠囊狀、錠狀且標示有每日食用限量之食品，在每日食用量中，其維生素E之總含量不得高於400I.U.（268mg d-α-tocopherol）。

其他一般食品，在每日食用量或每300g食品（未標示每日食用量者）中，其維生素E之總含量不得高於18mgα-T.E.。

嬰兒（輔助）食品，在每日食用量或每300g食品（未標示每日食用量者）中，其維生素E之總含量不得

限於補充食品中不足之營養素時使用。

026 菸鹼酸 Nicotinic Acid

形態屬膠囊狀、錠狀且標示有每日食用限量之食品，在每日食用量中，其菸鹼素之總含量不得高於100mg N.E.。

其他一般食品，在每日食用量或每300g食品（未標示每日食用量者）中，其菸鹼素之總含量不得高於25.5mg N.E.。

嬰兒（輔助）食品，在每日食用量或每300g食品（未標示每日食用量者）中，

其菸鹼素之總含量不得高於12mg N.E.

限於補充食品中不足之營養素時使用。

028 葉酸 Folic Acid

形態屬膠囊狀、錠狀且標示有每日食用限量之食品，在每日食用量中，其葉酸之總含量不得高於800μg。

其他一般食品，在每日食用量或每300g食品（未標示每日食用量者）中，其葉酸之總含量不得高於600μg。

嬰兒（輔助）食品，在每日食用量或每300g食品（未標示每日食用量者中，其葉酸之總含量不得高於225μg。

限於補充食品中不足之營養素時使用。

031 碳酸鈣 Calcium Carbonate

一般食品，在每日食用量或每300g食品（未標示每日食用量者）中，其鈣之總含量不得高於1800mg。

嬰兒（輔助）食品，在每日食用量或每300g食品（未標示每日食用量者中，其鈣之總含量不得高於750mg。

限於補充食品中不足之營養素時使用。

037 氯化鐵 Ferric Chloride

形態屬膠囊狀、錠狀且標示有每日食用限量之食品，在每日食用量中，其鐵之總含量不得高於45mg。

一般食品，在每日食用量或每300g食品（未標示每日食用量者）中，其鐵之總含量不得高於22.5mg。

嬰兒（輔助）食品，在每日食用量或每300g食品（未標示每日食用量者）中，其鐵之總含量不得高於15mg。

限於補充食品中不足之營養素時使用。

039 硫酸亞鐵 Ferrous Sulfate

形態屬膠囊狀、錠狀且標示有每日食用限量之食品，在每日食用量中，其鐵之總含量不得高於45mg。

一般食品，在每日食用量或每300g食品（未標示每日食用量者）中，其鐵之總含量不得高於22.5mg。

嬰兒（輔助）食品，在每日食用量或每300g食品（未標示每日食用量者）中，其鐵之總含量不得高於15mg。

限於補充食品中不足之營養素時使用。

042 碘化鉀 Potassium Iodide

1. 本品可使用於食鹽；用量為16～27mg/kg。

2. 其他一般食品，在每日食用量或每300g食品（未標示每日食用量者）中，其碘之總含量不得高於195μg。

3. 嬰兒（輔助）食品，在每日食用量或每300g食品（未標示每日食用量者）中，其碘之總含量不得高於97.5μg。

限於補充食品中不足之營養素時使用。

045　維生素K_3 Menadione（Vitamin K_3）

形態屬膠囊狀、錠狀且標示有每日食用限量之食品，在每日食用量中，其維生素K3之總含量不得高於500μg。

本品可使用於一般食品中以補充不足之營養素。在每日食用量中，其維生素K_3之總含量不得高於140μg；未標示每日食用量者，每300g食品中維生素K_3之總含量不得高於140μg。

本品可使用於嬰兒（輔助）食品中以補充不足之營養素。在每日食用量中，其維生素K_3之總含量不得高於20μg；未標示每日使用量者，每300g食品中維生素K_3之總含量不得高於20μg。

限於補充食品中不足之營養素時使用。

046　亞麻油二烯酸甘油酯 Triglyceryl Linoleate

本品可於各類食品中視實際需要適量使用。

限於補充食品中不足之營養素時使用。

050　L-色胺酸 L-Tryptophan

本品可於各類食品中視實際需要適量使用。

限於補充食品中不足之營養素時使用。

056　L-蛋胺酸 L-Methionine

本品可於各類食品中視實際需要適量使用。

限於補充食品中不足之營養素時使用。

057　L-苯丙胺酸 L-Phenylalanine

本品可於各類食品中視實際需要適量使用。

限於補充食品中不足之營養素時使用。

063　氯化鉀 Potassium Chloride

本品可於各類食品中視實際需要適量使用。

限於補充食品中不足之營養素時使用。

064　硫酸鎂 Magnesium Sulfate

本品可使用於一般食品中以補充不足之營養素。在每日食用量中，其鎂之總含量不得高於600mg；未標示每日食用量者，每300g食品中鎂之總含量不得高於600mg。

本品可使用於嬰兒（輔助）食品中以補充不足之營養素。在每日食用量中，其鎂之總含量不得高於105mg；未標示每日食用量者，每300g食品中鎂之總含量不得高於105mg。

限於補充食品中不足之營養素時使用。

068　硫酸鋅 Zinc Sulfate

形態屬膠囊狀、錠狀且標示有每日食用限量之食品，在每日食用量中，其鋅之總含量不得高於30mg。

本品可使用於一般食品中以補充不足之營養素。在每日食用量中，其鋅之總含

量不得高於22.5mg；未標示每日食用量者，每300g食品中鋅之總含量不得高於
22.5mg。

本品可使用於嬰兒（輔助）食品中以補充不足之營養素。在每日食用量中，其
鋅之總含量不得高於7.5mg；未標示每日食用量者，每300g食品中鋅之總含量不
得高於7.5mg。

限於補充食品中不足之營養素時使用。

070 葡萄糖酸鋅 Zinc Gluconate

1. 形態屬膠囊狀、錠狀且標示有每日食用限量之食品，在每日食用量中，其鋅
   之總含量不得高於30mg。

2. 本品可使用於一般食品中以補充不足之營養素。在每日食用量中，其鋅之總
   含量不得高於22.5mg；未標示每日食用量者，每300g食品中鋅之總含量不得
   高於22.5mg。

3. 本品可使用於嬰兒（輔助）食品中以補充不足之營養素。在每日食用量中，
   其鋅之總含量不得高於7.5mg；未標示每日食用量者，每300g食品中鋅之總含
   量不得高於7.5mg。

   限於補充食品中不足之營養素時使用。

073 硫酸銅 Copper Sulfate

1. 形態屬膠囊狀、錠狀且標示有每日食用限量之食品，在每日食用量中，其銅
   之總含量不得高於8mg。

2. 本品可使用於一般食品中以補充不足之營養素。在每日食用量中，其銅之總
   含量不得高於2.5mg ；未標示每日食用量者，每300g食品中銅之總含量不得高
   於2.5mg 。

3. 本品可使用於嬰兒（輔助）食品中以補充不足之營養素。在每日食用量中，
   其銅之總含量不得高於1.0mg；未標示每日食用量者，每300g食品中銅之總含
   量不得高於1.0mg

   限於補充食品中不足之營養素時使用。

074 葡萄糖酸銅 Copper Gluconate

1. 形態屬膠囊狀、錠狀且標示有每日食用限量之食品，在每日食用量中，其銅
   之總含量不得高於8mg。

2. 本品可使用於一般食品中以補充不足之營養素。在每日食用量中，其銅之總
   含量不得高於2.5mg ；未標示每日食用量者，每300g食品中銅之總含量不得高
   於2.5mg 。

3. 本品可使用於嬰兒（輔助）食品中以補充不足之營養素。在每日食用量中，
   其銅之總含量不得高於1.0mg；未標示每日食用量者，每300g食品中銅之總含
   量不得高於1.0mg。

   限於補充食品中不足之營養素時使用。

075 維生素K$_1$ Phylloquinone（Vitamin K$_1$）

本品可於各類食品中視實際需要適量使用。

限於補充食品中不足之營養素時使用。

076　維生素K_2 Menaquinone（Vitamin K_2）

本品可於各類食品中視實際需要適量使用。

限於補充食品中不足之營養素時使用。

078　葡萄糖酸亞鐵 Ferrous Gluconate

1. 形態屬膠囊狀、錠狀且標示有每日食用限量之食品，在每日食用量中，其鐵之總含量不得高於45mg。
2. 一般食品，在每日食用量或每300g食品（未標示每日食用量者）中，其鐵之總含量不得高於22.5mg。
3. 嬰兒（輔助）食品，在每日食用量或每300g食品（未標示每日食用量者）中，其鐵之總含量不得高於15mg。

限於補充食品中不足之營養素時使用。

080　氧化鎂 Magnesium Oxide

1. 本品可使用於一般食品中以補充不足之營養素。在每日食用量中，其鎂之總含量不得高於600mg；未標示每日食用量者，每300g食品中鎂之總含量不得高於600mg。
2. 本品可使用於嬰兒（輔助）食品中以補充不足之營養素。在每日食用量中，其鎂之總含量不得高於105mg；未標示每日食用量者，每300g食品中鎂之總含量不得高於105mg。

限於補充食品中不足之營養素時使用。

083　氯化錳 Manganese Chloride

1. 形態屬膠囊狀、錠狀且標示有每日食用限量之食品，在每日食用量中，其錳之總含量不得高於9mg。
2. 本品可使用於一般食品中以補充不足之營養素。在每日食用量中，其錳之總含量不得高於5.0mg；未標示每日食用量者，每300g食品中錳之總含量不得高於5.0mg。
3. 本品可使用於嬰兒（輔助）食品中以補充不足之營養素。在每日食用量中，其錳之總含量不得高於1.0mg；未標示每日食用量者，每300g食品中錳之總含量不得高於1.0mg。

090　L-精胺酸 L-Arginine

092　L-天冬胺酸 L-Aspartic Acid

094　麩醯胺酸 L-Glutamine

095　L-白胺酸 L-Leucine

097　L-脯胺酸 L-Proline

本品可於各類食品中視實際需要適量使用。

限於補充食品中不足之營養素時使用。

以上

102　L-醋酸離胺酸 L-Lysine Acetate

本品可於特殊營養食品中視實際需要適量使用。

限於補充食品中不足之營養素時使用。

105 葡萄糖酸鎂 MagnesiumGluconate

1. 形態屬膠囊狀、錠狀且標示每日食用限量之食品，在每日食用量中，其鎂
之總含量不得高於600mg。

2. 本品可於特殊營養食品中視實際需要適量使用。

限於補充食品中不足之營養素時使用。

107 醋酸鉻 Chromic Acetate Monohydrate

1. 本品可使用於標示有每日食用限量之食品，在每日食用量中，其鉻之總含量
不得高於200μg。

2. 本品可於特殊營養食品中視實際需要適量使用。

限於補充食品中不足之營養素時使用。

113 磷酸二氫鈣 Calcium Phosphate, Monobasic

114 磷酸氫鈣 Calcium Phosphate, Dibasic

118 乳酸鈣 Calcium Lactate

一般食品，在每日食用量或每300g食品（未標示每日食用量者）中，其鈣之總
含量不得高於1800mg。

嬰兒（輔助）食品，在每日食用量或每300g食品（未標示每日食用量者）中，
其鈣之總含量不得高於750mg。

以上

122 L-組胺酸 L-Histidine

本品可於各類食品中視實際需要量使用。

限於補充食品中不足之營養素時使用。

133 葉黃素 lutein

型態屬膠囊狀、錠狀且標示有每日食用限量之食品，在每日食用量中，其lutein
之總含量不得高於30mg。

其他一般食品，在每日食用量或每300g食品（未標示每日食用量者）中，其
lutein之總含量不得高於9mg。

限於補充食品中不足之營養素時使用。

143 β-胡蘿蔔素 β-Carotene

形態屬膠囊狀、錠狀且標示有每日食用限量之食品，在每日食用量中，其β-胡蘿
蔔素換算為維生素A之總含量不得高於10000I.U.（3000μg R.E.）。

限於補充食品中不足之營養素時使用。

162 核黃素磷酸 Riboflavin Phosphate

形態屬膠囊狀、錠狀且標示有每日食用限量之食品，在每日食用量中，其維生
素B2之總含量不得高於100mg。

限於補充食品中不足之營養素時使用。

181 抗壞血酸鉀 Potassium Ascorbate

形態屬膠囊狀、錠狀且標示有每日食用限量之食品，在每日食用量中，其鉀之總含量不得高於80mg。

限於補充食品中不足之營養素時使用。

187　硼葡萄糖酸鈣 Calcium Borogluconate/Calcium Diborogluconate

形態屬膠囊狀、錠狀且標示有每日食用限量之食品，在每日食用量中，其硼之總含量不得高於700µg。

限於補充食品中不足之營養素時使用。

193　氯化鈣 Calcium Chloride

形態屬膠囊狀、錠狀且標示有每日食用限量之食品，在每日食用量中，其鈣之總含量不得高於1800mg。

限於補充食品中不足之營養素時使用。

214　甘胺酸鉻 Chromium（Ⅲ）Bisglycinate（Chromic Bisglycinate）

形態屬膠囊狀、錠狀且標示有每日食用限量之食品，在每日食用量中，其鉻之總含量不得高於200µg。

限於補充食品中不足之營養素時使用。

224　氧化銅 Copper Oxide

形態屬膠囊狀、錠狀且標示有每日食用限量之食品，在每日食用量中，其銅之總含量不得高於8mg。

限於補充食品中不足之營養素時使用。

243　檸檬酸亞鐵 Ferrous Citrate（Iron (Ⅱ) Citrate）

形態屬膠囊狀、錠狀且標示有每日食用限量之食品，在每日食用量中，其鐵之總含量不得高於45mg。

限於補充食品中不足之營養素時使用。

255　醋酸鎂 Magnesium Acetate

形態屬膠囊狀、錠狀且標示有每日食用限量之食品，在每日食用量中，其鎂之總含量不得高於600mg。

限於補充食品中不足之營養素時使用。

272　鉬酸銨 Ammonium Molybdate（Ⅵ）

形態屬膠囊狀、錠狀且標示有每日食用限量之食品，在每日食用量中，其鉬之總含量不得高於350µg。

限於補充食品中不足之營養素時使用。

282　硫酸鎳 Nickel（Ⅱ）Sulfate

形態屬膠囊狀、錠狀且標示有每日食用限量之食品，在每日食用量中，其鎳之總含量不得高於350µg。

限於補充食品中不足之營養素時使用。

284　磷酸二氫鉀 Potassium Phosphate, Monobasic

1.形態屬膠囊狀、錠狀且標示有每日食用限量之食品，在每日食用量中，其磷之總含量不得高於1200mg。

2. 本品可於特殊營養食品中視實際需要適量使用。

3. 本品可於適用三歲以下幼兒之奶粉中視實際需要適量使用，且最終產品之鈣磷比需在1.0以上，2.0以下。
   限於補充食品中不足之營養素時使用。

287 硫酸鉀 Potassium Sulfate
   形態屬膠囊狀、錠狀且標示有每日食用限量之食品，在每日食用量中，其鉀之總含量不得高於80mg。
   限於補充食品中不足之營養素時使用。

289 檸檬酸硒 Selenium Citrate
   形態屬膠囊狀、錠狀且標示有每日食用限量之食品，在每日食用量中，其硒之總含量不得高於200μg。
   限於補充食品中不足之營養素時使用。

295 二氧化矽 Silicon Dioxide
   形態屬膠囊狀、錠狀且標示有每日食用限量之食品，在每日食用量中，其矽之總含量不得高於84mg。
   限於補充食品中不足之營養素時使用。

300 氯化亞錫 Tin（Ⅱ）Chloride/Stannous Chloride
   形態屬膠囊狀、錠狀且標示有每日食用限量之食品，在每日食用量中，其錫之總含量不得高於2mg。
   限於補充食品中不足之營養素時使用。

302 檸檬酸釩 Vanadium Citrate
   形態屬膠囊狀、錠狀且標示有每日食用限量之食品，在每日食用量中，其釩之總含量不得高於182μg。
   限於補充食品中不足之營養素時使用。

306 甘胺酸鋅 Zinc Bisglycinate
   形態屬膠囊狀、錠狀且標示有每日食用限量之食品，在每日食用量中，其鋅之總含量不得高於30mg。
   限於補充食品中不足之營養素時使用。

備註：

1. 特殊營養食品應先經中央衛生主管機關審核認可。

2. 特殊營養食品中所使用之營養添加劑，其種類、使用範圍及用量標準得不受表列規定之限制。

3. 維生素D_2及D_3混合使用時，每一種之使用量除以其用量標準所得之數值（即使用量／用量標準）總和不得大於1。

4. 前述適用三歲以下幼兒之奶粉如同時使用編號124至編號128等五類核甘酸鹽，其每100大卡產品中使用量之總和不得超過5mg。

5. 本表為正面表列，非表列之食品品項，不得使用該食品添加物。

6. 業者製售添加前述維生素A、D、E、B_1、B_2、B_6、B_{12}、C、菸鹼素及葉酸等十種維生素，而型態屬膠囊狀、錠狀且標示有每日食用限量之食品，應於產品包裝上標示明確的攝取量限制及「多食無益」等類似意義之詞句。

第（九）類著色劑

001　食用紅色六號 Cochineal Red A（New Coccin）
002　食用紅色七號 Erythrosine
003　食用紅色七號鋁麗基 Erythrosine Aluminum Lake
004　食用黃色四號 Tartrazine
005　食用黃色四號鋁麗基 Tartrazine AluminumLake
006　食用黃色五號 Sunset Yellow FCF
007　食用黃色五號鋁麗基 Sunset Yellow FCF Aluminum Lake
008　食用綠色三號 Fast Green FCF
009　食用綠色三號鋁麗基 Fast Green FCF Aluminum Lake
010　食用藍色一號 Brilliant Blue FCF
011　食用藍色一號鋁麗基 Brilliant Blue FCF Aluminum Lake
012　食用藍色二號 Indigo Carmine
013　食用藍色二號鋁麗基 Indigo Carmine Aluminum Lake
014　β-胡蘿蔔素 β- Carotene
015　β-衍-8'-胡蘿蔔醛 β-Apo-8'-Carotenal
016　β-衍-8'-胡蘿蔔酸乙酯β-Apo-8'-Carotenoat，Ethyl
017　4-4'-二酮-β-胡蘿蔔素 Canthaxanthin
020　蟲漆酸 Laccaic Acid
023　鐵葉綠素鈉 Sodium Iron Chlorophyllin
024　氧化鐵 Iron Oxides
027　食用紅色四十號 Allura Red AC
030　二氧化鈦 Titanium Dioxide
031　食用紅色四十號鋁麗基 Allura Red AC Aluminum Lake
037　食用紅色六號鋁麗基 Cochineal Red A Aluminum Lake
　　（New CoccineAluminum Lake）
　　本品可於各類食品中視實際需要適量使用。
　　生鮮肉類、生鮮魚貝類、生鮮豆類、生鮮蔬菜、生鮮水果、味噌、醬油、海帶、海苔、茶等不得使用。
　　以上
021　銅葉綠素 Copper Chlorophyll
　　1.本品可使用於口香糖及泡泡糖；用量以Cu計為0.04g/kg以下。
　　2.本品可使用於膠囊狀、錠狀食品；用量為0.5g/kg以下。

022 銅葉綠素鈉 Sodium CopperChlorophyllin

　　1.本品可使用於乾海帶；用量以Cu計為0.15g/kg以下。

　　2.本品可使用於蔬菜及水果之貯藏品、烘焙食品、果醬及果凍；用量以Cu計為0.10g/kg以下。

　　3.本品可使用於調味乳、湯類及不含酒精之調味飲料；用量以Cu計為0.064g/kg以下。

　　4.本品可使用於口香糖及泡泡糖；用量以Cu計為0.05g/kg以下。

　　5.本品可使用於膠囊狀、錠狀食品；用量為0.5g/kg以下。

028 核黃素（維生素B_2）Riboflavin

　　1.本品可使用於嬰兒食品及飲料；用量以Riboflavin計為10mg/kg以下。

　　2.本品可使用於營養麵粉及其他食品；用量以Riboflavin計為56mg/kg以下。

　　生鮮肉類、生鮮魚貝類、生鮮豆類、生鮮蔬菜、生鮮水果、味噌、醬油、海帶、海苔、茶等不得使用。

029 核黃素磷酸鈉 RiboflavinPhosphate，Sodium

　　1.本品可使用於嬰兒食品及飲料；用量以Riboflavin計為10mg/kg以下。

　　2.本品可使用於營養麵粉及其他食品；用量以Riboflavin計為56mg/kg以下。

　　生鮮肉類、生鮮魚貝類、生鮮豆類、生鮮蔬菜、生鮮水果、味噌、醬油、海帶、海苔、茶等不得使用。

032 金 Gold（Metallic）

　　本品可於糕餅裝飾、糖果及巧克力外層中視實際需要適量使用。

033 葉黃素 Lutein

　　1.本品可使用於食品之裝飾及外層、調味醬；用量以lutein計為25mg/kg以下。

　　2.本品可使用於糕餅、芥末、魚卵；用量以lutein計為15mg/kg以下。

　　3.本品可使用於蜜餞、糖漬蔬菜；用量以lutein計為10mg/kg以下。

　　4.本品可使用於冰品、零食點心（包括經調味乳製品）；用量以lutein計為7.5mg/kg以下。

　　5.本品可使用於不含酒精飲料、調味加工乾酪、魚肉煉製品、水產品漿料、素肉、燻魚；用量以lutein計為5mg/kg以下。

　　6.本品可使用於湯；用量以lutein計為2.5mg/kg以下。

　　7.本品可於食用之乾酪外皮、腸衣、特殊營養食品中

　　視實際需要適量使用。

　　生鮮肉類、生鮮魚貝類、生鮮豆類、生鮮蔬菜、生鮮水果、味噌、醬油、海帶、海苔、茶等不得使用。

034 合成番茄紅素（Synthetic Lycopene）

　　本品可使用於各類食品；用量以lycopene計為50mg/kg以下。

　　生鮮肉類、生鮮魚貝類、生鮮豆類、生鮮蔬菜、生鮮水果、味噌、醬油、海帶、海苔、茶等不得使用。

035 喹啉黃 Quinoline Yellow
本品可於膠囊狀、錠狀食品中視實際需要適量使用。
生鮮肉類、生鮮魚貝類、生鮮豆類、生鮮蔬菜、生鮮水果、味噌、醬油、海帶、海苔、茶等不得使用。

036 喹啉黃鋁麗基 Quinoline Yellow Aluminum Lake
本品可於膠囊狀、錠狀食品中視實際需要適量使用。
生鮮肉類、生鮮魚貝類、生鮮豆類、生鮮蔬菜、生鮮水果、味噌、醬油、海帶、海苔、茶等不得使用。

備註：本表為正面表列，非表列之食品品項，不得使用該食品添加物

第（十）類香料

001 乙酸乙酯 Ethyl Acetate
002 乙酸丁酯 Butyl Acetate
003 乙酸苄酯 Benzyl Acetate
004 乙酸苯乙酯 Phenylethyl Acetate
005 乙酸松油腦酯 Terpinyl Acetate
006 乙酸桂皮酯 Cinnamyl Acetate
007 乙酸香葉草酯 Geranyl Acetate
008 乙酸香茅酯 Citronellyl Acetate
009 乙酸沈香油酯 Linalyl Acetate
010 乙酸異戊酯 Isoamyl Acetate
011 乙酸環己酯 Cyclohexyl Acetate
012 乙酸l-薄荷酯 l-Menthyl Acetate
013 乙基香莢蘭醛 Ethyl Vanillin
014 乙醯乙酸乙酯 Ethyl Aceto-acetate
015 丁香醇 Eugenol
016 丁酸 Butyric Acid
017 丁酸乙酯 Ethyl Butyrate
018 丁酸丁酯 Butyl Butyrate
019 丁酸異戊酯 Isoamyl Butyrate
020 丁酸環己酯 Cyclohexyl Butyrate
021 十一酸內酯 Undecalactone
022 大茴香醛 Anisaldehyde
023 己酸乙酯 Ethyl Caproate
024 己酸丙烯酯 Allyl Caproate
025 壬酸內酯 Nonalactone
026 甲酸香葉草酯 Geranyl Formate

027 甲酸異戊酯 Isoamyl Formate

028 甲酸香茅酯 Citronellyl Formate

029 水楊酸甲酯（冬綠油）Methyl Salicylate

030 丙酸乙酯 Ethyl Propionate

031 丙酸酯 Benzyl Propionate

032 丙酸異戊酯 Isoamyl Propionate

033 甲基β-荼酮 Methyl β-Na-Phthyl Ketone

034 N-甲基胺基苯甲酸甲酯 Methyl-N-Methyl Anthranilate

035 向日花香醛 Piperonal（Heliotropin）

036 庚酸乙酯 Ethyl Oenanthate

037 辛醛 Octyl Aldehyde

038 辛酸乙酯 Ethyl Caprylate

039 沉香醇 Linalool

040 苯甲醇 Benzyl Alcohol

041 苯甲醛 Benzaldehyde

042 苯乙酮 Acetophenone

043 苯乙酸乙酯 Ethyl Phenyl Acetate

044 苯乙酸異丁酯 Isobutyl Phenyl Acetate

045 苯乙酸異戊酯 Isoamyl Phenyl Acetate

046 香茅醇 Citronellol

047 香茅醛 Citronellal

048 香葉草醇 Geraniol

049 香莢蘭醛 Vanillin

050 桂皮醛 Cinnamic Aldehyde

051 桂皮醇 Cinnamyl Alcohol

052 桂皮酸 Cinnamic Acid

053 桂皮酸甲酯 Methyl Cinnamate

054 桂皮酸乙酯 Ethyl Cinnamate

055 癸醛 Decyl Aldehyde

056 癸醇 Decyl Alcohol

057 桉葉油精 Eucalyptol（Cincol）

058 異丁香醇 Isoeugenol

059 異戊酸乙酯 Ethyl Isovalerate

060 異戊酸異戊酯 Isoamyl Iso-valerate

061 異硫氰酸丙烯酯 Allyl Iso-thiocyanate

062 麥芽醇 Maltol

063 乙基麥芽醇 Ethyl Maltol

064 胺基苯甲酸甲酯 Methyl Anthranilate

065 羥香茅醛 Hydroxy Citronellal
066 羥香茅二甲縮醛 Hydroxy Citronellal Dimethyl Acetal
067 l-柴蘇醛 l-Perill-aldehyde
068 紫羅蘭酮 Ionone
069 對甲基苯乙酮 p-Methyl Acetophenone
070 dl-薄荷腦 dl-Menthol
071 l-薄荷腦 l-Menthol
072 α-戊基桂皮醛 α-Amyl Cinnamic Aldehyde
073 檸檬油醛 Citral
074 環己丙酸丙烯酯 Allyl Cyclohexyl Propionate
075 d-龍腦 d-Borneol
076 安息香 Benzoin
　　以上本品可於各類食品中視實際需要適量使用限用為香料。
　　以上
077 酯類 Esters
078 醚類 Ethers
079 酮類 Ketones
080 脂肪酸類 Fatty Acids
081 高級脂肪族醇類 Higher Aliphatic Alcohols
082 高級脂肪族醛類 Higher Aliphatic Aldehydes
083 高級脂肪族碳氫化合物類 Higher Aliphatic Hydrocarbons
084 硫醇類 Thio-Alcohols
085 硫醚類 Thio-Ethers
086 酚類 Phenols
087 芳香族醇類 Aromatic Alcohols
088 芳香族醛類 Aromatic Aldehydes
089 內酯類 Lactones
090 L-半胱氨酸鹽酸鹽 L-Cysteine Monohydro- chloride
　　以上本品可於各類食品中視實際需要適量使用。
　　一般認為安全無慮者始准使用。

備註：
1. 香料含下列成分時，應顯著標示其成分名稱及含量。
2. 飲料使用香料含下列成分時，應符合其限量標準。

品名	限量標準（mg/kg）
松蕈酸（Agaric acid）	20
蘆薈素（Aloin）	0.10
β-杜衡精（β- Asarone）	0.10
小檗鹼（Berberine）	0.10
古柯鹼（Cocaine）	不得檢出
香豆素（Coumarin）	2.0
總氫氰酸（Total Hydrocyanic Acid）	1.0
海棠素（Hypericine）	0.10
蒲勒酮（Pulegone）	100
苦木素（Quassine）	5
奎寧（Quinine）	85
黃樟素（Safrole）	1.0
山道年（Santonin）	0.10
酮（α與β）（Thujones，α and β）	0.5

第（十一）類調味劑

003 L-天門冬酸鈉 Monosodium L-Aspartate
004 反丁烯二酸 Fumaric Acid
005 反丁烯二酸一鈉 Monosodium Fumarate
008 檸檬酸 Citric Acid
009 檸檬酸鈉 Sodium Citrate
010 琥珀酸 Succinic Acid
011 琥珀酸一鈉 Monosodium Succinate
012 琥珀酸二鈉 Disodium Succinate
013 L-麩酸 L-Glutamic Acid
014 L-麩酸鈉 Monosodium L-Glutamate
015 酒石酸 Tartaric Acid
016 D&DL-酒石酸鈉 D&D L-Sodium Tartrate
017 乳酸 Lactic Acid
018 乳酸鈉 Sodium Lactate
019 乳酸鈉液 Sodium LactateSolution
020 醋酸 Acetic Acid
021 冰醋酸 Acetic Acid Glacial
024 葡萄糖酸 Gluconic Acid

025 葡萄糖酸鈉 Sodium Gluconate
026 葡萄糖酸液 Gluconic AcidSolution
027 葡萄糖酸-δ內酯 Glucono-δ-Lactone
028 胺基乙酸 Glycine
029 DL-胺基丙酸 DL-Alanine
030 5'-次黃嘌呤核苷磷酸二鈉Sodium5'-Inosinate
031 5'-鳥嘌呤核苷磷酸二鈉Sodium5'-Guanylate
045 5'-核糖核苷酸鈣 Calcium5'-Ribonucleotide
　　以上本品可於各類食品中視實際需要適量使用。
　　限於食品製造或加工必須時使用。
　　以上
022 DL-蘋果酸（羥基丁二酸）DL-Malic Acid（Hydroxysuccinic Acid）
・　本品可於各類食品中視實際需要適量使用。
　　限於食品製造或加工必須時使用；嬰兒食品不得使用。
023 DL-蘋果酸鈉 Sodium DL-Malate
　　本品可於各類食品中視實際需要適量使用。
　　限於食品製造或加工必須時使用；嬰兒食品不得使用。
032 磷酸 Phosphoric Acid
　　本品可使用於可樂及茶類飲料；用量為0.6g/kg以下。
　　限於食品製造或加工必須時使用。
036 氯化鉀 Potassium Chloride
　　本品可於各類食品中視實際需要適量使用。
037 檸檬酸鉀 Potassium Citrate
　　本品可用於各類食品中視實際需要適量使用。
052 咖啡因 Caffeine
　　本品可使用於飲料；用量以食品中咖啡因之總含量計為320mg/kg以下。
　　限作調味劑使用。
059 茶胺酸 L-Theanine
　　本品可於各類食品中；用量為1g/kg以下。限作調味劑使用。

備註：本表為正面表列，非表列之食品品項，不得使用該食品添加物。

第（十一）之一類甜味劑
001 D-山梨醇D-Sorbitol
　　本品可於各類食品中視實際需要適量使用。
　　1.限於食品製造或加工必須時使用。
　　2.嬰兒食品不得使用。
002 D-山梨醇液70%D-Sorbitol Solution 70%

本品可於各類食品中視實際需要適量使用。

1.限於食品製造或加工必須時使用。

2.嬰兒食品不得使用。

003 D-木糖醇D-Xylitol

本品可於各類食品中視實際需要適量使用。

1.限於食品製造或加工必須時使用。

2.嬰兒食品不得使用。

004 甘草素Glycyrrhizin

本品可於各類食品中視實際需要適量使用。

不得使用於代糖錠劑及粉末。

005 甘草酸鈉Trisodium Glycyrrhizinate

本品可於各類食品中視實際需要適量使用。

不得使用於代糖錠劑及粉末。

006 D-甘露醇D-Mannitol

本品可於各類食品中視實際需要適量使用。

1.限於食品製造或加工必須時使用。

2.嬰兒食品不得使用。

007 糖精Saccharin

1.本品可使用於瓜子、蜜餞及梅粉；用量以Saccharin計為2.0g/kg以下。

2.本品可使用於碳酸飲料；用量以Saccharin計為0.2g/kg以下。

3.本品可使用於代糖錠劑及粉末。

4.本品可使用於特殊營養食品。

5.本品可使用於膠囊狀、錠狀食品；用量以Saccharin計為1.2g/kg以下。

使用於特殊營養食品時，必須事先獲得中央主管機關之核准。

008 糖精鈉鹽Sodium Saccharin

1.本品可使用於瓜子、蜜餞及梅粉；用量以Saccharin計為2.0g/kg以下。

2.本品可使用於碳酸飲料；用量以Saccharin計為0.2g/kg以下。

3.本品可使用於代糖錠劑及粉末。

4.本品可使用於特殊營養食品。

5.本品可使用於膠囊狀、錠狀食品；用量以Saccharin計為1.2g/kg以下。

使用於特殊營養食品時，必須事先獲得中央主管機關之核准。

009 環己基（代）磺醯胺酸鈉Sodium Cyclamate

1.本品可使用於瓜子、蜜餞及梅粉；用量以Cyclamate計為1.0g/kg以下。

2.本品可使用於碳酸飲料；用量以Cyclamate計為0.2g/kg以下。

3.本品可使用於代糖錠劑及粉末。

4.本品可使用於特殊營養食品。

5.本品可使用於膠囊狀、錠狀食品；用量以Cyclamate計為1.25g/kg以下。

使用於特殊營養食品時，必須事先獲得中央主管機關之核准。

010　環己基（代）磺醯胺酸鈣Calcium Cyclamate
　　　1. 本品可使用於瓜子、蜜餞及梅粉；用量以Cyclamate計為1.0g/kg以下。
　　　2. 本品可使用於碳酸飲料；用量以Cyclamate計為0.2g/kg以下。
　　　3. 本品可使用於代糖錠劑及粉末。
　　　4. 本品可使用於特殊營養食品。
　　　5. 本品可使用於膠囊狀、錠狀食品；用量以Cyclamate計為1.25g/kg以下。
　　　使用於特殊營養食品時，必須事先獲得中央主管機關之核准。

011　阿斯巴甜Aspartame
　　　本品可於各類食品中視實際需要適量使用。
　　　限於食品製造或加工必須時使用。

012　甜菊醣苷Steviol Glycoside
　　　1. 本品可使用於瓜子、蜜餞及梅粉中視實際需要適量使用。
　　　2. 本品可使用於代糖錠劑及其粉末。
　　　3. 本品可使用於特殊營養食品。
　　　　使用於特殊營養食品時，必須事先獲得中央主管機關之核准。
　　　4. 本品可使用於豆品及乳品飲料、發酵乳及其製品、冰淇淋、糕餅、口香糖、
　　　　糖果、點心零食及穀類早餐，用量為0.05%以下。
　　　5. 本品可使用於飲料、醬油、調味醬及醃製蔬菜，用量為0.1%以下。
　　　　使用於特殊營養食品時，必須事先獲得中央主管機關之核准。

013　甘草萃Licorice Extracts
　　　本品可於各類食品中視實際需要適量使用。
　　　不得使用於代糖錠劑及粉末。

014　醋磺內酯鉀Acesulfame Potassium
　　　本品可於各類食品中視實際需要適量使用。
　　　1. 使用於特殊營養食品時，必須事先獲得中央主管機關之核准。
　　　2. 生鮮禽畜肉類不得使用。

015　甘草酸銨Ammoniated Glycyrrhizin
　　　本品可於各類食品中視實際需要適量使用。
　　　不得使用於代糖錠劑及粉末。

016　甘草酸一銨Monoammonium Glycyrrhizinate
　　　本品可於各類食品中視實際需要適量使用
　　　不得使用於代糖錠劑及粉末。

017　麥芽糖醇Maltitol
　　　本品可於各類食品中視實際需要適量使用。
　　　1. 限於食品製造或加工必須時使用。
　　　2. 嬰兒食品不得使用。

018　麥芽糖醇糖漿（氫化葡萄糖漿）Maltitol Syrup（Hydrogenated Glucose Syrup）
　　　本品可於各類食品中視實際需要適量使用。

1. 限於食品製造或加工必須時使用。
2. 嬰兒食品不得使用。

019 異麥芽酮糖醇（巴糖醇）Isomalt（Hydrogenated Palatinose）
本品可於各類食品中視實際需要適量使用。
1. 限於食品製造或加工必須時使用。
2. 嬰兒食品不得使用。

020 乳糖醇Lactitol
本品可於各類食品中視實際需要適量使用。
1. 限於食品製造或加工必須時使用。
2. 嬰兒食品不得使用。

021 單尿甘酸甘草酸Monoglucuronyl Glycyrrhetic Acid
本品可於各類食品中視實際需要適量使用。
不得使用於代糖錠劑及粉末。

022 索馬甜Thaumatin
本品可於各類食品中視實際需要適量使用。
限於食品製造或加工必須時使用。

023 赤藻糖醇Erythritol
本品可於各類食品中視實際需要適量使用。

024 蔗糖素Sucralose
本品可於各類食品中視實際需要適量使用。
使用於特殊營養食品時，必須事先獲得中央主管機關之核准。

025 紐甜Neotame
本品可於各類食品中視實際需要適量使用。
使用於特殊營養食品時，必須事先獲得中央主管機關之核准。

備註：
1. 本表為正面表列，非表列之食品品項，不得使用該食品添加物。
2. 同一食品依表列使用範圍規定混合使用甜味劑時，每一種甜味劑之使用量除以其用量標準所得之數值（即使用量／用量標準）總和不得大於1。

第（十二）類黏稠劑（糊料）

003 乾酪素 Casein
004 乾酪素鈉 Sodium Caseinate
005 乾酪素鈣 Calcium Caseinate
008 酸化製澱粉 Acid-Modified Starch
012 鹿角菜膠 Carrageenan
017 玉米糖膠 Xanthan Gum
018 海藻酸 Alginic Acid

019 海藻酸鉀 Potassium Alginate（Algin）

020 海藻酸鈣 Calcium Alginate（Algin）

021 海藻酸銨 Ammonium Alginate（Algin）

022 羥丙基纖維素 Hydroxypropyl Cellulose

023 羥丙基甲基纖維素 Hydroxypropyl Methylcellulose（Propylene GlycolEther of Methycellulose）

025 卡德蘭熱凝膠Curdlan

026 結蘭膠 Gellan Gum

027 糊化澱粉 Gelatinized Starch（Alkaline Treated Starch）

028 羥丙基磷酸二澱粉 Hydroxypropyl Distarch Phosphate

029 氧化羥丙基澱粉 Oxidized Hydroxypropyl Starch

030 漂白澱粉 Bleached Starch

031 氧化澱粉 Oxidized Starch

032 醋酸澱粉 Starch Acetate

033 乙醯化己二酸二澱粉 Acetylated Distarch Adipate

034 磷酸澱粉 Starch Phosphate

035 辛烯基丁二酸鈉澱粉 Starch Sodium Octenyl Succinate

036 磷酸二澱粉 Distarch Phosphate

037 磷酸化磷酸二澱粉 Phosphated Distarch Phosphate

038 乙醯化磷酸二澱粉 Acetylated Distarch Phosphate

039 羥丙基澱粉 Hydroxypropyl Starch
　　以上本品可於各類食品中視實際需要適量使用。
　　以上

006 羧甲基纖維素鈉 Sodium Carboxymethyl Cellulose

007 羧甲基纖維素鈣 Calcium Carboxymethyl Cellulose

009 甲基纖維素 Methyl Cellulose

040 乙醯化甘油二澱粉 Acetylated Distarch Glycerol

041 丁二醯甘油二澱粉 Succinyl Distarch Glycerol

042 辛烯基丁二酸鋁澱粉 Starch Aluminum Octenyl Succinate

043 丁二酸鈉澱粉 Starch SodiumSuccinate

044 丙醇氧二澱粉 Distarchoxy Propanol

045 甘油二澱粉 Distarch Glycerol

046 甘油羥丙基二澱粉 Hydroxypropyl Distarch Glycerol
　　以上本品可使用於各類食品；用量為20g/kg以下。
　　以上

001 海藻酸鈉 Sodium Alginate
　　本品可使用於各類食品；用量為10g/kg以下。

002 海藻酸丙二醇 Propylene Glycol Alginate

本品可使用於各類食品；用量爲10g/kg以下。

010 多丙烯酸鈉 Sodium Polyacrylate
本品可使用於各類食品；用量爲2.0g/kg以下。

024 聚糊精 Polydextrose
本品可於各類食品中視實際需要適量使用。
一次食用量中本品含量超過15公克之食品，應顯著標示「過量食用對敏感者易引起腹瀉」。

047 乙基纖維素 Ethyl Cellulose
本品可於膠囊狀、錠狀食品中視實際需要適量使用。

048 乙基羥乙基纖維素 Ethyl HydroxyethylCellulose
本品可於膠囊狀、錠狀食品中視實際需要適量使用。

備註：本表爲正面表列，非表列之食品品項，不得使用該食品添加物。

第（十三）類結著劑

001 焦磷酸鉀 Potassium Pyrophosphate
002 焦磷酸鈉 Sodium Pyrophosphate
003 焦磷酸鈉（無水）Sodium Pyrophosphate（Anhydrous）
004 多磷酸鉀 Potassium Polyphosphate
005 多磷酸鈉 Sodium Polyphosphate
006 偏磷酸鉀 Potassium Metaphosphate
007 偏磷酸鈉 Sodium Metaphosphate
008 磷酸二氫鉀 Potassium Phosphate, Monobasic
009 磷酸二氫鈉 Sodium Phosphate, Monobasic
010 磷酸二氫鈉（無水）Sodium Phosphate,Monobasic（Anhydrous）
011 磷酸氫二鉀 PotassiumPhosphate, Dibasic
012 磷酸氫二鈉 Sodium Phosphate, Dibasic
013 磷酸氫二鈉（無水）Sodium Phosphate, Dibasic（Anhydrous）
014 磷酸鉀 Potassium Phosphate, Tribasic
015 磷酸鈉 Sodium Phosphate, Tribasic
016 磷酸鈉（無水）Sodium Phosphate, Tribasic（Anhydrous）
以上本品可使用於肉製品及魚肉煉製品；用量以Phosphate計爲3g/kg以下。
食品製造或加工必須時始得使用。
以上

備註：本表爲正面表列，非表列之食品品項，不得使用該食品添加物。

第（十四）類食品工業用化學藥品

001 氫氧化鈉 Sodium Hydroxide

002　氫氧化鉀 Potassium Hydroxide
003　氫氧化鈉溶液 Sodium Hydroxide Solution
004　氫氧化鉀溶液 Potassium Hydroxide Solution
005　鹽酸 Hydrochloric Acid
006　硫酸 Sulfuric Acid
007　草酸 Oxalic Acid
008　離子交換樹脂 Ion-Exchange Resin
009　碳酸鉀 Potassium Carbonate
010　碳酸鈉（無水）Sodium Carbonate（Anhydrous）
　　　以上本品可於各類食品中視實際需要適量使用。最後製品完成前必須中和或去除。
　　　以上

備註：本表爲正面表列，非表列之食品品項，不得使用該食品添加物。

第（十五）類溶劑

001　丙二醇Propylene Glycol
　　　本品可於各類食品中視實際需要適量使用。
002　甘油Glycerol
　　　本品可於各類食品中視實際需要適量使用。
003　己烷Hexane
　　　1. 本品可使用於食用油脂及甘蔗蠟質之萃取；可視實際需要適量使用，但最終
　　　　產品中不得殘留。
　　　2. 本品可使用於香辛料精油之萃取；精油樹脂中之殘留量爲25ppm以下。
　　　3. 本品可使用於啤酒花之成分萃取；啤酒花抽出物中之殘留量爲2.2%以下（以
　　　　重量計）。
　　　限於蒸煮前或蒸煮時加入。
004　異丙醇Isopropyl Alcohol（2-Propanol；Isopropanol）
　　　1. 本品可使用於香辛料精油樹脂；殘留量爲50ppm以下。
　　　2. 本品可使用於檸檬油；殘留量爲6ppm以下。
　　　3. 本品可使用於啤酒花抽出物；殘留量爲2.0%以下（以重量計）。
005　丙酮Acetone
　　　1. 本品可使用於香辛料精油之萃取；精油樹脂中之殘留量爲30ppm以下。
　　　2. 本品可於其他各類食品中視實際需要適量使用，但最終產品中不得留。
006　乙酸乙酯Ethyl Acetate
　　　本品可使用於食用天然色素之萃取；但最終產品中不得殘留。
007　三乙酸甘油酯Triacetin（GlycerylTriacetate）
　　　本品可使用於口香糖；視實際需要適量使用。

備註：本表爲正面表列，非表列之食品品項，不得使用該食品添加物。

第（十六）類乳化劑

001 脂肪酸甘油酯Glycerin Fatty AcidEster（Mono-and Diglycerides）

002 脂肪酸蔗糖酯Sucrose Fatty Acid Ester

003 脂肪酸山梨醇酐酯Sorbitan Fatty Acid Ester

005 脂肪酸丙二醇酯Propylene Glycol FattyAcid Ester

006 單及雙脂肪酸甘油二乙醯酒石酸酯Diacetyl Tartaric Acid Esters of Mono-and Diglycerides（DATEM）

007 鹼式磷酸鋁鈉Sodium Aluminum Phosphate, Basic

008 聚山梨醇酐脂肪酸酯二十Polysorbate 20

009 聚山梨醇酐脂肪酸酯六十Polysorbate 60

010 聚山梨醇酐脂肪酸酯六十五Polysorbate 65

011 聚山梨醇酐脂肪酸酯八十Polysorbate 80

012 羥丙基纖維素Hydroxypropyl Cellulose

013 羥丙基甲基纖維素Hydroxypropyl Methylcellulose（Propylene Glycol Ether of Methylcellulose

014 檸檬酸甘油酯Mono- and Diglycerides, Citrated

015 酒石酸甘油酯Mono- and Diglycerides, Tartrated

016 乳酸甘油酯Mono- and Diglycerides, Lactated

017 乙氧基甘油酯Mono- and Diglycerides, Ethoxylated

018 磷酸甘油酯Mono- and Diglycerides, Monosodium Phosphate Derivatives

019 琥珀酸甘油酯Succinylated Monoglycerides（SMG）

020 脂肪酸聚合甘油酯Polyglycerol Esters of Fatty Acids

021 交酯化蓖麻酸聚合甘油酯Polyglycerol Esters of Interesterified Ricinoleic Acids

022 乳酸硬脂酸鈉Sodium Stearyl-2-Lactylate（SSL）

023 乳酸硬脂酸鈣Calcium Stearyl-2-Lactylate（CSL）

024 脂肪酸鹽類Salts of Fatty Acids

025 聚氧化乙烯（20）山梨醇酐單棕櫚酸酯；聚山梨醇酐脂肪酸酯四十
Polyoxyethylene（20）Sorbitan Monopalmitate; Polysorbate 40

026 聚氧化乙烯（20）山梨醇酐單硬脂酸酯
Polyoxyethylene（20）Sorbitan Monostearate

027 聚氧化乙烯（20）山梨醇酐三硬脂酸酯
Polyoxyethylene（20）Sorbitan Tristearate
以上本品可於各類食品中視實際需要適量使用。
以上

028 聚氧乙烯（40）硬脂酸酯Polyoxyethylene（40）Stearate
（Polyoxyl（40）Stearate）

本品可於膠囊狀、錠狀食品中視實際需要適量使用。

029 甘油二十二酸酯Glyceryl Behenate
　　本品可於膠囊狀、錠狀食品中視實際需要適量使用。

030 磷脂酸銨Ammonium Phosphatide
　　本品可使用於可可及巧克力製品，用量在10g/kg以下。

備註：本表為正面表列，非表列之食品品項，不得使用該食品添加物。

第（十七）類其他

001 胡椒基丁醚 Piperonyl Butoxide
　　本品可使用於穀類及豆類；用量為0.024g/kg以下。
　　限防蟲用。

002 醋酸聚乙烯樹脂 Polyvinyl Acetate
　　1. 本品限果實及果菜之表皮被膜用；可視實際需要適量使用。
　　2. 本品可於膠囊狀、錠狀食品中視實際需要適量使用。

003 矽樹脂 Silicon Resin
　　本品可使用於各類食品；用量為 0.05g/kg以下。
　　限消泡用。

005 矽藻土 Diatomaceous Earth
　　1. 本品可使用於各類食品；於食品中殘留量不得超過5g/kg以下。
　　2. 本品可使用於餐飲業用油炸油之助濾，用量為0.1%以下。
　　限制使用
　　1. 食品製造加工吸著用或過濾用。
　　2. 餐飲業使用於經油炸後直接供食用之油脂助濾時，應置於濾紙上供油炸油過
　　　濾使用，不得直接添加於油炸油中，並不得重複使用。

006 酵素製劑 Enzyme Product
　　本品可於各類食品中視實際需要適量使用。
　　限於食品製造或加工必須時使用。

007 油酸鈉 Sodium Oleate
　　本品限果實及果菜之表皮被膜用；可視實際需要適量使用。

008 羥乙烯高級脂肪族醇 Oxyethylene Higher Aliphatic Alcohol
　　本品限果實及果菜之表皮被膜用；可視實際需要適量使用。

009 蟲膠Shellac
　　本品可於各類食品中視實際需要適量使用。
　　限食品製造或加工必須時使用。

010 石油蠟 Petroleum Wax
　　本品可於口香糖及泡泡糖、果實、果菜、乾酪及殼蛋中視實際需要適量使用。
　　使用於果實、果菜、乾酪及殼蛋時限為保護被膜用。

011 合成石油蠟 Petroleum wax，Synthetic
本品可於口香糖及泡泡糖、果實、果茱、乾酪及殼蛋中視實際需要適量使用。
使用於果實、果茱、乾酪及殼蛋時限爲保護被膜用。

012 液態石蠟（礦物油）Liquid Paraffin（Mineral Oil）
1. 本品可使用於膠囊狀、錠狀食品；用量爲0.7%以下。
2. 本品可於其他各類食品中使用；用量爲0.1%以下。
限於食品製造或加工必須時使用。

013 聚乙二醇 Polyethylene Glycol200-9500
本品限於錠劑、膠囊食品中使用；可視實際需要適量使用。
限於食品製造或加工必須時使用。

014 單寧酸（Polygalloyl- glucose,Tannic acid）
本品可使用於非酒精飲料，用量爲0.005%以下。
食品製造助濾用（Filteringaid）

015 皂樹皮萃取物 QuillaiaExtracts
本品可使用於調味飲料；用量爲0.2g/kg或0.2g/l以下。

016 聚乙烯醇 Polyvinyl Alcohol
本品可使用於錠狀食品之被膜；用量爲2.0%以下。

017 合成矽酸鎂 Magnesium Silicate（Synthetic）
1. 本品可使用於油脂之助濾，用量爲2%以下。
2. 本品可於膠囊狀、錠狀食品中視實際需要適量使用。
限制使用於
1. 食品製造助濾用（Filteringaid）及防結塊劑（Anticakingagent）。
2. 餐飲業使用於經油炸後直接供食用之油脂助濾時，應置於濾紙上供油炸油過
   濾使用，不得直接添加於油炸油中，並不得重複使用。

018 三乙酸甘油酯 Triacetin（Glyceryl Triacetate）
本品可於膠囊狀、錠狀食品中視實際需要適量使用。
限於食品製造或加工必須時使用。

019 聚乙烯聚吡咯烷酮 Crospovidone（Polyvinylpolypyrrolidone）
本品可於膠囊狀、錠狀食品中視實際需要適量使用。
限於食品製造或加工必須時使用。

020 硫酸月桂酯鈉 Sodium Lauryl Sulfate
本品可於膠囊狀、錠狀食品中視實際需要適量使用。
限於食品製造或加工必須時使用。

備註：本表爲正面表列，非表列之食品品項，不得使用該食品添加物。

10.3 主要食品添加物的規格

§01003已二烯酸鈉Sodium Sorbate

分子式：$C_6H_7O_2Na$　　**分子量**：134.11

1. 含量：98～102%（減壓硫酸乾燥器乾燥4小時後定量）。
2. 外觀：白色～淡黃褐色鱗片狀結晶或結晶性粉末，無臭或略有臭。
3. 已二烯酸：本品0.5g溶於水10mL，加稀鹽酸1.5mL，濾取所生成之沉澱，以水充分洗滌，乾燥後測定其熔融溫度，應為130～135℃。
4. 熔狀：本品0.2g溶於水5mL，其液色不得較比合液F為濃。
5. 游離鹼：本品1g溶於新煮沸冷卻之水20mL，加酚酞試液2滴時雖呈紅色，但再加0.1N硫酸液0.4mL時，紅色應即消失。
6. 氯化物：0.015%以下（以Cl計）。
7. 硫酸鹽：0.04%以下（以SO_4計）。
8. 砷：4ppm以下（以As_2O_3計）。
9. 重金屬：10ppm以下（以Pb計）。
10. 乾燥減重：1%以下（硫酸減壓乾燥器，4小時）。
11. 熾灼殘渣：52.0～53.5%。
12. 分類：食品添加物第（一）類。
13. 用途：防腐劑。

§01007去水醋酸鈉Sodium Dehydroacetate

分子式：$C_8H_7O_4Na \cdot H2O$　　**分子量**：208.15

1. 含量：98.0%以上（以乾重計）。
2. 外觀：無色結晶性粉末，無臭或略有臭。
3. 鑑別：(1)本品0.1g加入水1mL、水楊醛–酒精溶液（水楊醛1mL溶於酒精5mL）3～5滴及氫氧化鈉溶液（氫氧化鈉1g溶於水2mL）0.5mL，以水浴加熱，則溶液呈紅色。
　　　　(2)本品之水溶液（本品1g溶於水100mL）2mL加入酒石酸鈉鉀溶液（酒石酸鈉鉀7g溶於水50mL）3滴及強醋酸銅試液2滴振盪混合之，可生成帶白色之紫色沉澱。
　　　　(3)本品之鈉離子試驗呈陽性反應。
4. 液色：本品0.5g溶於水10mL，其溶液應無色或殆無色。
5. 去水醋酸：本品0.5g溶於水10mL，加鹽酸液（鹽酸1mL稀釋至4mL）1mL，將過濾所生成之沉澱，充分以水洗後在105℃乾燥1小時，其融點為109～112℃。
6. 游離鹼：本品1.0g溶於新煮沸冷卻之水20mL，加酚酞試液2滴時呈紅色；添加入0.1N硫酸液0.30mL時，紅色應即消失。
7. 氯化物：0.01%以下（以Cl計）。

8. 硫酸鹽：0.015%以下（以SO_4計）。

9. 砷：4ppm以下（以As_2O_3計）。

10. 重金屬：10ppm以下（以Pb計）。

11. 易碳化物：本品0.30g溶於硫酸5mL中，其液色不得較標準顏色比合液C爲深。

12. 水分：8.3～10.0%（費氏法）。

13. 分類：食品添加物第（一）類。

14. 用途：防腐劑。

§01012對羥苯甲酸丁酯Butyl p–Hydroxybenzoate
分子式：$C_{11}H_{14}O_3$　**分子量**：194.23

1. 含量：99.0%以上。

2. 外觀：無色結晶或白色結晶性粉末，無臭。

3. 鑑別：(1)本品0.5g加入氫氧化鈉溶液（氫氧化鈉1g溶於水25mL）10mL，加熱煮沸30分鐘，蒸發濃縮至約5mL，冷卻後以稀硫酸（硫酸1mL溶於水20mL）酸化之，過濾所生成之沉澱充分水洗後，在105℃下乾燥1小時，其熔點應在213～217℃。

　　　　(2)本品0.05g加入醋酸2滴及硫酸5滴，加熱5分鐘後有醋酸丁酯之味道產生。

4. 熔融溫度：69～72℃。

5. 游離酸：0.55%以下（以對羥苯甲酸計）。

6. 硫酸鹽：0.024%以下（以SO_4計）。

7. 砷：4ppm以下（以As_2O_3計）。

8. 重金屬：10ppm以下（以Pb計）。

9. 乾燥減重：0.5%以下（矽膠乾燥器，5小時）。

10. 熾灼殘渣：0.10%以下。

11. 分類：食品添加物第（一）類。

12. 用途：防腐劑。

§01019乳酸鏈球菌素Nisin

1. 性狀：本品爲Streptococcus lactis Lancefield Group N產生之多肽類抗菌性物質，呈白色粉末狀，可溶於水，不溶於非極性溶劑。

2. 含量：900IU/mg以上。

3. 砷：1ppm以下。

4. 鉛：2ppm以下。

5. 鋅：25ppm以下。

6. 鋅、銅總量：50ppm以下。

7. 總生菌數：10CFU/g以下。

8. 大腸桿菌：陰性/10g。

9. 沙門氏桿菌：陰性/10g。

10.凝聚酶陽性金黃色葡萄球菌：陰性/10g。

11.分類：食品添加物第（一）類。

12.用途：防腐劑。

第（二）類殺菌劑

§02001氯化石灰（漂白粉）Chlorinated Lime

1. 含量：本品含有效氯25～40%。

2. 外觀：白～類白色粉末，具氯臭。

3. 分類：食品添加物第（二）類。

4. 用途：殺菌劑。

§02002次氯酸鈉液Sodium Hypochlorite Solution

主成分分子式：NaClO　**主成分分子量**：74.45

1. 外觀：無色至淡綠黃色液體，有氯臭。

2. 含量：有效氯4%以上。

3. 溴酸鹽：50ppm以下。（自中華民國九十八年十二月二十六日施行。）

4. 分類：食品添加物第（二）類。

5. 用途：殺菌劑。

§02003過氧化氫（雙氧水）Hydrogen Peroxide

分子式：H_2O_2　**分子量**：34.01

1. 性狀：本品為無色透明液體，略臭，可溶於水。

　　　　適合食品使用濃度為30～50%。

2. 鑑別：本品1mL加含1滴稀硫酸試液之水10mL，搖勻，加乙醚2mL後，再加1滴重
鉻酸鉀試液則於水層生成易消散之藍色，經振盪放置後，藍色會進入乙醚層。

3. 含量：不低於標示濃度。

4. 酸度：0.03%以下（以H_2SO_4計）。

5. 磷酸塩：0.005%以下。

6. 鐵：0.5ppm以下。

7. 錫：10ppm以下。

8. 砷：3ppm以下（以As計）。

9. 重金屬：10ppm以下（以Pb計）。

10.蒸發殘渣：0.006%以下。

11.分類：食品添加物第（二）類。

12.用途：殺菌劑。

第（三）類抗氧化劑

§03001二丁基羥基甲苯Dibutyl Hydroxy Toluene
分子式：$C_{15}H_{24}O$　**分子量**：220.35

1. 含量：99.0%以上。
2. 外觀：無色結晶或白色結晶性粉末或塊，無臭或略具特異臭。
3. 鑑別：本品之甲醇溶液（本品1g溶於甲醇100,000mL）10mL加入水10mL，
   亞硝酸鈉溶液（亞硝酸鈉3g溶於水1,000mL）2mL，及dianisidine溶液（3,3'–
   dimethoxybenzidinedihydro–chloride 200mg溶於甲醇40mL及1N鹽酸60mL混合液）
   5mL，則在3分鐘內溶液呈橙紅色；加入氯仿5mL振盪後，氯仿層所呈現之紫或紫
   紅色在光照下消失。
4. 熔融溫度：69～72℃。
5. 濁度：本品1.0g溶於乙醇10mL，其溶液應無色「澄明」。
6. 對位甲酚：0.1%以下。
7. 硫酸鹽：0.02%以下（以SO_4計）。
8. 砷：3ppm以下（以As計）。
9. 重金屬：10ppm以下（以Pb計）。
10. 熾灼殘渣：0.05%以下。
11. 分類：食品添加物第（三）類。
12. 用途：抗氧化劑。

§03003L–抗壞血酸（維生素C）L–Ascorbic Acid（Vitamin C）
分子式：$C_6H_8O_6$　**分子量**：176.13

1. 含量：99.0%以上。
2. 外觀及性狀：白色或略帶黃色之白色結晶或結晶性粉末，無臭，具酸味，可溶於
   水及酒精，不溶於氯仿、乙醚及苯。
3. 鑑別：(1)將本品0.1g溶於偏磷酸溶液（偏磷酸1g溶於水50mL）100mL，取此溶液
   　　　　　5mL逐滴加入碘試液至溶液產生微黃色，再加入硫酸銅溶液（硫酸銅1g
   　　　　　溶於水1000mL）及吡咯（pyrrole）各1滴，以50～60℃水浴加熱5分鐘，
   　　　　　應呈藍或藍綠色。
   　　　　(2)本品水溶液（本品1g溶於水100mL）10mL，加入1～2滴Sodium 2,6–
   　　　　　dichlorophenolindophenol試液，溶液之藍色應立即消失。
4. 熔融溫度：187～192℃。
5. 比旋光度：[α]20D：＋20.5°～＋21.5°（精確秤取本品約1g溶於新煮沸冷卻之水使
   成10mL）。
6. 砷：4ppm以下（以As_2O_3計）。
7. 重金屬：20ppm以下（以Pb計）。
8. 乾燥減重：0.4%以下（矽膠減壓乾燥器，3小時）。
9. 熾灼殘渣：0.10%以下。

10.分類：食品添加物第（三）類；第（八）類。

11.用途：抗氧化劑；營養添加劑。

§03009生育醇（維生素E）dl-α-Tocopherol（Vitamin E）

分子式：$C_{29}H_{50}O_2$　**分子量**：430.71

1. 含量：96.0%以上。
2. 外觀及性狀：淡黃色～黃褐色透明黏液狀，殆無臭。不溶於水，可溶於酒精，可與丙酮、氯仿、乙醚及植物性油混溶。
3. 鑑別：本品10mL溶於無水乙醇10mL，加入硝酸約2mL以75℃加熱15分鐘，則溶液呈紅～橙色。
4. 比吸光度：精確秤取本品約0.1g溶於無水酒精使成100mL，取其5mL以無水酒精稀釋至100mL後，於波長292nm測定吸光度時E 1%1cm應為71.0～76.0。
5. 折光率：n20D = 1.503～1.507。
6. 濁度：本品0.10g溶於乙醇10mL，其溶液應為「澄明」。
7. 砷：4ppm以下（以As_2O_3計）。
8. 重金屬：20ppm以下（以Pb計）。
9. 分類：食品添加物第（三）類；第（八）類。
10.用途：抗氧化劑；營養添加劑。

第（四）類漂白劑
§04001亞硫酸鉀Potassium Sulfite

分子式：K_2SO_3　**分子量**：158.25

1. 含量：90.0%以上。
2. 外觀及性狀：無色顆粒狀粉末，無臭。在空氣中易氧化，可溶於水，微溶於酒精。
3. 鑑別：本品水溶液（本品1g溶於水20mL）之鉀離子及亞硫酸根離子試驗呈陽性反應。
4. 鹼度：0.25～0.45%（以K_2CO_3計）。
5. 硒：30ppm以下。
6. 砷：4ppm以下（以As_2O_3計）。
7. 重金屬：10ppm以下（以Pb計）。
8. 分類：食品添加物第（四）類。
9. 用途：漂白劑。

§04004亞硫酸氫鈉Sodium Bisulfite

1. 含量：58.5～67.4%（以SO_2計）。
2. 外觀及性狀：本品為亞硫酸氫鈉（$NaHSO_3$）及偏重亞硫酸氫鈉（$Na_2S_2O_5$）之混合物，為白色或黃白色結晶或顆粒性粉末，具二氧化硫之臭味，在空氣中不穩定，可溶於水，微溶於酒精。
3. 鑑別：本品水溶液（本品1g溶於水10mL）之鈉離子及亞硫酸根離子呈陽性反應。

4. 鐵：50ppm以下。
5. 硒：30ppm以下。
6. 砷：4ppm以下（以As_2O_3計）。
7. 重金屬：10ppm以下（以Pb計）。
8. 分類：食品添加物第（四）類。
9. 用途：漂白劑。

第（五）類保色劑
§05001亞硝酸鉀Potassium Nitrite
分子式：KNO_2　**分子量**：85.10
1. 含量：90.0%以上（乾燥後定量）。
2. 外觀及性狀：白色或黃色具潮解性之顆粒或棒狀物。極易溶於水，微溶於乙醇。其水溶液（本品1g溶於水10mL）以石蕊試紙試之呈鹼性。
3. 鑑別：本品1g溶於水10mL之水溶液，其鉀離子及亞硝酸根離子試驗呈陽性反應。
4. 砷：4ppm以下（以As_2O_3計）。
5. 鉛：10ppm以下。
6. 重金屬：20ppm以下（以Pb計）。
7. 分類：食品添加物第（五）類。
8. 用途：保色劑。

§05003硝酸鉀Potassium Nitrite
分子式：KNO_3　**分子量**：101.10
1. 含量：99.0%以上（乾燥後定量）。
2. 外觀及性狀：白色透明菱晶，或白色顆粒性粉末，無臭，具鹹味及清涼味。在潮濕空氣中輕微潮解。其水溶液以石蕊試紙試之呈中性，本品1g可溶於25℃水3mL或沸騰水0.5mL，或溶於乙醇620mL。
3. 鑑別：本品1g溶於水10mL所成之水溶液，其鉀離子及硝酸根離子試驗呈陽性反應。
4. 氯化物：0.021%以下（以Cl計）。
5. 砷：4ppm以下（以As_2O_3計）。
6. 鉛：10ppm以下。
7. 重金屬：20ppm以下（以Pb計）。
8. 乾燥減重：1.0%以下（105℃，4小時）。
9. 分類：食品添加物第（五）類。
10.用途：保色劑。

第（六）類膨脹劑
§06001鉀明礬Potassium Alum（Aluminum Potassium Sulfate）
分子式：$AlK(SO_4)_2 \cdot 12H_2O$　**分子量**：474.38

1. 含量：99.5%上（以$AlK(SO_4)_2 \cdot 12H_2O$計）。
2. 外觀及性狀：無色透明結晶或白色結晶性粉末，無臭，味略甜，具澀味。本品1g可溶於25℃水7.5mL或沸水約0.3mL，且易溶於甘油，但不溶於酒精，其水溶液以石蕊試紙試之呈酸性。
3. 鑑別：本品1g溶於水20mL之水溶液，其鉀離子、鋁離子及硫酸根離子試驗皆呈陽性反應。
4. 溶液性狀：本品1g溶於水10mL，其溶液應無色且濁度應為「殆澄明」。
5. 氟化物：30ppm以下。
6. 銨鹽：本品1g加氫氧化鈉試液10mL，以蒸汽浴加熱1分鐘後，不得發生氨臭。
7. 鐵：190ppm以下（以無水物之Fe含量計）。
8. 鉛：10ppm以下。
9. 砷：4ppm以下（以無水物之As_2O_3量計）。
10. 硒：30ppm以下。
11. 重金屬：40ppm以下（以無水物之Pb含量計）。
12. 分類：食品添加物第（六）類。
13. 用途：膨脹劑。

§06006氯化銨Ammonium Chloride
分子式：NH_4Cl　**分子量**：53.49
1. 含量：99.0%以上（以乾重計）。
2. 外觀及性狀：無色結晶或白色結晶性粉末或結晶塊，具鹹味及清涼味，略具潮解性。本品1g可溶於酒精100mL、甘油8mL、25℃的水2.6mL或沸水1.4mL中。
3. 鑑別：本品1g溶於水10mL之水溶液，其銨離子及氯離子。
4. 溶液性狀：本品2g溶於水20mL，其溶液之濁度應為「殆澄明」。
5. pH值：4.5～6.0（本品1g溶於水20mL）。
6. 砷：4ppm以下（以As_2O_3計）。
7. 重金屬：20ppm以下（以Pb計）。
8. 乾燥減重：2.0%以下（矽膠乾燥器，4小時）。
9. 熾灼殘渣：0.5%以下。
10. 分類：食品添加物第（六）類。用途：膨脹劑。

§06008碳酸氫鈉Sodium Bicarbonate
分子式：$NaHCO_3$　**分子量**：84.01
1. 含量：99.0%以上（以乾重計）。
2. 外觀及性狀：白色結晶性粉末或結晶塊，於乾空氣中穩定，但於潮濕空氣中緩慢分解。本品以冷水製備之新鮮溶液，未經搖晃前以石蕊試紙試之呈鹼性，當溶液輕放置或攪拌或加熱後，鹼性則增加。本品1g可溶解於10L水中，但不溶於酒精。
3. 鑑別：本品1g溶於水10mL之水溶液，其鈉離子、碳酸根離子試驗皆呈陽性反應。

4. 溶液性狀：本品1g溶於水20mL，其溶液濁度應為「澄明」。
5. 氯化物：200ppm以下（以Cl計）
6. 碳酸鹽：本品1g小心地加入新煮沸冷卻之水20mL，於15℃以下之溫度下水平振搖溶解後，加入0.1N鹽酸2.0mL，次加酚酞試液2滴時，不得立即有粉紅色產生。
7. 銨鹽：本品1g置於試管中加熱時，不得發生氨臭。
8. 砷：4ppm以下（以As_2O_3計）。
9. 重金屬：10ppm以下（以Pb計）。
10.乾燥減重：0.25%以下（矽膠乾燥器，4小時）。
11.分類：食品添加物第（六）類。
12.用途：膨脹劑。

§06012合成膨脹劑Baking Powder

1. 外觀：白～灰白色粉末或易碎粉團。
2. 溶液性狀：本品1g溶解於50mL水中，以水浴加熱至不起泡沫為止冷卻後測定其pH值：一劑式者及二劑式者皆為5.0～8.5，銨劑者應為6.0～9.0。
3. 硝酸不溶物：2%以下。
4. 砷：4ppm以下（以As_2O_3計）。
5. 重金屬：40ppm以下（以Pb計）。
6. 氣體發生量：本品2g應發生氣體70mL以上。
7. 分類：食品添加物第（六）類。
8. 用途：膨脹劑。

第（七）類品質改良用、釀造用及食品製造用劑

§07014碳酸鈣Calcium Carbonate

分子式：$CaCO_3$　**分子量**：100.09

1. 含量：98.0%以上（200℃乾燥4小時後定量）。
2. 外觀及性狀：白色微細結晶性粉末，無臭、無味，在空氣中穩定。不溶於水及酒精。
3. 鑑別：本品1.0g加水10mL及稀醋酸（醋酸1mL加水3mL）7mL時起泡溶解，此溶液煮沸後以氨試液中和。此溶液之鈣離子試驗呈陽性反應。
4. 鹽酸不溶物：0.2%以下。
5. 游離鹼：本品3.0g加新煮沸冷卻之水30mL，振盪混合3分鐘後過濾，取濾液20mL加酚酞試液2滴時，應呈粉紅色，但再加0.1N鹽酸0.2mL，其液色應即消失。
6. 重金屬：30ppm以下（以Pb計）。
7. 鹼金屬及鎂：1%以下。
8. 鋇：0.03%以下。
9. 砷：4ppm以下（以As_2O_3計）。
10.氟化物：0.005%以下。
11.鉛：10ppm以下。

12.乾燥減重：2.0%以下（200℃，4小時）。

13.分類：食品添加物第（七）類。

14.用途：品質改良用、釀造用及食品製造用劑。

§07024磷酸二氫銨Ammonium Phosphate，Monobasic

分子式：$NH_4H_2PO_4$　**分子量**：115.03

1. 含量：96.0～102.0%。
2. 外觀及性狀：無色～白色結晶或白色結晶性粉末或顆粒，無臭。易溶於水。
3. 鑑別：本品1g溶於水20g之水溶液，其銨離子及磷酸根離子試驗皆呈陽性反應。
4. 溶液性狀：本品1.0g溶於水20mL，其溶液應無色且濁度在「殆澄明」以下。
5. pH值：本品1.0g溶於水100mL之溶液其pH值應為4.1～5.0。
6. 氯化物：0.035%以下（以Cl計）。
7. 氟化物：10ppm以下。
8. 硫酸鹽：0.039%以下（以SO_4計）。
9. 砷：4ppm以下（以As_2O_3計）。
10.重金屬：20ppm以下（以Pb計）。
11.分類：食品添加物第（七）類。
12.用途：品質改良用、釀造用及食品製造用劑。

§07040甘油Glycerol

分子式：$C_3H_8O_3$　**分子量**：92.10

1. 含量：95.0%以上。
2. 鑑別：本品2～3滴加入硫酸氫鉀0.5g，加熱後則有刺激性的丙烯醛氣味產生。
3. 外觀及性狀：無色澄清黏稠狀液體，無臭或微具特異臭，具甜味。具吸濕性。易與水及酒精相混，但不溶於氯仿、乙醚及油脂。
4. 液性：本品水溶液應為中性。
5. 比重：1.250～1.264。
6. 氯化物：0.003%以下（以Cl計）。
7. 砷：4ppm以下（以As_2O_3計）。
8. 重金屬：5ppm以下（以Pb計）。
9. 脂肪酸及脂肪酸酯：以0.1%為限（以丁酸計）。
10.丙烯醛、葡萄糖及銨鹽：本品5mL及氫氧化鉀試液5mL（氫氧化鉀1g溶於水10mL）於60℃混合加熱5分鐘，不得呈黃色也不得有氨味產生。
11.熾灼殘渣：0.01%以下（800±25℃，至恆重）。
12.分類：食品添加物第（七）類；第（十五）類。
13.用途：品質改良用、釀造用及食品製造用劑；溶劑。

§07044矽藻土Diatomaceous Earth

1. 鑑別：(1)本品0.2g置於白金坩堝中，加入5mL氫氟酸，溶解並加熱之，幾乎完全蒸發乾。

   (2)在顯微鏡下放大100～200倍觀察，可見多孔狀矽藻類架構。

2. 外觀及性狀：白色、淡灰色或赤褐色粉末。不溶於水，酸（氟氫酸除外）及稀鹼液中。

3. 水可溶物及液性：本品10g加水100mL，在水浴槽上時時振搖，加熱2小時，並隨時補充蒸發之水量，冷後以裝有濾膜（孔徑：0.45μm，直徑：47 mm）之濾器抽氣過濾，濾液混濁時以同一濾器重複過濾，以水洗滌容器及濾膜上之殘渣，洗液與濾液合併，加水使成100mL，此濾液之pH值應爲5.0～11.0。
   又取此濾液50mL蒸發乾涸，殘渣於105℃乾燥2小時，其量應在25mg以下。

4. 鹽酸可溶物：3%以下。

5. 砷：4ppm以下（以As計）。

6. 重金屬：50ppm以下（以Pb計）。

7. 鉛：10ppm以下。

8. 氫氟酸蒸發殘渣：25%以下。

9. 乾燥減重：10%下（105℃，2小時）。

10. 熾灼減重：7.0%下（以乾物計）（1000℃，30分鐘）。

11. 分類：食品添加物第（七）類；第（十七）類。

12. 用途：品質改良用、釀造用及食品製造用劑；其他。

§07053二氧化矽（合成無定形二氧化矽）

Silicom Dioxide（Synthetic Amorphous Silica）

分子式：SiO_2　**分子量**：60.08

1. 性狀：食品用二氧化矽爲一無定形物質，當以X–光繞射檢視時，呈無結晶型式。本品可由氣相水解合成法或濕式合成法製得；其經氣相水解合成法製得者爲燻製（或膠體）二氧化矽〔fumed（or colloidal）silica〕，其以濕式合成法製得者爲沉降二氧化矽（precipitated silica），矽膠（silica gel）或水合二氧化矽（hydrous silica）。
   其中燻製二氧化矽本質上係一種無水物，而以濕式合成法製得之二氧化矽則爲水合物或含有表面吸附水者。
   燻製二氧化矽爲具潮解性之白色絨毛狀粉末，粒徑極細；以濕式合成法製得之二氧化矽則爲白色之絨毛狀粉末或白色之微細珠粒體或顆粒，具潮解性或能自空氣中吸附不等量之水分。所有二氧化矽製品均不溶於水及有機溶劑中，但可溶於氫氟酸及高濃度之熱鹼液中。

2. 鑑別：甲、取本品約5mg至鉑坩堝中與200mg無水碳酸鉀混合，於燃燒器上熾灼至紅熱約10分鐘，冷卻，將此熔融物以新製之蒸餾水2mL溶解（必要時加熱），然後緩緩加入2mL鉬酸銨試液，則呈現深黃色。

　　　乙、取本鑑明試驗甲之溶液1滴滴於濾紙上，蒸發除去溶劑後加1滴鄰聯甲
　　　　苯胺（o–tolidone）／冰醋酸飽和溶液，然後將濾紙置強氨水試液上，
　　　　則呈現藍綠色斑點。

3. 含量：燻製二氧化矽，熾灼後應含SiO_2 99.0%以上；沉降二氧化矽、矽膠與水合二氧化矽，熾灼後應含SiO_2 94.0%以上。
4. 砷：3ppm以下（以As計）。
5. 鉛：10ppm以下。
6. 重金屬：0.003%以下（以Pb計）。
7. 乾燥減重：燻製二氧化矽，2.5%以下；沉降二氧化矽與矽膠，7%以下；水合二氧化矽，70%以下。
8. 熾灼減重：燻製二氧化矽，2%以下（乾燥後計）；矽膠、水合二氧化矽與沉降二氧化矽，8.5%以下（乾燥後計）。
9. 可溶性之可解離鹽類：沉降二氧化矽、矽膠與水合二氧化矽，5%以下（以Na_2SO_4計）。
10. 分類：食品添加物第（七）類。
11. 用途：品質改良用、釀造用及食品製造用劑。

§07068食用石膏Food Gypsum

分子式：$CaSO_4 \cdot 2H_2O$　　**分子量**：172.18

1. 含量：93%以上（以乾基計）。
2. 性狀：本品係採用苦滷爲原料加工製成，外觀爲白色粉末。
3. 溶狀：本品0.2g加稀鹽酸10mL加熱溶解，其濁度應在「殆澄明」以下。
4. 游離鹼：本品0.5g加新煮沸冷卻之水100mL，振盪混合後過濾，取其10mL加酚酞試液1滴時，不得呈紅色。
5. 氯化物：3%以下（計Cl計）。
6. 碳酸鹽：本品0.5g加稀鹽酸5mL時，不得產生氣泡。
7. 砷：1ppm以下（以As計）。
8. 重金屬：10ppm以下（以Pb計）。
9. 熾灼減重：40%以下。
10. 分類：食品添加物第（七）類。
11. 用途：品質改良用、釀造用及食品製造用劑。

§07081聚麩胺酸鈉Sodium γ-Polyglutamate

分子式：$(C_5H_6NNaO_3)n$

1. 聚合程度：約爲100～20,000個麩胺酸分子所構成。
2. 含量：70%以上〔乾燥後以$(C_5H_7NO_3)n$計〕。
3. 外觀及性狀：白色或灰白色顆粒狀或粉末，無臭、無味，可溶於水，不溶於酒精或其他有機溶劑。本品1g可溶解於5mL的水中。

4. 鑑別：(1)取聚麩胺酸鈉水溶液（聚麩胺酸鈉1g溶於水200mL）5mL，加入6mol/
L鹽酸，以110℃加熱24小時進行酸水解後，以NaOH調整至中性。取
5mL樣品溶液加入1mL ninhydrin試藥（ninhydrin 1g加水溶解並定量至
1000mL）加熱5分鐘後溶液呈青紫色。

(2)取聚麩胺酸鈉1～2mg以FT–IR分析，在1600cm^{-1}附近有一弱吸收，在
1410cm^{-1}附近有一強吸收。

5. pH值：4.0～7.0。

6. 重金屬：15ppm以下（以Pb計）。

7. 砷：2ppm以下（以As_2O_3計）

8. 乾燥減重：5%以下（紅外線水分測定儀105℃，恆重）。

9. 灰分：30%以下（2～3g樣品，650℃）。

10.分類：食品添加物第（七）類。

11.用途：品質改良用、釀造用及食品製造用劑。

第（八）類營養添加劑

§08001維生素A粉末 Dry Formed Vitamin A

1. 含量：本品係維生素A油或脂肪酸維生素A酯油溶液加工而成之粉末，其1g含維
生素A6～150mg。含量應為標示含量之100～120%（Vitamin A 150mg = 500,000I.
U.）

2. 外觀：淡黃～淡赤褐色粉末。

3. 變敗：本品不得具異臭。

4. 砷：2ppm以下（以As_2O_3計）。

5. 重金屬：20ppm以下（以Pb計）。

6. 乾燥減重：5%以下（硫酸減壓乾燥器，4小時）

7. 熾灼殘渣：5%以下。

8. 分類：食品添加物第（八）類。

9. 用途：營養添加劑。

§08002維生素A油溶液 Vitamin A Oil

1. 含量：本品1g含維生素A 30～300mg。含量應為標示含量之100～110%（Vitamin A
300mg = 1,000,000I.U.）

2. 外觀：黃～略帶紅色之橙黃色液體，具特異臭。

3. 酸價：2.8以下。

4. 氯仿不溶物：本品0.5g溶於氯仿3mL時，不得有不溶物。

5. 分類：食品添加物第（八）類。

6. 用途：營養添加劑。

§08003維生素A脂肪酸酯（油溶液）Vitamin A Fatty Acid Ester, in Oil

1. 外觀：無色～略帶紅色之淡黃色油脂狀，略具特異臭。
2. 酸價：1.96以下。
3. 醇型維生素甲：本品100mg溶於石油醚，調配成其1mL相當於100～200I.U.，作為檢液。次以懸濁於石油醚之鋁膠製成約5cm之色析層於層析管中並注意經常保持鋁膠浸在石油醚中，鋁膠層上端置脫脂棉一小片後，裝入石油醚10mL，吸引並調整石油醚流出量約為1分鐘30滴，待石油醚液面達到鋁膠層上面約1cm時，加入檢液5～10mL於層析管中。待檢液液面達到鋁膠層上面1cm時，以含5%乙醚之石油醚使酯型維生素A以同樣速度流出後，再以同法以含50%乙醚之石油醚溶出醇型維生素A。

   酯型維生素A及醇型維生素A在色析層中移動及溶出情形，可在短時間內照射波長約350nm之紫外光觀察，又色析層如生成龜裂或氣泡時，應重新操作。本試驗應於常溫以下行之。

   上法所得之醇型維生素A溶液，繼續通入氮或二氧化碳氣於約70℃之水浴上完全蒸除石油醚，殘渣立即溶於異丙醇並調配成其1mL相當於約10I.U.後，於波長310nm，325nm及334nm測定吸光度，依下式算出醇型維生素A之含量時，其含量應在10%以下。

   醇型維生素A含量 $= a / b \times 100$（%）

   但a：依定量法所得醇型維生素A之國際單位（I.U.）
   　b：依定量法所得總維生素A之國際單位（I.U.）。

   所用石油醚、乙醚、鋁膠、異丙醇、均需用維生素A測定用試藥。
4. 分類：食品添加物第（八）類。
5. 用途：營養添加劑。

§08004鹽酸硫胺明（維生素B₁）Thiamine Hydrochloride（Vitamin B₁）

分子式：$C_{12}H_{17}ON_4ClS \cdot HCl$　**分子量**：337.29

1. 含量：98～102%（105℃乾燥2小時後定量）。
2. 外觀：白色微細結晶或結晶性粉末，無臭或略具特異臭。
3. 溶狀：本品1g溶於水使成10mL，其液色不得較0.1N重鉻酸鉀液1.5mL加水使成1,000mL時之液色為濃。
4. 液性：本品水溶液（1→100）之pH值應為2.7～3.4。
5. 硫酸鹽：0.05%以下（以SO_4計）
6. 硝酸鹽：本品1g溶於水50mL，取其2mL加硫酸2mL振盪混合，冷後積層硫酸亞鐵試液2mL時，界面不得呈現棕色環。
7. 溴氫酸鹽：本品7mg溶於水0.1mL，取其1滴佳螢光紅試液1滴，再加冰醋酸與過氧化氫之等量混合液1滴充分攪拌混合後於水浴上蒸乾時，殘渣不得呈紅色。
8. 乾燥減重：5%以下（105℃，2小時）
9. 熾灼殘渣：0.2%以下。

10. 分類：食品添加物第（八）類。
11. 用途：營養添加劑。

§08008核黃素（維生素B₂）Riboflavin（Vitamin B₂）
分子式：$C_{17}H_{20}O_6N_4$　**分子量**：376.37
1. 含量：98%以上（105℃乾燥2小時後定量）。
2. 外觀：黃～橙黃色結晶或結晶性粉末，略具臭。
3. 比旋光度：[α]20D＝–115～–140°（100℃乾燥4小時後，取50mg樣品溶於0.05N無碳酸鹽（Carbonate）之氫氧化鈉溶液，並以相同溶液再稀釋至10.0mL，在30分鐘內測定其旋光度）。
4. Lumiflavin：本品35mg加不含乙醇之氯仿10mL，振盪混合5分鐘後過濾，濾液之液色不得比0.1N重鉻酸鉀液3mL加水使成1,000mL溶液10mL之液色為濃。
5. 乾燥減重：1.5%以下（105℃，2小時）。
6. 熾灼殘渣：0.3%以下。
7. 分類：食品添加物第（八）類；第（九）類。
8. 用途：營養添加劑；著色劑。

§08010鹽酸吡哆辛（維生素B₆）Pyridoxine Hydrochloride（Vitamin B₆）
分子式：$C_8H_{11}O_3N \cdot HCl$　**分子量**：205.64
1. 含量：98%以上（硫酸減壓乾燥器乾燥4小時後定量）。
2. 外觀：白～淡黃色結晶或結晶性粉末，無臭。
3. 重金屬：30ppm以下（以Pb計）。
4. 乾燥減重：0.5%以下（硫酸減壓乾燥器，4小時）
5. 熾灼殘渣：0.1%以下。
6. 分類：食品添加物第（八）類。
7. 用途：營養添加劑。

§08011氰鈷胺明（維生素B₁₂）Cyanocobalamin（Vitamin B₁₂）
1. 含量：95%以上。
2. 外觀：暗紅色結晶或結晶性粉末，無臭無味。
3. 溶解度：能溶於水及乙醇，不溶於丙酮、氯仿或醚。
4. 乾燥減重：12%以下（5mm Hg真空度，105℃，2小時）
5. 分類：食品添加物第（八）類。
6. 用途：營養添加劑。

§08016鈣化醇（維生素D₂）Calciferol（Vitamin D₂）
分子式：$C_{28}H_{44}O$　**分子量**：396.66
1. 外觀：白色結晶，無臭。

2. 熔融溫度：115～118℃（硫酸減壓乾燥器乾燥3小時後測定）。
3. 比旋光度：[α]20D＝＋102.0～＋107.0°（取0.3g溶於乙醇使成20mL）。
4. 比吸光度：本品溶於不含醛之乙醇，於波長265nm測定吸光度時E1%1cm應為445～485。
5. 麥角固醇：本品10mg溶於90v/v%乙醇2mL，加毛地黃苷20mg溶於90v/v%乙醇2mL之溶液，放置18小時後，不得生成沉澱。
6. 分類：食品添加物第（八）類。
7. 用途：營養添加劑。

§08026菸鹼酸 Nicotinic Acid
分子式：$C_6H_5O_2N$　**分子量**：123.11
1. 含量：99.5%以上（105℃乾燥1小時後定量）。
2. 外觀：白色結晶或結晶性粉末，無臭，略具酸味。
3. 溶融溫度：234～237℃。
4. 氯化物：0.02%以下（以Cl計）
5. 硫酸鹽：0.02%以下（以SO_4計）。
6. 重金屬：20ppm以下（以Pb計）。
7. 乾燥減重：1%以下（105℃，1小時）
8. 熾灼殘渣：0.1%以下。
9. 分類：食品添加物第（八）類。
10.用途：營養添加劑。

§08028葉酸 Folic Acid
分子式：$C_{19}H_{19}O_6N_7$　**分子量**：441.40
1. 含量：95.0～102.0%（以高效能液相層析定量）。
2. 外觀：黃～橙黃色結晶性粉末，無臭。
3. 水分：8.5%以下（費氏Karl Fischer）法。
4. 熾灼殘渣：0.5%以下。
5. 分類：食品添加物第（八）類。
6. 用途：營養添加劑。

§08044甲基柑果苷（維生素P）Methyl Hesperidin（Vitamin P）
1. 含量：90%以上（硫酸乾燥器乾燥24小時後定量）。
2. 外觀：黃～橙黃色粉末，無臭或略具臭。
3. 溶狀：本品1g溶於水10mL，其溶液之濁度應在「殆澄明」以下。
4. 硫酸鹽：0.02%以下（以SO_4計）。
5. 重金屬：20ppm以下（以Pb計）。
6. 乾燥減重：3%以下（硫酸減壓乾燥器，24小時）。

7. 熾灼殘渣：0.5%以下。

8. 分類：食品添加物第（八）類。

9. 用途：營養添加劑。

§08045維生素K₃ Menadione（Vitamin K₃）

分子式：$C_{11}H_8O_2$　**分子量**：172.18

1. 含量：98.5%以上（硫酸乾燥器乾燥4小時後定量）。

2. 外觀：鮮黃色之結晶性粉末，殆無臭。

3. 熔融溫度：105～107℃。

4. 溶解度：本品1g能溶於乙醇約60mL或苯10mL中，較難溶於氯仿、四氯化碳或植物油，殆不溶於水。

5. 乾燥減重：0.3%以下（硫酸乾燥器，4小時）

6. 熾灼殘渣：0.1%以下。

7. 分類：食品添加物第（八）類。

8. 用途：營養添加劑。

§08050 L-色胺酸 L-Tryptophan

分子式：$C_{11}H_{12}O_2N_2$　**分子量**：204.23

1. 含量：98.5%以上（105℃乾燥3小時後定量）。

2. 外觀：白～帶黃白色結晶或結晶性粉末，無臭或略有臭，略具苦味。

3. 溶狀：本品0.5g溶於0.5N氫氧化鈉液10mL，其液色不得較比合液C爲濃，且其濁度應在「殆澄明」以下。

4. 液性：本品水溶液（1→100）之pH值應爲5.5～7.0。

5. 比旋光度：[α]20D＝－30～－33°（105℃乾燥3小時，取0.5g溶於水使成50mL）。

6. 氯化物：0.02%以下（以Cl計）。

7. 銨鹽：0.03%以下（以NH_4計）。

8. 砷：2ppm以下（以As_2O_3計）。

9. 重金屬：20ppm以下（以Pb計）。

10. 其他氨基酸：準用「L-天門冬酸鈉」之其他氨基酸試驗法。

11. 乾燥減重：0.3%以下（105℃，3小時）。

12. 熾灼殘渣：0.1%以下。

13. 分類：食品添加物第（八）類。

14. 用途：營養添加劑。

§08056 L-蛋胺酸 L-Methionine

分子式：$C_5H_{11}O_2NS$　**分子量**：149.22

1. 含量：98.5%以上（105℃乾燥4小時後定量）。

2. 外觀：白色片狀結晶或結晶性粉末，具特異臭及略苦味。

3. 溶狀：本品0.5g溶於水20mL，其溶液應無色「澄明」。

4. 比旋光度：[α]20D = +21.0～+25.0°（105℃乾燥4小時後，取1g溶於6N鹽酸液使成50mL）。

5. 氯化物：0.024%以下（以Cl計）。

6. 硫酸鹽：0.05%以下（以SO_4計）。

7. 銨鹽：0.02%以下（以NH_4計）。

8. 砷：2ppm以下（以As_2O_3計）。

9. 重金屬：20ppm以下（以Pb計）。

10.乾燥減重：0.5%以下（105℃，4小時）。

11.熾灼殘渣：0.1%以下。

12.分類：食品添加物第（八）類。

13.用途：營養添加劑。

§08057 L-苯丙胺酸 L-Phenylalanine

分子式：$C_9H_{11}O_2N$　**分子量**：165.20

1. 含量：98.5%以上（105℃乾燥3小時後定量）。

2. 外觀：白色結晶或結晶性粉末，略具苦味。

3. 溶狀及溶性：本品1g溶於水100mL，其溶液應無色且濁度應在「殆澄明」以下。其pH值應為5.4～6.0。

4. 比旋光度：[α]20D = −33～−35°（105℃乾燥3小時後，取1g溶於水使成50mL）。

5. 氯化物：0.02%以下（以Cl計）。

6. 銨鹽：0.02%以下（以NH_4計）。

7. 砷：2ppm以下（以As_2O_3計）。

8. 重金屬：20ppm以下（以Pb計）。

9. 其他氨基酸：準用「L-天門冬酸鈉」之其他氨基酸試驗法。

10.乾燥減重：0.3%以下（105℃，3小時）

11.熾灼殘渣：0.1%以下。

12.分類：食品添加物第（八）類。

13.用途：營養添加劑。

§08133 / §09033葉黃素 Lutein化學名稱：3,3'-dihydroxy-d-carotene

分子式：$C_{40}H_{56}O_2$　**分子量**：568.88

1. 定義：本品係由萬壽菊花（marigold flower）以溶劑抽出，經皂化、離心等步驟所獲得之結晶葉黃素（lutein），其結晶中並含有少量之玉米黃素（zeaxanthin）。

2. 含量：lutein 75%以上。

3. 描述：黃褐色結晶粉末。

4. 鑑別：(1)溶解度：不溶於水，溶於己烷。

　　　　(2)類胡蘿蔔素陽性試驗：於本品丙酮溶液中連續加入亞硝酸鈉5%溶液及

        0.5M硫酸後顏色消失。

5. 溶劑殘留：己烷：50mg/kg以下。
6. 鉛：2mg/kg以下。
7. 分類：食品添加物第（八）類。
8. 用途：營養添加劑。

第（九）類著色劑

§09001食用紅色六號 New Coccin（Food Red No.6）

常用名稱：Cochineal Red A；New Coccin

化學名稱：Trisodium salt of 1–(4'– sulfo– 1'– naphthylazo)– 2– naphthol– 6,8– disulfonic acid

分子式：$C_{20}H_{11}O_{10}N_2S_3Na_3$　**分子量**：604.54

1. 含量：82%以上。
2. 外觀：紅～暗紅色粉末或粒，無臭。
3. 溶狀：本品0.1g溶於水100mL，其溶液應「澄明」。
4. 水不溶物：0.3%以下。
5. 氯化物及硫酸鹽：總量在8%以下（以Cl，SO_4計）。
6. 砷：2ppm以下（以As_2O_3計）。
7. 重金屬：鐵500ppm以下。
　　　　　鉻25ppm以下。
　　　　　鋅200ppm以下。
　　　　　其他20ppm以下（以Pb計）。
8. 其他色素：3%以下。
9. 乾燥減重：10%以下（135℃，6小時）。
10.分類：食品添加物第（九）類。
11.用途：著色劑。

§09004食用黃色四號 Tartrazine（Food Yellow No.4）

常用名稱：Tartrazine

化學名稱：Trisodium salt of 3– carboxy– 5– hydroxy– 1–(p– sulfophenyl)– 4–(p–sulfophenylazo)– pyrazole

分子式：$C_{16}H_9O_9N_4S_2Na_3$　**分子量**：534.38

1. 含量：85%以上。
2. 外觀：橙黃至橙色粉末或粒，無臭。
3. 溶狀：本品0.1g溶於水100mL，其溶液應「澄明」。
4. 水不溶物：0.3%以下。
5. 氯化物及硫酸鹽：總量在6%以下（以Cl，SO_4計）。
6. 砷：2ppm以下（以As_2O_3計）。
7. 重金屬：鐵500ppm以下。

　　　　　鉻25ppm以下。

　　　　　鋅200ppm以下。

　　　　　其他20ppm以下（以Pb計）。

8. 其他色素：3%以下。

9. 乾燥減重：10%以下（135℃，6小時）。

10.分類：食品添加物第（九）類。

11.用途：著色劑。

§09014 β-胡蘿蔔素 β-Carotene

分子式：$C_{40}H_{56}$　**分子量**：536.89

1. 含量：98%以上（硫酸減壓乾燥器乾燥4小時後定量）。

2. 外觀：紅紫～暗紅色結晶性粉末，略具特異臭及味。

3. 分解溫度：178～183℃（減壓密封管中測定）。

4. 溶狀：本品0.1g溶於氯仿10mL，其溶液應「澄明」。

5. 砷：2ppm以下（以As_2O_3計）。

6. 重金屬：20ppm以下（以Pb計）。

7. 吸光度：本品之環己烷溶液（1→30,000）在波長340nm與362nm之吸光度比應為1以上。本品之環己烷溶液（1→30,000）在波長340nm之吸光度與本品之環己烷溶液（1→300,000）在波長455nm之吸光度比應為1.45以上。本品之環己烷溶液（1→300,000）在波長434nm與455nm之吸光度比應為1.40±0.15、波長483nm與455nm之吸光度比應為1.15±0.10。

8. 乾燥減重：1%以下（硫酸減壓乾燥器，4小時）。

9. 熾灼殘渣：0.1%以下。

10.分類：食品添加物第（九）類。

11.用途：著色劑。

§09022銅葉綠素鈉Sodium Copper Chlorophyllin

1. 外觀：藍黑色粉末，無臭或略具特異臭。

2. 液性：本品水溶液（1→100）之pH值應為9.5～10.7。

3. 比吸光度：本品於105℃乾燥1小時後，精確稱取約0.1g溶於水使成1000mL，取其10mL加磷酸緩衝液（pH 7.5）使成100mL，於波長405nm測定吸光度時，其E1%1cm應為508～568。

4. 砷：4ppm以下（以As_2O_3計）。

5. 鹽基性煤焦色素：本品水溶液（1→200）5mL，加氫氧化鈉液（1→50）1mL及乙醚50mL，振盪混合除去水層後，乙醚層以氫氧化鈉液（1→50）15mL洗滌2次後，加醋酸液（1→10）5mL振盪混合時其水層應無色。

6. 酸性煤焦色素：本品水溶液（1→300）約0.01mL以濾紙層析法第二法檢驗，用No. 1濾紙，展開液用正丁醇，冰醋酸及水之混合液（4：1：2），展開至距中心點5cm，

取出濾紙風乾後,於自然光下觀察時,除單一圓形色帶外,不得有其他斑點。

7. 無機鐵鹽及銅鹽:「酸性煤焦色素」項下試驗所得展開風乾後之濾紙,以亞鐵氰化鉀溶液(1→1,000)及二乙基二硫胺基甲酸鈉溶液〔Sodium diethyldithiocarbamate solution〕(1→1,000)噴霧時,不得生成藍或淡褐色斑點。

8. 乾燥減重:5%以下(105℃,2小時)。

9. 熾灼殘渣:37%以下(105℃乾燥1小時後測定)。

10. 分類:食品添加物第(九)類。

11. 用途:著色劑。

§09030二氧化鈦Titanium Dioxide

別名:Titania;CI Pigment white 6;CI(1975)No.77891;INS No. 171;CAS No. 13463-67-7。

分子式:TiO_2　分子量:79.88

1. 定義:本品可經「硫酸鹽」或「氯化物」兩種製程產之,不同製程之條件決定最終晶體為銳鈦石(anatase)或金紅石(rutile)。採硫酸鹽製程,係利用硫酸消化鈦鐵礦($FeTiO_3$)或鈦礦渣後,經一系列純化步驟分離出二氧化鈦,再經水洗、煅燒及微粉化。採氯化物製程,係利用氯氣與含鈦礦物經還原反應生成無水四氯化鈦後,直接加熱氧化或與蒸氣反應純化二氧化鈦,或者利用濃鹽酸與含鈦礦物反應生成四氯化鈦溶液,經水解純化成二氧化鈦,再經過濾、沖洗及煅燒。為改善產品特性,二氧化鈦可能包覆著少量的鋁或矽。

2. 含量:99.0%以上(以乾重計,氧化鋁及二氧化矽不予計入)。

3. 外觀:白色至微帶色澤粉末。

4. 溶解度:不溶於水、鹽酸、稀硫酸及有機溶劑。在氫氟酸及熱的濃硫酸中可緩慢溶解。

5. 鑑別:本品0.5g加入硫酸5mL,緩慢加熱直到硫酸冒煙後冷卻。小心地加水稀釋至100mL並過濾,取濾液5mL加數滴過氧化氫試劑,立即呈現橙紅色。

6. 乾燥減重:0.5%以下(105℃,3小時)。

7. 熾灼減重:1.0%以下(800℃,以乾重計)。

8. 氧化鋁或二氧化矽:2%以下(單一或共存)。

9. 酸可溶物:0.5%以下;若含鋁或矽則在1.5%以下。

10. 水可溶物:0.5%以下。

11. 0.5N鹽酸可溶物:

    (1) 銻:2mg/kg以下。

    (2) 砷:1mg/kg以下。

    (3) 鎘:1mg/kg以下。

    (4) 鉛:10mg/kg以下。

12. 汞:1mg/kg以下。

13. 分類:食品添加物第(九)類。

14.用途：著色劑。

第（十）類香料
§10001乙酸乙酯Ethyl Acetate
分子式：$C_4H_8O_2$ **分子量**：88.11
1. 含量：98%以上。
2. 外觀：無色透明液體，具類果實香。
3. 比重：0.897～0.906。
4. 折光率：n 20D = 1.370～1.375。
5. 酸價：0.1以下。
6. 重金屬：10ppm以下（以Pb計）。
7. 易碳化物：本品5mL冷卻至10℃，徐徐加硫酸5mL混合，勿使溫度昇高，並於10℃放置5分鐘，其液色不得較比色液（0.01N碘液0.3mL加水至10mL）爲濃。
8. 蒸餾範圍：74～78℃應餾出95v/v%以上。
9. 蒸發殘渣：本品50g於水浴上蒸乾後，於105℃乾燥2小時，其殘渣應在2mg以下。
10.分類：食品添加物第（十）類。
11.用途：香料。

§10015丁香醇Eugenol
分子式：$C_{10}H_{12}O_2$ **分子量**：164.21
1. 含量：98v/v%以上。
2. 外觀：無色～淡黃褐色透明液體，具特異芳香。
3. 比重：1.065～1.071。
4. 折光率：n 20D =1.539～1.542。
5. 溶狀：本品2mL溶於70v/v%乙醇4mL，其溶液應「澄明」。
6. 分類：食品添加物第（十）類。
7. 用途：香料。

§10046香茅醇Citronellol
分子式：$C_{10}H_{20}O$ **分子量**：156.27
1. 含量：94%以上。
2. 外觀：無色透明液體，具特異芳香。
3. 比重：0.853～0.864。
4. 折光率：n 20D =1.453～1.462。
5. 溶狀：本品2mL溶於70v/v%乙醇4mL時，其溶液應「澄明」。
6. 酸價：1以下。
7. 酯價：4以下。
8. 醛類：2%以下（以Citronellal計）

9. 重金屬：10ppm以下（以Pb計）。
10.分類：食品添加物第（十）類。
11.用途：香料。

§10051桂皮醇Cinnamyl Alcohol
分子式：$C_9H_{10}O$　分子量：134.18
1. 含量：98%以上。
2. 外觀：無色～淡黃色液體或白～淡黃色結晶塊，具特異芳香。
3. 凝固溫度：28～33℃。
4. 溶狀：本品1g加50v/v%乙醇3mL時，於35℃溶解時，其溶液應「澄明」。
5. 酸價：1以下。
6. 桂皮醛：1.5%以下。
7. 熾灼殘渣：0.03%以下。
8. 分類：食品添加物第（十）類。
9. 用途：香料。

第（十一）類調味料
§11014 L-麩酸鈉Monosodium L-Glutamate
分子式：$C_5H_8O_4NNa \cdot H_2O$　分子量：187.13
1. 含量：99%以上。
2. 外觀：無色～白色柱狀結晶或白色結晶性粉末，具特異味。
3. 溶狀：本品1g溶於水10mL，其溶液應無色「澄明」。
4. 液性：本品水溶液（1→10）之pH值應為6.7～7.2。
5. 比旋光度：[α]20D =+24.8～+25.3°（100℃乾燥5小時後測定，取5g溶於2.5N鹽酸液使成50mL）。
6. 氯化物：0.2%以下（以Cl計）。
7. 銨鹽：0.04%以下（以NH_4計）
8. 砷：3ppm以下（以As_2O_3計）。
9. 重金屬：20ppm以下（以Pb計）。
10.其他氨基酸：準用「L–天門冬酸鈉」之其他氨基酸項試驗法。
11.乾燥減重：0.5%以下（98±1℃，5小時）。
12.分類：食品添加物第（十一）類。
13.用途：調味劑。

§11021冰醋酸Acetic Acid，Glacial
分子式：CH_3COOH　分子量：60.05
1. 含量：99%以上。
2. 外觀：無色透明液或結晶塊，具特異刺激臭。

3. 凝固溫度：14.5℃以上。
4. 氯化物：3.6ppm以下（以Cl計）。
5. 硫酸鹽：19.6ppm以下（以SO_4計）。
6. 砷：3ppm以下（以As_2O_3計）。
7. 重金屬：10ppm以下（以Pb計）。
8. 易氧化物：本品2g溶於水10mL，加0.1N高錳酸鉀液0.1mL時，其液色不得於30分鐘內消失。
9. 蒸發殘渣：0.01%以下。
10.甲醛：30ppm以下。
11.分類：食品添加物第（十一）類。調味劑。

§11030 5'-次黃嘌呤核苷磷酸二鈉Sodium 5'-Inosinate
分子式：$C_{10}H_{11}O_8N_4PNa_2$　　**分子量**：392.19
1. 含量：97～102%。
2. 外觀：無色～白色結晶或白色結晶性粉末，具特異味。
3. 溶狀：本品0.5g溶於水10mL，其溶液應無色，且濁度應在「殆澄明」以下。
4. 液性：本品之水溶液（1→20）之pH值應為7.0～8.5。
5. 銨鹽：0.02%以下（以NH_4計）。
6. 砷：2ppm以下（以As_2O_3計）。
7. 重金屬：20ppm以下（以Pb計）。
8. 氨基酸：不得檢出。
9. 吸光度比：本品之0.01N鹽酸溶液（1→50,000）於波長250nm及260nm、280nm及260nm之吸光度比應分別為1.55～1.65，0.20～0.30。
10.其他核酸分解物：本品1g溶於水使成100mL，取其0.01mL以濾紙層析法檢查，於展開液由原點下降達約30cm時停止展開，風乾濾紙後，於暗處將濾紙背面持向波長約250nm之紫外光觀察時，應僅有一個斑點。
　　展開液：飽和硫酸銨溶液、2–甲基–2–丙醇及0.025N氨水之混合液（160：3：40）。濾紙：層析用濾紙2號。
11.水分：28.5%以下，費氏（Karl Fischer）法。
12.分類：食品添加物第（十一）類。
13.用途：調味劑。

§11031 5'-鳥嘌呤核苷磷酸二鈉Sodium 5'-Guanylate
分子式：$C_{10}H_{12}O_8N_5PNa_2$　　**分子量**：407.20
1. 含量：97～102%（120℃乾燥4小時後定量）。
2. 外觀：無色～白色結晶性粉末或粉末，具特異味。
3. 溶狀：本品0.1g溶於水10mL，其溶液應無色且濁度應在「殆澄明」以下。
4. 液性：本品之水溶液（1→20）之pH值應為7.0～8.5。

5. 銨鹽：0.02%以下（以NH$_4$計）。
6. 砷：2ppm以下（以As$_2$O$_3$計）。
7. 重金屬：20ppm以下（以Pb計）。
8. 氨基酸：不得檢出。
9. 吸光度比：本品之0.01N鹽酸溶液（1→50,000）於波長250nm與260nm及280nm與260nm之吸光度比應為0.95～1.03至0.36～0.71。
10. 其他核酸分解物：準用「5'-次黃嘌呤核苷磷酸二鈉」之其他核酸分解物試驗法。
11. 乾燥減重：25%以下（120℃，4小時）。
12. 分類：食品添加物第（十一）類。
13. 用途：調味劑。

§11032磷酸Phosphoric Acid
分子式：H$_3$PO$_4$　**分子量**：98.00
1. 含量：85%以上。
2. 外觀：無色透明糖漿狀液體，無臭。
3. 比重：1.69以上。
4. 溶狀：本品4mL溶於乙醇6mL，其溶液應無色且濁度在「殆澄明」以下。
5. 硫酸鹽：0.03%以下（以SO$_4$計）。
6. 砷：3ppm以下（以As$_2$O$_3$計）。
7. 重金屬：10ppm以下（以Pb計）。
8. 易氧化物：本品7g溶於水5mL，加0.1N高錳酸鉀液0.2mL時，於水浴上加熱時其紅色不得在10分鐘內消失。
9. 分類：食品添加物第（十一）類。
10. 用途：調味劑。

§11052咖啡因Caffeine
分子式：C$_8$H$_{10}$N$_4$O$_2$　**分子量**：194.19
1. 含量：98.5～101.0%（以乾重計）。
2. 外觀：本品為無水或含一分子水之白色粉末或白色閃光針狀物，無臭，具有苦味，其水溶液以石蕊試紙試之呈中性。其水合物在空氣中可被風化。
3. 性狀：本品水合物1g可溶於約50mL水、75mL酒精、60mL氯仿及600mL乙醚。
4. 鑑別：(1)於磁皿中取本品5mg溶於鹽酸1mL，再加入氯酸鉀50mg以蒸氣浴蒸發至乾，將此磁皿倒置於含有數滴氨試液之器皿上面，則乾燥所得殘渣呈紫色，而經加入鹼液後，紫色消失。
　　　　(2)於本品之飽和溶液中加入單寧酸試液可產生沉澱，惟繼續加入過量單寧酸試液後該沉澱則行消失。
　　　　(3)於本品之飽和溶液5mL中加入碘試液5滴時應無沉澱產生，惟再加入稀釋鹽酸試液3滴時可產生紅棕色沉澱，而若再加入少許過量之氫氧化鈉試

　　　　　液，則沉澱溶解。

5. 融熔溫度：235～237.5℃。
6. 其他鹼：本品水溶液（本品1g溶於水50mL）5mL，加入含汞碘化鉀試液數滴，無沉澱產生。
7. 砷：3ppm以下（以As計）。
8. 鉛：10ppm以下。
9. 重金屬：20ppm以下（以Pb計）。
10.易碳化物：本品500mg溶於硫酸試液5mL中，其液色不得較標準顏色比合液D為深。
11.水分：無水物0.5%以下，水合物8.5%以下。
12.熾灼殘渣：0.1%以下。
13.分類：食品添加物第（十一）類。
14.用途：調味劑。

第（十一）之一類甜味劑
§11-1-004甘草素Glycyrrhizin

1. 含量：95%以上（80℃乾燥4小時後定量）。
2. 外觀：無色～類白色結晶或粉末，具強甜味。
3. 溶解度：溶於熱水，較難溶於冷水。
4. 液性：本品之水溶液（1→100）之pH值應為4.5～6.5。
5. 硫酸鹽：0.014%以下（以SO_4計）。
6. 砷：2ppm以下（以As_2O_3計）。
7. 重金屬：20ppm以下（以Pb計）。
8. 乾燥減重：5%以下（80℃，4小時）。
9. 熾灼殘渣：8%以下。
10.分類：食品添加物第（十一）之一類。
11.用途：甜味劑。

§11-1-007糖精Saccharin
分子式：$C_7H_5NO_3S$　　**分子量**：183.19

1. 含量：98%以上（105℃乾燥2小時後定量）。
2. 外觀：無色～白色結晶或白色結晶性粉末，無臭或略具芳香，味極甜，一萬倍之水溶液仍具甜味。
3. 熔融溫度：226～230℃。
4. 溶狀：本品各取1g溶於熱水30mL及乙醇35mL，其溶液應各為無色「澄明」。
5. 苯甲酸及水楊酸：本品0.5g溶於熱水15mL加氯化鐵試液3滴時，不得有沉澱，或呈紫～紫紅色。
6. 鄰甲苯磺醯胺：100ppm以下。

7. 重金屬：10ppm以下（以Pb計）。
8. 易碳化物：本品0.2g加硫酸5mL攪拌混合，於48～50℃加熱10分鐘時，其液色不得較比合液A爲濃。
9. 乾燥減重：1%以下（105℃乾燥2小時）。
10. 分類：食品添加物第（十一）之一類。
11. 用途：甜味劑。

§11-1-022索馬甜Thaumatin

1. 含量：本品之含氮量應在16.0%以上。
2. 外觀及性狀：本品係自Thaumatococcus daniellii（Benth）之種子以水爲溶劑萃取得。本品爲乳黃色粉末，具甜味，無臭味，可溶於水，不溶於丙酮。
3. 碳水化合物：3.0%以下（以乾重計）。
4. 比吸光度：本品（以乾重計）1g溶於水100mL，於pH2.7波長279nm測定吸光度時E1% 1cm應爲12.0～12.5。
5. 鋁：100ppm以下。
6. 鉛：10ppm以下。
7. 砷：3ppm以下（以As計）。
8. 硫酸化灰分：2.0%以下（以乾重計）。
9. 乾燥減重：9.0%以下（105℃至達恆重）。
10. 分類：食品添加物第（十一）之一類。
11. 用途：甜味劑。

§11-1-011阿斯巴甜Aspartame

化學名稱：N–L–α–丁胺二醯–L–苯丙胺酸
1–甲酯（N–L–α–Aspartyl–L–Phenylalanine
1–Methyl Ester：APM）

分子式：$C_{14}H_{18}N_2O_5$　**分子量**：294.31

1. 性狀：本品爲無色、無臭、具甜味之結晶粉末，微溶於水而略溶於酒精，其0.8%水溶液之pH值爲4～6.5。
2. 鑑別：(1)溶2g三酮茚滿（triketohydrindene）於75ml二甲亞碸（dimethylsulfoxide）中，加入62mg之2,2'–二羥–〔2,2'–聯茚滿〕–1,1', 3,3'–四酮（hydrindantin），並以4M醋酸鋰緩衝液（pH9）稀釋至100mL後過濾。取本品約10mg置試管中，加入上述試液2mL後加熱，則產生暗紫色。
   (2)取本品約20mg溶於1mL甲醇中，加入鹽酸胲/甲醇（hydroxylamine hydrochloride/methanol）飽和溶液0.5mL混合後再加入5N知氫氧化鈉/甲醇溶液0.3mL，然後將此混合液加熱至沸騰；冷卻後以鹽酸試液調整pH至1～1.5間，並加入0.1mL氯化鐵試液，則產生酒紅（burgundy）色。
3. 含量：$C_{14}H_{18}N_2O_5$ 98.0%～102.0%（乾燥後計；105℃，4小時）。

4. 5-苄基–3,6–二氧–2–對二氮己環醋酸（5–Benzyl–3,6–dioxo–2–piperazineacetic Acid）：1.5%以下。
5. 比旋光度：[α]20D =+12.5°～+17.5°（以乾重計：105℃，4小時）。
6. 透光度：適。
7. 砷：3ppm以下（以As計）。
8. 重金屬：10ppm以下（以Pb計）。
9. 乾燥減重：4.5%以下。
10. 熾灼殘渣：0.2%以下。
11. 分類：食品添加物第（十一）之一類。
12. 用途：甜味劑。

§11-1-013甘草萃Licorice Extracts

1. 性狀：本品為豆科植物甘草（Glycyrrhiza glabra L.）或其他屬植物之根、莖萃取物，其甘味之主成分為甘草素（glycyrrhizin）。本品呈黑褐色，外形有結晶、粉末、顆粒、液狀、膏狀、鱗片或塊狀等數種，具特有之甘味，無臭或具特異臭。
2. 甲醇：不得檢出。
3. 砷：3ppm以下（以As計）。
4. 鉛：10ppm以下。
5. 重金屬：50ppm以下（以Pb計）。
6. 分類：食品添加物第（十一）之一類。
7. 用途：甜味劑。

§11-1-017麥芽糖醇Maltitol

分子式：$C_{12}H_{24}O_{11}$　**分子量**：344.31
1. 性狀：本品為白色結晶狀粉末，易溶於水，微溶於酒精。
2. 含量：D–maltitol 98.0%以上。
3. 熔點：148～151℃。
4. 比旋光度：[α]20D =+105.5～+108.5°（取本品5g溶於水100mL）。
5. 水分含量：1%以下（費氏法）。
6. 硫酸化灰分：0.1%以下。
7. 還原糖：0.1%以下。
8. 氯化物：50ppm以下。
9. 硫酸鹽：100ppm以下。
10. 鎳：2ppm以下。
11. 鉛：1ppm以下。
12. 重金屬：10ppm以下（以Pb計）。
13. 分類：食品添加物第（十一）之一類、第（七）類。
14. 用途：甜味劑、品質改良用、釀造用及食品製造用劑。

第（十二）類黏稠劑（糊料）

§12001海藻酸鈉Sodium Alginate

1. 外觀：白～帶黃白色粉末，殆無臭，無味。
2. 液性：本品2g徐徐加入，並攪拌混合溶於水200mL中，一面在60～70℃加熱一面攪拌，經20分鐘使成均勻溶液，冷卻後測定其pH值應在6.0～8.0。
3. 硫酸鹽：2.8%以下（以Na_2SO_4計）。
4. 砷：2ppm以下（以As_2O_3計）。
5. 重金屬：20ppm以下（以Pb計）。
6. 澱粉：取〔2.液性〕項下溶液5mL，加碘試液1滴時，不得呈藍色～紫紅色。
7. 明膠：取〔2.液性〕項下溶液5mL，加鉬酸銨試液1（1→20）1mL攪拌混合，在5分鐘內，不得生成沉澱。
8. 乾燥減重：15%以下（105℃，4小時）。
9. 熾灼殘渣：33～37%（105℃乾燥4小時後測定）。
10. 分類：食品添加物第（十二）類。
11. 用途：黏稠劑（糊料）。

§12006羧甲基纖維素鈉Sodium Carboxmethyl Cellulose

化學名稱：Sodium salt of carboxymethyl ether of cellulose

別名：纖維素羥乙酸鈉（Sodium cellulose glycolate）、Na CMC、CMC、纖維素膠（Cellulose Gum）、INS No. 466、C.A.S. No. 9004-32-4

分子式：$[C_6H_7O_2(OH)x(OCH_2COONa)y]n$　n為聚合程度

　　　　x = 1.50~2.80　　y = 0.2~1.50　　x + y = 3.0

　　　　y = 置換度（degree of substitution）

分子量：當置換度為0.2，分子量為178.14

　　　　當置換度為1.5，分子量為282.18

　　　　聚合分子量大約在17,000（n約100）。R=H或CH_2COONa

1. 純度：含羧甲基纖維素鈉99.5%以上（以乾重計）。
2. 外觀：白色或淡黃色，為幾乎沒臭味的易吸濕性顆粒，粉粒或細纖維狀。
3. 溶解度：可溶於水而形成膠黏狀液，不溶於乙醇。
4. 鑑別試驗：(1)泡沫測試：取0.1%之本品水溶液，激烈搖動，沒有泡沫層的產生。本試驗可區分出羧甲基纖維素鈉與其他纖維素醚，海藻酸鹽類及天然膠的不同。

　　　　　　(2)沉澱生成：取5mL之0.5%本品水溶液，加入5mL的5%硫酸銅或硫酸鋁溶液，有沉澱產生。〔本試驗主要是用於區分羧甲基纖維素鈉與其他纖維素醚、動物膠、角豆膠（carob bean gum）和山羊刺樹膠（tragacanthgum）〕

　　　　　　(3)呈色反應：本品0.5g加入50mL水，於加入的過程中伴隨著攪拌，使其分散，後持續攪拌直到溶液呈現清澈,本品完全溶解水合。取1mL

　　此水溶液加入小試管中，另加等體積的水去稀釋，在小試管內加入5滴的萘酚試劑（1-naphthol），然後將試管傾斜，小心緩慢的沿著試管壁倒入2mL的硫酸到底層，在本品水溶液及硫酸溶液之分界面會有紫紅色的顏色形成。

5. 乾燥減重：乾燥後之減重在12.0%以下（105℃，至恆重）。
6. pH值：6.0～8.5（本品1g溶於100mL水之水溶液）。
7. 鈉：12.4%以下（以乾重計）。以原子吸收光譜儀或火焰光度法測定。
8. 氯化鈉：0.5%以下（以乾重計）。
9. 游離乙醇酸鹽：以乙醇酸鈉計，0.4%以下（以乾重計）。
10. 置換度：0.20～1.50。
11. 鉛：2mg/kg以下（以乾重計）。以原子吸收光譜儀測定。
12. 重金屬：20mg/kg以下（以Pb計）。
13. 分類：食品添加物第（十二）類。
14. 用途：黏稠劑（糊料）。

§12012鹿角菜膠Carrageenan

1. 外觀：白～淡褐色粉末或粉末塊，略具特異臭。
2. 溶狀及液狀：本品1g加水100mL攪拌加熱至80℃溶解，則成類白色混濁液（但不得含較大塊狀物及明顯異物），其pH值應為7.5～9.5。
3. 砷：3ppm以下（以As計）。
4. 重金屬：40ppm以下（以Pb計）。
5. 乾燥減重：12%以下（105℃，5小時）。
6. 熾灼殘渣：37%以下。
7. 硫酸根：18～40%乾重。
8. 分類：食品添加物第（十二）類。
9. 用途：黏稠劑（糊料）。

§12019海藻酸鉀Potassium Alginate（Algin）

分子式：$(C_6H_7O_6K)_n$當量：計算值，241.22
　　　　　實際值（平均），238.00

1. 性狀：本品係海藻酸（參見海藻酸之規格標準）之鉀鹽，外觀呈白～微黃色之纖維狀或顆粒狀粉末，幾無臭、無味，溶於水中則形成黏稠狀之膠體溶液，不溶於酒精及酒精含量高於30%之水溶液，亦不溶於氯仿、醚及pH值在3以下之酸液。
2. 鑑別：(1)取本品（1→100）水溶液5mL，加入1mL氯化鈣試液，則形成大量之膠狀沉澱物。
　　　　(2)取本品（1→100）水溶液10mL，加入1mL稀硫酸試液，則形成黏稠之膠狀沉澱物。
　　　　(3)與海藻酸規格標準之鑑別試驗丙同。

(4)以稀鹽酸試液浸萃本品之「灰分」，過濾之，其濾液之鉀離子試驗呈陽性反應。

3. 含量：二氧化碳（CO_2）生成量，16.5～19.5%。
4. 灰分：22～33%以下（乾燥後計）。
5. 砷：3ppm以下（以As計）。
6. 重金屬：10ppm以下（以Pb計）。
7. 乾燥減重：15%以下。
8. 分類：食品添加物第（十二）類。
9. 用途：黏稠劑（糊料）。

第（十三）類結著劑

§13001焦磷酸鉀Tetrapotassium Pyrophosphate Potassium Pyrophosphate Tetrapotassium Disphosphate

分子式：$K_4P_2O_7$　**分子量**：330.34

1. 含量：含$K_4P_2O_7$ 95%以上（以乾物重計）。
2. 外觀及性狀：無色～白色結晶或塊狀或白色粉末或結晶性粉末。具吸濕性。易溶於水，但不溶於乙醇中。
3. pH值：本品1g溶於水100mL，其溶液之pH值應為10.0～10.7。
4. 磷酸鹽：本品1g溶於水100mL，取此溶液1mL加硝酸銀試液數滴時，不得有深黃色沉澱生成。若有白色或微黃色沉澱生成，此沉澱物可再溶於稀硝酸中。
5. 鉀離子：本品1g溶於水20mL，其鉀離子試驗呈陽性反應。
6. 氟化物：10mg/kg以下。
7. 砷：3mg/kg以下（以As計）。
8. 鉛：10mg/kg以下。
9. 重金屬：20mg/kg以下（以Pb計）。
10. 乾燥減重：2%以下（105℃，4小時後，再550℃，30分鐘）。
11. 水不溶物（Water insoluble matter）：0.2%以下。
12. 分類：食品添加物第（十三）類。
13. 用途：結著劑。

第（十四）類食品工業用化學藥品

§14001氫氧化鈉Sodium Hydroxide

分子式：NaOH　**分子量**：40.00

1. 含量：95%以上。
2. 外觀：白色小球狀、片狀、棒狀、塊狀或粉末。
3. 溶狀：本品50g溶於新煮沸冷卻之水250mL，取其5mL加水20mL混合，其溶液應無色且濁度應在「殆澄明」以下。
4. 硫酸鹽：0.2%以下（以SO_4計）。

5. 碳酸鈉：2%以下。
6. 砷：3ppm以下（以As$_2$O$_3$計）。
7. 重金屬：30ppm以下（以Pb計）。
8. 汞：0.1ppm以下。
9. 鉀：焰色反應由鈷玻璃透視時，應不得呈持續紫紅色。
10. 分類：食品添加物第（十四）類。
11. 用途：食品工業用化學藥品。

§14005鹽酸Hydrochloric Acid

分子式：HCl　**分子量**：36.46

1. 含量：本品含HCl應為標示含量之90～120%。
2. 外觀：無色～淡黃色液體，具刺激臭。
3. 硫酸鹽：0.012w/v%以下（以SO$_4$計）。
4. 砷：2ppm以下（以As$_2$O$_3$計）。
5. 重金屬：5ppm以下（以Pb計）。
6. 汞：0.1ppm以下。
7. 鐵：30ppm以下。
8. 熾灼殘渣：本品100g加硫酸2滴，於沙浴上蒸乾後熾灼至恆量時，其殘渣量應在20mg以下。
9. 分類：食品添加物第（十四）類。
10. 用途：食品工業用化學藥品。

§14008離子交換樹脂Ion-Exchange Resin

1. 外觀：黑色，褐色，淡赤褐色或白色球狀，塊狀或粉狀，殆無臭。
2. 固體物：(1)陽離子交換樹脂：取本品25mL於內徑約3cm之層析管中，用4%鹽酸1,000mL以每分鐘15～20mL之速度流出溶洗後，再用精製水以同樣速度流出，溶洗至溶洗液10mL之含氯量低於0.1N鹽酸0.3mL之含氯量後，作為標準檢體（H型）。
   (2)陰離子交換樹脂：取本品25mL於內徑約3cm之層析管中，用4%氫氧化鈉液1,000mL以每分鐘15～20mL之速度流出溶洗後，再用精製水以同樣速度流出溶洗液，至溶洗液對酚酞試液不呈紅色後，作為標準檢體（OH型）。取標準檢體以精製水充分浸漬，次以濾紙吸除附著之水分，秤取10g後，如係陽離子交換樹脂，則於100℃乾燥12小時，如係陰離子交換樹脂，則於40℃及30mmHg之減壓乾燥器中乾燥12小時，其量應在25%以上。
3. 水可溶物：取標準檢體以精製水充分浸漬，以濾紙吸除附著之水分後，秤取10g於內徑28mm，長100mm之圓筒濾紙內，將其懸掛於精製水1,000mL中，時時振盪萃取5小時，取萃取液50mL蒸乾後，於110℃乾燥3小時，其殘渣應在0.5%以下，但

需以同法作對照試驗。

4. 砷：取標準檢體以精製水充分浸漬，再以濾紙吸除附著之水分後，取2g於分解瓶中，加硫酸5mL及硝酸20mL，徐徐加熱並時時添加硝酸2〜3mL至液呈無色〜淡黃色，冷後加飽和草酸銨溶液5mL，再加熱至產生白煙，冷後加水使成25mL，取其5mL作爲檢液測定時，砷含量應在3ppm以下。

5. 總離子交換能量：(1)陽離子交換樹脂：標準檢體以精製水充分浸漬，再以濾紙吸除附著之水分後，精確秤定約5g，浸漬於0.2N氫氧化鈉液500mL中，時時振盪放置12小時後，取上澄液10mL以0.1N硫酸液滴定（甲基橙試液3滴作爲指示劑）。另行對照試驗，依下式計算總離子交換能量時，其數值應在1.0毫克當量／公克以上。

總離子交換能量＝（（對照試驗所需0.1N硫酸滴定量(ml)－本試驗所需0.1N硫酸滴定量）／標準檢體量(g)＊（固體(%)/100））＊5(meq/g)

(2)陰離子交換樹脂：試驗法及計算同「陽離子交換樹脂」，但以0.2N鹽酸液代替0.2N氫氧化鈉液，0.1N氫氧化鈉液代替0.1N硫酸液。

6. 分類：食品添加物第（十四）類。
7. 用途：食品工業用化學藥品。

第（十五）類溶劑

§15001丙二醇Propylene Glycol

分子式：$C_3H_8O_2$　**分子量**：76.10

1. 外觀：無色透明糖漿狀液，無臭或略有臭，略具苦味及甜味。
2. 比重：1.036〜1.040。
3. 沸騰溫度：183〜195℃。
4. 游離酸：水50mL加酚酞試液1mL，滴加0.01N氫氧化鈉液至呈持續30秒鐘以上之紅色，加本品10mL混合後再加N氫氧化鈉液0.2mL時，應呈持續30秒鐘以上之紅色。
5. 氯化物：70ppm以下（以Cl計）。
6. 重金屬：5ppm以下（以Pb計）。
7. 甘油與乙二醇：精密秤定本品約1g加水使成1000mL，取其13mL加過碘酸鉀0.2g，硫酸1mL及水50mL，以每分鐘3〜5mL之速度蒸餾至殘渣液約爲1mL（餾出液之受器應置冰水中）。餾出液加水使成500mL，取其1mL加變色酸0.1g及硫酸5mL，於水浴中加熱30分鐘後冷卻，加水使成250mL時，其液色不得較甲醛標準液1mL經依同法操作後之液色爲濃。
8. 熾灼殘渣：0.05%以下。
9. 分類：食品添加物第（十五）類。
10.用途：溶劑。

§15003己烷Hexane

分子式：本品主含正己烷（n-Hexane）C_6H_{14}。

1. 外觀：無色透明揮發性液體，具特異臭。
2. 比重：0.659～0.685。
3. 折光率：n20D =1.374～1.386。
4. 液性：本品30mL加水10mL充分振盪混合後，分離之水層，應為中性。
5. 硫化物：本品5mL加硝酸銀銨試液3mL，一面充分振搖一面避光於60℃加熱5分鐘時，不得呈褐色。
6. 易碳化物：本品5mL加硫酸5mL，充分振盪混合5分鐘時，其硫酸層液色不得較比合液B為濃。
7. 苯：0.25v/v%以下。
8. 蒸餾範圍：64～70℃應餾出95v/v%以上。
9. 蒸發殘渣：13ppm以下（105℃，30分鐘）。
10. 分類：食品添加物第（十五）類。
11. 用途：溶劑。

§15004異丙醇Isopropyl Alcohol（2-Propanol; Isopropanol）

分子式：C_3H_8O　**分子量**：60.10

1. 性狀：本品為澄清、無色、可燃燒之液體，具特異臭及略有苦味。
   本品可溶於水、乙醇、乙醚及其他多種有機溶劑，在20℃之折射率約為1.377。
2. 鑑別：於試管中加本品2mL，水3mL及硫酸汞試液1mL，溫和地加熱則形成白色或黃色沉澱。
3. 含量：C_3H_8O 99.7%以上（以重量計）。
4. 水：0.2%以下。
5. 溶解度：適（在水中）。
6. 酸度：10ppm以下（以醋酸計）。
7. 蒸餾範圍：不得超過1℃，且其範圍應包含82.3℃。
8. 可還原高錳酸鹽之物質：適。
9. 不揮發性殘渣：10ppm以下。
10. 重金屬：1ppm以下（以Pb計）。
11. 分類：食品添加物第（十五）類。
12. 用途：溶劑。

第（十六）類乳化劑

§16001脂肪酸甘油酯Glycerin Fatty Acid Ester

1. 外觀：白～淡黃白色粉末、蠟狀塊、薄片、半流動體，或黏稠液體，無味，無臭或具特異臭氣。

2. 酸價：6以下。

3. 砷：2ppm以下（以As$_2$O$_3$計）。

4. 重金屬：20ppm以下（以Pb計）。

5. 聚氧乙烯：準用「脂肪酸山梨糖酯」之「5.聚氧乙烯」項之試驗法。

6. 熾灼殘渣：1.5%以下。

7. 分類：食品添加物第（十六）類。

8. 用途：乳化劑。

§16003脂肪酸山梨糖酯Sorbitan Fatty Acid Ester

1. 外觀：白～黃褐色液體或蠟狀物。

2. 酸價：14以下。

3. 砷：2ppm以下（以As$_2$O$_3$計）。

4. 重金屬：20ppm以下（以Pb計）。

5. 聚氧乙烯：本品1g加水20mL加溫充分振盪，冷卻後加硫氰酸銨、硝酸鈷試液
   10mL，充分振盪混合後，加氯仿10mL振盪混合，放置時氯仿層不得呈藍色。

6. 熾灼殘渣：1.5%以下。

7. 分類：食品添加物第（十六）類。

8.用途：乳化劑。

第（十七）其他

§17007油酸鈉Sodium Oleate

1. 外觀：本品為白～黃色粉末，或淡黃色粗末，或塊狀，且具特異味及臭。

2. 溶狀：本品0.5gm加水20mL，攪拌混合溶解時，其液應「殆澄明」。

3. 游離鹼：本品為粉末，精秤約5.0gm，加中性乙醇100mL，加熱溶解，趁熱過濾，
   以溫中性乙醇，洗滌至洗液無色為止，洗液合併於濾液。冷後以0.1 N硫酸滴定。
   其消耗量以amL表示之。殘渣再以熱水10mL洗滌五次，合併洗液，冷後滴入溴苯
   酚藍（Bromophenolblue）指示劑3滴，並以0.1N硫酸滴定。其消耗量以bmL表示
   之。依下式求出游離鹼量時，其量應在0.5%以下。

$$游離鹼含量 = \frac{0.004 \times a + 0.053 \times b}{檢體採取量（gm）} \times 100\%$$

4. 砷：2ppm以下（以As$_2$O$_3$計）。

5. 重金屬：40ppm以下（以Pb計）。

6. 熾灼殘渣：22～25%。

7. 分類：食品添加物第（十七）類。

8. 用途：其他。

§17009蟲膠Shellac

別名：INS No. 904

1. 性狀：蟲膠是由紫膠介殼蟲[*Laccifer* (*Tachardia*) lacca Kerr (Fam. *Coccidae*)]分泌的樹脂狀蟲漆所得之聚脂狀樹脂。漂白蟲膠是將蟲漆溶解在碳酸鈉水溶液中，之後利用次氯酸鈉漂白，利用稀硫酸溶液沉澱，之後乾燥。無蠟漂白蟲膠需再經過過濾的步驟以濾除蠟質。

2. 外觀：漂白蟲膠：灰白至棕褐色，非結晶型粒狀樹脂；無蠟漂白蟲膠：淡黃色，非結晶型粒狀樹脂。

3. 呈色反應：本品50mg加數滴鉬酸銨硫酸溶液（1g鉬酸銨溶解於3mL的硫酸中），會有綠色生成。之後將當溶液以6N的氫氧化銨中和後，顏色變爲淡紫色。

4. 溶解度：不溶於水，溶於酒精（但溶解速率非常緩慢），微量溶於丙酮和乙醚。

5. 酸價：60～89之間。

6. 乾燥減重：6.0%以下（40℃乾燥4小時後，室溫放置在矽膠上15小時）。

7. 松香：本品2g溶於10mL的無水酒精，緩慢加入50mL的己烷溶劑，並搖動。轉換至分液漏斗，以50mL的水洗2次，去除洗液，過濾溶劑層後，將其蒸發至乾。之後將殘餘物加入2mL液化酚及亞甲基氯的混合液（1體積的液化酚和2體積的亞甲基氯），攪拌並將部分混合溶液移至一孔狀的呈色反應盤。將1體積的溴和4體積的亞甲基氯混合液加入鄰近的一個孔中，以玻璃覆蓋兩邊孔洞。在含有樣品殘留物之液體內或其上方不會有紫色或深靛藍色產生。

8. 蠟質：漂白蟲膠：5.5%以下；無蠟漂白蟲膠：0.2%以下。

9. 鉛：2mg/kg以下。

10. 分類：食品添加物第（十七）類。

11. 用途：其他。

§17014單寧酸Tannic Acid

別名：單寧（Tannins）（食品級），沒食子單寧酸（Gallotannic acid）、INS No. 181

1. 定義：本品並非如其名爲一種「酸」，而是由溶劑自天然來源萃取出之沒食子單寧（Gallotannins）。通用名稱「單寧酸」之所以被採用是用以區隔其他單寧產品，例如縮合性單寧（Condensed tannins）。本規格專指可經由水解爲沒食子酸（Gallic acid）之沒食子單寧（Gallotannins），並不包括縮合性（不能水解，non-hydrolysable）單寧及可水解之鞣花單寧（hydrolysable ellagitannins）。可水解之沒食子單寧，包括中國單寧及Aleppo單寧，均由沒食子櫟（*Quercus* species，例如：*Q. infectoria*）細枝所生之瘤，也就是沒食子（Nutgall）萃取而來。也可由若干品系的漆樹，包括西西里島及美洲種漆樹（例如：*Rhus corieria*, *R. galabra*以及*R. thypia*）萃取而來。這些主要含有雙葡萄糖酯化之聚沒食子酸。可作爲水解單寧之另一來源爲蘇木屬（Tara, *Caesalpinia spinosa*）之豆夾，此等單寧之成份主要含雙quinic acid酯化之聚沒食子酸。

2. 含量：96%以上（以乾重計）。
3. 外觀：非結晶型粉末，具閃亮鱗狀物或海棉團狀，顏色從淡黃白色到淡棕色，無味或帶有一種微弱的特殊風味。
4. 溶解度：可溶於水、丙酮及乙醇；不溶苯、氯仿及乙醚；本品1g可溶於1mL的溫甘油中。
5. 呈色反應：本品1g溶於10mL水中，加入少量的氯化鐵試液，溶液會轉為藍黑色或產生沉澱。
6. 沉澱生成：本品之水溶液加入白蛋白或明膠則會產生沉澱。
7. 乾燥減重：7%以下（以105℃，加熱2小時後計）。
8. 硫化灰分：1%以下。
9. 膠或糊精：本品1g溶於5mL水中，過濾，濾液加入10mL的酒精，在15分鐘內不會有混濁產生。
10. 樹脂狀物質：本品1g溶於5mL水中，過濾後，將濾液稀釋至15mL，沒有混濁產生。
11. 縮合性單寧：0.5%以下。
12. 溶劑殘留：丙酮及乙醇兩者殘留量單獨或合計均不得高於25mg/kg。
13. 鉛：2mg/kg以下。
14. 分類：食品添加物第（十七）類。
15. 用途：食品製造助濾劑。

§17017合成矽酸鎂Magnesium silicate (synthetic)

別名：INS No. 553(i)

1. 定義：合成矽酸鎂的製造是由矽酸鈉和可溶性鎂鹽經沉澱反應生成，收集固體沉澱物經清洗及乾燥而得顆粒粉末，內含多樣組成物質，其氧化鎂和二氧化矽之莫耳數比約為2：5。
2. 外觀：細緻、白色、無臭、無味且不含粗粒狀之粉末。
3. 含量：氧化鎂在15%以上及二氧化矽在67%以上（以燃燒後乾重計）。
4. 鑑別：(1)溶解度：不溶於水及酒精，易被無機酸（mineral acids）分解。
    (2)pH值：7.0-10.8（10%漿液）。
    (3)鎂試驗：本品0.5g與10mL，2.7 N稀釋鹽酸混合後過濾，以6N氨水中和濾液，用石蕊試紙測試，此中和濾液檢測鎂呈陽性。
    (4)矽酸鹽試驗：以磷酸銨鈉晶體融合製備之小珠置於白金圈上，用本生燈火焰燃燒，將熱的、清澈的小珠接觸本品再次融合，矽會浮在小珠上，冷卻後產生不清澈的網狀結構。
5. 乾燥減重：15%以下（105℃，2小時）。
6. 熾灼減重：15%以下（乾燥減重後樣品秤重1g置於加蓋之白金坩鍋，逐步加溫後以900℃或1000℃加熱20分鐘，冷卻後秤重）。
7. 可溶性鹽：3%以下（本品10g加水150mL煮沸15分鐘，冷卻至室溫後補水至原體

積，靜置15分鐘後過濾至澄清溶液，20mL濾液留作游離鹼試驗，取75mL濾液，相當於本品5g，置於白金皿上蒸發至乾後並燒灼至恆重，冷卻後秤重，殘渣重量在150mg以下）。

8. 游離鹼：1%以下（以NaOH計，可溶性鹽試驗中濾液20mL，相當於本品1 g，加入2滴酚酞（Phenolphthalein）溶液後，以0.1N鹽酸滴定濾液，不超過2.5 mL酸液可使濾液呈粉紅色）。

9. 砷：0.1 ppm以下（以As計）。

10.氟化物：10mg/kg以下（以Fluoride Limit Test分析）。

11.鉛：5mg/kg以下（以原子吸收光譜法分析）。

12.分類：食品添加物第（十七）類。

13.用途：食品製造助濾劑及防結塊劑。

Note

10.4 預告「食品添加物使用範圍及限量標準」草案

　　食品添加物管理規範自1976年（民國65年）發布實施以來，未做過大幅度的修正。衛福部於民國103年以Codex與EU規範為主要參考依據，研擬草案內容。104年公布於食藥署網站，並且收集各界建議研擬修改草案初稿內容。105年藉由溝通各界建議並且建立草案查詢系統供各界提出建議。106年食藥署對意見較為分歧之處，辦理產學會議進行討論。草案內容也送請食品衛生安全與營養諮議會進行審查，並持續說明及溝通以確認導入後之適切性。

　　最終於107年11月28日預告了「食品添加物使用範圍及限量標準」草案。主要是加入食品分類系統的類別編號及符合國際編碼的編號，調整之後讓外顯的格式更方便對照及查詢。預計新制可解決：1.「使用範圍需以函釋補充說明—例如原來麵包、粉圓等屬於糕餅之食品可以使用己二烯酸等防腐劑符合需求，而饅頭、包子因為不屬糕餅食品不可以使用。」；2.「同類食品有不同範圍名稱—例如原來糖漬果實及蜜餞因名稱不同不能使用相同添加物，新的食品分類系統兩者分在相同的編號下04.1.2.7糖漬水果及蜜餞，問題得以解決」等問題。

　　接軌國際最新標準，統一添加物名稱與功能類別及編號等，例如硝酸鹽及亞硝酸鹽原來只在保色劑的功能別，新的標準與Codex一樣放在保色劑及防腐劑的功能別上面。

　　現行僅能由食品添加物向欲添加的食品單向查詢，透過新的查詢系統，利用食品分類的類別編號，未來可以分別查詢輸入「食品添加物品名」或「食品類別名稱」，即可顯示查詢條件結果。

　　食品添加物使用範圍及限量標準的條文共九條，第二條的附件一食品分類系統是新版的第一個重點，它是參考聯合國食品標準委員會及歐盟等食品添加物標準分類系統，以食品原料或產品形式進行主要分類（乳品、油脂、冰品等共17類），再以加工方式進行階層分類（次分類270餘項），也參考亞洲及我國特定食品品項，新增我國調整特定類別（如豆製品、水產煉製品及麵類製品等）。

　　第五條的附件二限制了未經加工處理食品類別使用食品添加物共27項。

　　第八條的附件三修改食品添加物功能類別以符合國際管理趨勢，將原有17類調整為28類（移列到新增功能類別／多用途添加物功能類別增加／以其他標準管理，如加工助劑、洗潔劑等／已有其他標準管理品項，予以刪除）。

小博士解說

新的食品添加物使用範圍及限量標準（本項預告2022年12月底仍未正式公告）的特點：
1. 加入台灣食品添加物編號。
2. 同步標示Codex食品添加物編號。
3. 顯示該項食品添加物之所有功能類別。
4. 導入食品分類系統編號到使用範圍及限量規範中。
5. 範圍及限量外之規範以備註方式表示。

10.保色劑（Colorretentionagent）
硝酸鹽及亞硝酸鹽類（Nitrates and Nitrites）

T No.	品名	英文品名	國際編碼（INS）
T249	亞硝酸鉀	Potassium Nitrile	249
T250	亞硝酸鈉	Sodium Nitrile	250
T252	硝酸鉀	Potassium Nitrate	252
T251	硝酸鈉	Sodium Nitrate	251
功能類別	保色劑、防腐劑		

類別編號	食品類別名稱	使用限量	備註
08.2.1.1	醃漬（包括鹽漬），但未加熱之整塊或分割肉品——限培根製品	70 mg/kg	以NO_2殘留量計
08.2.1.2	醃漬（包括鹽漬），乾燥但未加熱之整塊或分割肉品	70 mg/kg	以NO_2殘留量計
08.2.1.3	發酵，但未加熱之整塊或分割肉品	70 mg/kg	以NO_2殘留量計
08.2.2	加熱處理之整塊或分割之加工肉品	70 mg/kg	以NO_2殘留量計
08.3.1.1	醃漬（包括鹽漬），但未加熱之絞碎肉加工品	70 mg/kg	以NO_2殘留量計
08.3.1.3	發酵，但未加熱之絞碎加工肉品	70 mg/kg	以NO_2殘留量計
08.3.2	熱處理之絞碎加工肉品	70 mg/kg	以NO_2殘留量計
08.4	熟肉製品	70 mg/kg	以NO_2殘留量計
09.2	加工水產品——限魚肉製品	70 mg/kg	以NO_2殘留量計
09.4	熟製水產品——限魚肉製品	70 mg/kg	以NO_2殘留量計
09.3	魚卵製品及其替代品——限鮭魚卵、鱈魚卵製品	5.0 mg/kg	以NO_2殘留量計

20. 防腐劑（Preservative）
硝酸鹽及亞硝酸鹽類（Nitrates and Nitrites）

T No.	品名	英文品名	國際編碼（INS）
T252	硝酸鉀	Potassium Nitrate	252
T249	亞硝酸鉀	Potassium Nitrile	249
T251	硝酸鈉	Sodium Nitrate	251
T250	亞硝酸鈉	Sodium Nitrile	250
功能類別	保色劑、防腐劑		

類別編號	食品類別名稱	使用限量	備註
08.2	整塊或分割之加工肉品	70 mg/kg	以NO_2殘留量計
08.3	絞碎加工肉品	70 mg/kg	以NO_2殘留量計
08.4	熟肉製品	70 mg/kg	以NO_2殘留量計
09.2	加工水產品——限魚肉製品	70 mg/kg	以NO_2殘留量計
09.4	熟製水產品——限魚肉製品	70 mg/kg	以NO_2殘留量計
09.3	魚卵製品及其替代品——限鮭魚卵及鱈魚卵製品	5.0 mg/kg	以NO_2殘留量計

食品添加物使用範圍及限量標準

第　一　條　本標準依食品安全衛生管理法第十八條第一項規定訂定之。

第　二　條　食品添加物之使用範圍，係指食品添加物可添加之食品類別。前項食品類別分類及說明如附件一。

第　三　條　本標準列載之食品添加物，不得為逾越使用範圍及限量之添加。非本標準列載之食品添加物，不得添加於食品中。

第　四　條　食品添加物之使用，其限量依本標準規定為「視實際需要適量使用」者，有關適量之判斷，應綜合考量下列情事：

　　　　　　一、不得利用食品添加物改變食品之本質、組成及品質而誤導消費者。

　　　　　　二、不得利用食品添加物掩飾不符食品安全衛生管理法相關規定之原料與加工流程。

第　五　條　附件二列載之食品或食品類別，除本標準另有規定外，不得添加使用限量為「視實際需要適量使用」之食品添加物。

第　六　條　除嬰兒、較大嬰兒、特殊疾病嬰兒配方食品與嬰兒輔助食品外，於食品中發現由原料帶入（carry over）非該食品得使用之食品添加物，其符合下列規定者，不以違法認定之：

　　　　　　一、該食品添加物係對應原料依本標準規定得添加，且用量亦未超過限量標準。

　　　　　　二、該食品添加物於食品中之檢出量，未超過其含該添加物之原料及配料帶入之總量。

第　七　條　食品添加物編號（TNumbe, T No.）由食品添加物功能類別編號及個別添加物順序所組成。

第　八　條　各項食品添加物使用範圍及限量如附件三。

第　九　條　本標準自發布日二年後施行。

附件一　食品分類系統

01.0 乳、乳製品及其類似產品（排除2.0脂肪、油及乳化油脂製品）

　　01.1 乳及乳飲料

　　　　01.1.1 乳

　　　　01.1.2 乳飲料

　　01.2 無調整發酵乳（排除01.1.2乳飲料）

　　　　01.2.1 未經熱處理無調整發酵乳

　　　　01.2.2 經熱處理無調整發酵乳

　　01.3 煉乳及其類似產品

　　　　01.3.1 煉乳

　　　　01.3.2 奶精

　　01.4 乳脂（cream）及其類似產品

　　01.5 奶粉及其製品

　　　　01.5.1 奶粉

　　　　01.5.2 奶粉製品

　　01.6 乾酪（cheese）及其製品

　　01.7 以乳為原料之甜點（例如布丁及水果優格）

　　01.8 乳清及乳清產品（排除乳清乾酪）

02.0 脂肪、油及乳化脂肪製品

　　02.1 不含水的脂肪和油

　　　　02.1.1 酪乳油、無水乳油

　　　　02.1.2 植物油脂及脂肪

　　　　02.1.3 魚油及其他動物油脂

　　　　02.1.4 植物油脂與動物油脂混合製品

　　02.2 水油狀（油中水滴型）脂肪乳化製品

　　　　02.2.1 奶油（butter）

　　　　02.2.2 脂肪、乳脂及混合之塗抹物

　　02.3 油水（水中油滴型）狀脂肪乳化製品，包括混合及調味之脂肪乳化製品

　　02.4 脂肪類甜點（排除01.7以乳為原料之甜點）

03.0 食用冰品

　　03.1 冰淇淋

　　03.2 冰棒類

　　03.3 其他冰品

04.0 蔬菜及水果類（包括蕈類、根莖菜類、豆類、藻類、堅果及種子類）

　　04.1 水果類

　　　　04.1.1 生鮮水果

　　　　　　04.1.1.1 未經處理生鮮水果

04.1.1.2 經表面處理生鮮水果

04.1.1.3 經去皮及/或分切生鮮水果

04.1.2 加工水果

04.1.2.1 冷凍水果

04.1.2.2 乾燥水果

04.1.2.3 水果浸醋、油或鹽液

04.1.2.4 罐裝水果（包括殺菌之瓶裝水果）

04.1.2.5 果醬

04.1.2.6 以水果為基底之抹醬

04.1.2.7 糖漬水果及蜜餞（candied or otherpre served fruit）

04.1.2.8 水果配料，包括果漿、果泥、裝飾用水果及椰奶等

04.1.2.9 以水果為基底之甜點，包括以水果調味水為基底之甜點

04.1.2.10 發酵水果產品

04.1.2.11 水果餡料

04.1.2.12 經調理之水果

04.2 蔬菜類（包括蕈類、根莖菜類、豆類、藻類、堅果、種子及蘆薈等）

04.2.1 生鮮蔬菜

04.2.1.1 未經處理生鮮蔬菜

04.2.1.2 經表面處理生鮮蔬菜

04.2.1.3 經去皮、分切及/或切碎生鮮蔬菜

04.2.2 加工蔬菜

04.2.2.1 冷凍蔬菜

04.2.2.2 乾燥蔬菜

04.2.2.3 醃漬蔬菜

04.2.2.4 罐裝蔬菜（包括巴氏殺菌之瓶裝蔬菜）

04.2.2.5 以蔬菜為基底之抹醬

04.2.2.6 蔬菜配料

04.2.2.7 蔬菜發酵製品

04.2.2.8 經調理之蔬菜（cooked or fried vegetables）

04.2.2.9 熟豆及豆餡製品

04.2.2.10 大豆製品

04.2.2.10.1 豆粉製品

04.2.2.10.2 豆漿製品

04.2.2.10.3 豆皮製品

04.2.2.10.4 豆腐製品

04.2.2.10.5 豆乾製品

04.2.2.10.6 發酵大豆製品

04.2.2.10.7 發酵豆乾製品

06.5.1.2 蒸類膨發糕點製品
06.5.2 油炸麵粉或澱粉膨發製品
06.5.3 麵粉或澱粉等膨發製品預拌粉
06.5.3.1 饅頭、包子等製品預拌粉
06.5.3.2 蒸類膨發糕點製品預拌粉
06.5.3.3 油炸膨發製品預拌粉
06.6 早餐穀片
06.7 穀類、塊根、塊莖等可供主食作物及其澱粉製之點心
06.8 穀類、塊根、塊莖等可供主食作物製備之餡料
06.9 油炸麵糊
06.10 可供主食塊根、塊莖冷凍製品
06.11 可供主食塊根、塊莖乾燥製品
06.12 預煮的穀類、塊根、塊莖及其類似產品
06.13 液態穀類、塊根、塊莖等可供主食作物製品
06.14 蒟蒻相關製品
06.15 其他穀類、塊根、塊莖等可供主食作物製品
07.0 烘焙食品
07.1 麵包及一般烘焙食品
07.1.1 麵包及麵包捲
07.1.1.1 酵母發酵麵包
07.1.1.2 蘇打麵包
07.1.2 餅乾（排除甜餅乾）
07.1.3 其他一般烘焙製品（如貝果、口袋餅及英國馬芬等）
07.1.4 麵包類製品包括有內餡的麵包及麵包屑
07.1.5 麵包及一般烘焙製品預拌粉
07.2 精緻烘焙製品
07.2.1 蛋糕、（甜）餅乾及派（水果夾心類或蛋奶酥餅皮類）
07.2.2 其他精緻烘焙製品（如甜甜圈、馬芬及斯康等）
07.2.3 精緻烘焙製品預拌粉
08.0 肉類及其相關製品
08.1 生鮮畜肉、禽肉及野味
08.1.1 整塊或分割之生鮮肉類
08.1.2 絞碎之生鮮肉類
08.2 整塊或分割之加工肉品
08.2.1 未熱處理之整塊或分割之加工肉品
08.2.1.1 醃漬（包括鹽漬），但未加熱之整塊或分割肉品
08.2.1.2 醃漬（包括鹽漬），乾燥但未加熱之整塊或分割肉品
08.2.1.3 發酵，但未加熱之整塊或分割肉品

08.2.2 加熱處理之整塊或分割之加工肉品

08.2.3 冷凍處理之整塊或分割肉品

08.3 絞碎加工肉品

08.3.1 未熱處理之絞碎肉加工品

08.3.1.1 醃漬（包括鹽漬），但未加熱之絞碎肉加工品

08.3.1.2 醃漬（包括鹽漬），乾燥但未加熱之絞碎肉加工品

08.3.1.3 發酵，但未加熱之絞碎肉加工品

08.3.2 熱處理之絞碎肉加工品

08.3.3 冷凍處理之絞碎肉品

08.4 熟肉製品

08.4.1 醬、滷肉製品類

08.4.2 燻、燒、烤肉類

08.4.3 油炸肉類

08.4.4 西式火腿（燻烤、煙燻、蒸煮）類

08.4.5 香腸類

08.4.6 熟發酵肉製品類

08.4.7 熟肉乾類

08.4.7.1 肉乾類

08.4.7.2 肉脯類

08.4.7.3 肉鬆類

08.5 可食腸衣

08.6 其他肉及肉製品

09.0 水產及其製品（包括軟體動物、甲殼類及棘皮動物）

09.1 生鮮水產品

09.1.1 生鮮魚產品

09.1.1.1 完整或分切之生鮮魚

09.1.1.2 絞碎之生鮮魚肉

09.1.2 生鮮甲殼類、軟體類、腔腸類及棘皮類等水產品

09.1.2.1 完整或分切之生鮮甲殼類、軟體類、腔腸類、棘皮類等水產品

09.1.2.2 絞碎之生鮮甲殼類、軟體類、腔腸類、棘皮類等水產品

09.2 加工水產品

09.2.1 冷凍水產品

09.2.1.1 分切之冷凍水產品

09.2.1.2 冷凍絞碎水產品

09.2.1.3 冷凍乳狀碎水產品

09.2.2 煮或油炸之水產品

09.2.2.1 煮過之魚產品

09.2.2.2 煮過之甲殼類、軟體類、腔腸類及棘皮類等水產品

09.2.2.3 油炸之水產品

09.2.3 煙燻、乾燥及/或發酵水產品

09.2.4 水產煉製品

09.2.5 浸漬或保存於凝膠之水產品

09.2.6 醃漬水產品

09.2.7 罐頭水產品

09.3 魚卵製品及其替代品

09.4 熟製水產品

09.4.1 醬、滷之水產品

09.4.2 燻、燒、烤之水產品

09.4.3 熟乾燥水產品

09.4.3.1 魚鬆、魚脯

09.4.3.2 熟水產乾製品

09.5 其他水產加工製品

10.0 蛋及蛋製品

10.1 生鮮蛋

10.2 蛋製品

10.2.1 液態蛋

10.2.2 冷凍蛋

10.2.3 乾燥或熱凝蛋製品

10.3 保久蛋製品（包括以鹼、鹽及罐裝蛋製品）

10.4 蛋基製品（例如：蛋奶凍等）

11.0 甜味料，包括蜂蜜

11.1 精製及粗製糖

11.1.1 白糖、無水葡萄糖、單水葡萄糖、果糖等

11.1.2 糖粉及葡萄糖粉

11.1.3 綿白糖、綿砂糖、葡萄糖漿、乾製葡萄糖漿及粗製甘蔗糖

11.1.3.1 製造糖果甜點用的乾製葡萄糖漿

11.1.3.2 製造糖果甜點用的葡萄糖漿

11.1.4 乳糖

11.1.5 耕地白糖

11.2 紅糖

11.3 糖液及糖漿（包括糖蜜及糖漿等）及（部分）轉化糖

11.4 其他糖類及糖漿

11.5 蜂蜜

11.6 餐用甜味劑，包括高甜味度甜味劑產品

12.0 調味品（鹽、香辛料、湯、調味醬、沙拉、蛋白質製品）

附件二　規定為視實際需要使用之添加物，在下列食品中不得添加

食品類別編號	食品類別
01.1.1	乳
01.2	無調整發酵乳（排除01.1.2乳飲料）
02.1	不含水的脂肪和油
02.2.1	奶油（Butter）
04.1.1	生鮮水果
04.2.1	生鮮蔬菜
06.1	完整、破碎及薄片之穀粒
06.2	塊根、塊莖及其他非穀類作物
06.3	穀類、塊根、塊莖等可供主食作物粉體製品
08.1	生鮮畜肉、禽肉及野味
09.1	生鮮水產品
10.1	生鮮蛋
10.2.1	液態蛋
10.2.2	冷凍蛋
11.1	精製及粗製糖
11.2	紅糖
11.3	糖液及糖漿（包括糖蜜及糖漿等）及（部分）轉化糖
11.4	其他糖類及糖漿
11.5	蜂蜜
12.1	鹽及鹽替代物
12.2.1	香草及香辛料
13.1	嬰兒配方食品、較大嬰兒配方輔助食品及特殊醫療用途嬰兒配方食品
13.2	嬰兒輔助食品
14.1	包裝飲用水
14.2.1	果蔬汁
14.2.2	果蔬泥飲料
14.2.4	供沖泡之咖啡豆、茶葉、穀物及/或香草植物等產品，不包括可可

附件三　食品添加物功能類別

1. 酸度調整劑（Acidityregulator）
   調節食品中酸鹼值之食品添加物，其中有機酸可做為調味使用。
2. 抗結塊劑（Anticakingagent）
   防止食品中顆粒成分間相互吸附之食品添加物。
3. 抗起泡劑（Antifoamingagent）
   預防泡沫形成或減低泡沫量之食品添加物。
4. 抗氧化劑（Antioxidant）防止因氧化造成食品品質劣變，延長食品保存期限之食品添加物，具有抗氧化、抗褐變等功能之食品添加物。抗氧化劑混合使用時，每一種抗氧化劑之使用量除以其用量標準所得之數值（即使用量／用量標準）總和應不得大於1.0。
5. 漂白劑（Bleachingagent）
   用於食品（不包含穀物、豆類、塊根或塊莖磨粉製品）脫色之食品添加物，不包括色素。
6. 增量劑（Bulkingagent）
   用於增加食品體積或容量，但不會造成食品熱量顯著增加之食品添加物。
7. 碳酸化劑（Carbonatingagent）
   用於食品之碳酸化（Carbonation）之食品添加物。
8. 載體（Carrier）
   為易於加工操作或使用等目的，用於溶解、稀釋或分散等物理性作用於營養素或其他食品添加物，未改變或增加其功能特性之食品添加物。
9. 著色劑（Color）
   用於增加或恢復加工後食品顏色之食品添加物。
10. 保色劑（Colorretentionagent）
    用於保留、安定或增強食品本身顏色之食品添加物。
11. 乳化劑（Emulsifier）
    維持食品中兩相或兩相以上乳化安定性之食品添加物。
12. 硬化劑（Firmingagent）用於形成或維持蔬菜或水果之組織硬度或脆度或與凝膠劑形成更堅固之膠體之食品添加物。
13. 調味劑（Flavorenhancer）
    可加強食品中原有風味之食品添加物。
14. 麵粉處理劑（Flourtreatmentagent）添加於穀物、豆類、塊根或塊莖磨粉製品或其團狀半成品中，用以改善其烘焙特性或顏色之食品添加物。
15. 起泡劑（Foamingagent）
    添加於食品中，有助於泡沫形成或穩定之食品添加物。

16. 凝膠劑（Gellingagent）
    使食品形成凝膠之食品添加物。

17. 包覆劑（Glazingagent）
    使用於食品之表面，有助於構成明亮之外觀或形成具保護性之包覆層。

18. 保濕劑（Humectant）
    防止食品於保存過程因脫水造成品質劣變之食品添加物。

19. 包裝用氣體（Packaginggas）充填包裝過程中，填充於包裝容器之氣體，具有保護包裝中食品功用。

20. 防腐劑（Preservative）可防止微生物造成之食品品質劣變，以延長食品保存期限之食品添加物，具有抑制細菌、真菌或噬菌體生長之功能。罐頭一律禁止使用防腐劑，但因原料加工或製造技術關係，必須加入防腐劑者，應事先申請中央衛生主管機關核准後，始得使用。同一食品依表列使用範圍規定混合使用防腐劑時，每一種防腐劑之使用量除以其用量標準所得之數值（即使用量／用量標準）總和不得大於1.0。

21. 推進用氣體（Propellant）
    用於推送食品原料、半成品或成品之氣體。

22. 膨脹劑（Raisingagent）
    可釋出氣體，用以增加麵團或麵糊之體積之食品添加物。

23. 螯合劑（Sequestrant）
    控制食品中陽離子反應活性之食品添加物。

24. 安定劑（Stabilizer）
    可幫助食品中兩種或兩種以上成分保持均勻分佈之食品添加物。

25. 甜味劑（Sweetener）可賦與食品甜味之添加物，不包括單醣及雙醣。同一食品依表列使用範圍規定混合使用甜味劑時，每一種甜味劑之使用量除以其用量標準所得之數值（即使用量／用量標準）總和不得大於1.0。

26. 黏稠劑（Thickener）
    可增加食品黏度之食品添加物。

27. 營養添加劑（Nutrientadditive）
    用以補充食品中特定營養成分之食品添加物。

28. 香料（Flavoringagent）
    用於改變或恢復加工後食品香氣特性之食品添加物。

第11章
食品添加物的使用實例

黃種華、張哲朗、邵隆志、徐能振、吳伯穗、蔡育仁、顏文俊

11.1 蔬菜及水果罐頭

黃種華

台灣水果罐頭有：鳳梨、桶柑、荔枝、龍眼、芒果、枇杷、白梨、楊桃、木瓜及百香果等等，其中以鳳梨罐頭產量最多，曾外銷歐美、日本地區。

鳳梨罐頭因季節不同，甜度及酸度略有差異，夏天季節，氣溫高，糖度亦較高，而酸度較低，為了維持殺菌安全，調整pH值在3.8以下，必須添加少量檸檬酸，提高酸度，以維持殺菌品質的安全，其他如蜜柑及其他果實罐頭，維持pH值在3.4～3.6之間，須添加少量檸檬酸，增加風味及殺菌上的安全。

蔬菜罐頭有：洋菇、蘆筍、竹筍、馬蹄、草菇、青豌豆、玉米筍、黃秋葵、番茄等等，洋菇罐頭：銷售歐美地區，要求添加維他命C以及鹽，是為了保持開罐之後，色澤的鮮美，其他歐洲及日本地區，則添加檸檬酸及鹽，其他蘆筍、馬蹄、草菇等罐頭，酌加檸檬酸及鹽，以增加風味及保持成品色澤。

食品添加劑的選用之前，要先決定主體原料，主體原料賦予產品的主要成分，也決定食品的性質與功能，蔬果原料首重新鮮以及品質的平均，沒有夾雜物是最基本的要求，例如鳳梨罐頭的赤色病產生的紅色鳳梨，雖然栽培上發生的機率不高，雖然健康上無礙但一定要剔除，因為視覺上消費者一定無法接受，而疏忽只會增加消費抱怨的處理困擾而已。

調色是配方設計上重要的組成之一，調整顏色的過程當中，能夠使消費者感到愉快，但是在罐頭的製造上不允許使用任何色素。香料對各種食品的風味，起到畫龍點睛的作用，其原理是調和各種香料、香精的平衡而達到和諧之美，但是在罐頭的製造上不允許使用任何香料。

調味是食品配方中最重要的步驟，罐頭產品調味主要是通過酸味劑改變pH值以確保殺菌的安全性、糖酸比及複配的加乘作用也是調味的重要技術，罐頭產品一般上不允許添加人工甘味劑。

罐頭的長期保存主要是利用密封殺菌來達到目的，很多消費者以為能長期保存一定是添加了防腐劑，其實防腐劑的添加也會增加成本，能夠不必增加成本就能達到保存的目的，聰明的老闆當然就不會添加了。蔬菜類罐頭的品質改良方式主要是添加食鹽或檸檬酸以增加風味及色澤。

小博士解說

在主體原料決定之後，有時候是因應客戶需求，有時可以試作以測試是否需要額外的添加劑，但食品添加劑一定要合法為第一要求（衛福部公告為準），罐頭食品一般不可添加防腐劑。香料、人工甘味劑、色素等之添加視實際上需要而定，但要明確標示。

蔬菜及水果罐頭

蔬菜：洋菇、蘆筍、竹筍、馬蹄、草菇、青豌豆、玉米筍、黃秋葵、番茄等等

水果：鳳梨、桶柑、荔枝、龍眼、芒果、枇杷、白梨、楊桃、木瓜及百香果等等

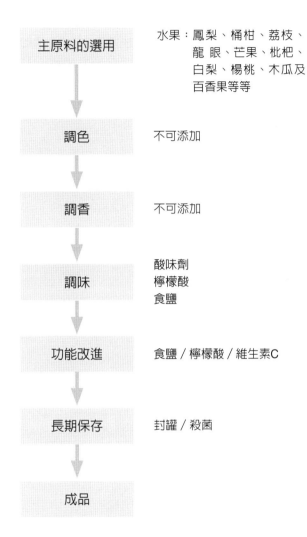

主原料的選用

調色   不可添加

調香   不可添加

調味   酸味劑 檸檬酸 食鹽

功能改進   食鹽 / 檸檬酸 / 維生素C

長期保存   封罐 / 殺菌

成品

➕ 知識補充站

罐頭是人類長期保存食品的有效方法。

11.2 調味牛奶

張哲朗

　　市售調味牛奶的種類很多，諸如果汁牛奶、蘋果牛奶、巧克力牛奶、咖啡牛奶等皆是。本文將以果汁牛奶為例，說明食品添加物的使用目的與要領。

　　果汁牛奶是在牛奶中加入果汁，並以食品副料（如蔗糖等）、食品添加物（如有機酸、安定劑、著色劑、香料等）調整成分組成與修飾產品品質，經殺菌、充填、包裝，製成的一種牛奶飲料，其製造過程如右頁圖示。

　　牛奶是果汁牛奶的主體原料，是果汁牛奶的主要營養來源；果汁是用以調味，賦以清涼感的次原料。當這兩者混合的時候，在產品品質上就會有以下的問題發生：

1. 牛奶被稀釋，黏稠度下降，影響產品口感的濃厚度。
2. 如果使用還原牛奶，牛奶本身乳化不全，會有油脂分離現象。
3. 果汁的顏色、香氣、甜味被稀釋，展現不出果汁風味。
4. 牛奶與酸性的果汁接觸，產生蛋白凝固現象。
5. 必須調整品質規格，使每批生產品質一致。

　　補償牛奶被稀釋，黏稠度下降的問題，通常會補以安定劑。使用還原牛奶，如果乳化不當，通常黏稠度較低，也可能會有油脂分離現象發生，會使用適當量的乳化劑或乳化安定劑。補償食品的色、香、味，可使用合法的著色劑、香料、有機酸（如檸檬酸、酒石酸、維生素C等）、及甜味劑（如蔗糖、葡萄糖、麥芽糖、果糖等、合法的人工甜味劑）等。

　　使用食品添加物的原則如下：

1. 調整成分組成與修飾產品品質宜優先採用天然食材，在不得已的情況下，才考慮使用食品添加物。
2. 選用政府法規核可且經合法向政府登記有案的食品添加物：我國衛生福利部食品藥物管理署訂有「食品添加物使用範圍及限量暨規格標準」（以下簡稱食添標準）。明文規定非表列之食品品項，不得使用各該食品添加物。各類食品添加物之品名、使用範圍，應符合食添標準附表一（食品添加物使用範圍及限量）之規定。
3. 確認擬採用之食品添加物的規格符合食添標準附表二（食品添加物規格）之規定。
4. 食品添加物的使用量應依食添標準規定限量使用，並需符合我國衛生福利部食品藥物管理署頒布的相關衛生標準。

小博士解說

1. 果汁牛奶的賞味期完全是靠適當的殺菌條件，不宜使用防腐劑，其成品需保存於4℃以下冷藏庫中。
2. 各國法規多少有差異，生產外銷產品或到外地生產者，必須了解當地的食品法規。

調味牛奶

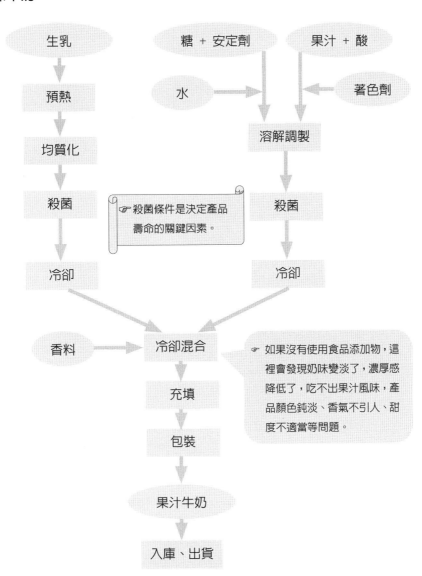

☞ 殺菌條件是決定產品壽命的關鍵因素。

☞ 如果沒有使用食品添加物，這裡會發現奶味變淡了，濃厚感降低了，吃不出果汁風味，產品顏色鈍淡、香氣不引人、甜度不適當等問題。

✚ 知識補充站

　　果汁牛奶生產要訣：(1)酸可以加入牛奶中，牛奶不能加入酸中。(2)酸與牛奶混合時，酸與牛奶的品溫皆宜保持在4℃以下。(3)混合時需要適當的攪拌（原則上越快越好，但過快會引起牛奶的嚴重起泡）。

11.3 冰淇淋

張哲朗

　　冰淇淋是由牛奶、副原料、甜味料、乳化劑、安定劑、有機酸、著色劑、香料等做成調配液，經均質、殺菌、熟成、攪凍（Freezing）、充填包裝、硬化而成，其製造過程如右頁圖示。

　　製造冰淇淋的第一步工作是配方的研發。研製配方時，需考慮消費者可以承受的售價與生產者期待的利潤，去決定預定的成本。然後選用能符合預定成本而且產出產品之品質最好的原料組合。

　　基本上，不用食品添加物也可以做成冰淇淋，只是消費者對冰淇淋的品質要求甚多：

1. 食用時不要硬到挖不動，但不要溶化太快。
2. 風味濃郁，爽口不膩。
3. 質地柔細綿密、入口即化。

　　爲達到消費者對冰淇淋品質的要求，配方中必須添加適當的甜味料（蔗糖、葡萄糖、水飴、人工甜味料等）、副原料（如巧克力、堅果、水果等）及食品添加物（如乳化劑、安定劑、有機酸、著色劑、香料等）。

　　牛奶是冰淇淋最基礎的原料，是冰淇淋中無脂乳固形物（蛋白質＋乳糖＋灰分）與乳脂肪的主要來源。基於成本考量，使用全脂奶粉、脫脂奶粉、奶水、鮮奶油、奶油、植物油等替代牛奶做爲冰淇淋中無脂乳固形物與乳脂肪的替代來源，更增加了使用食品添加物的必要性。

　　冰淇淋的品質，基本上決定於無脂乳固形物與乳脂肪的含量。乳化劑與安定劑的種類與用量，在冰淇淋品質上具有錦上添花的效果，特別是對膨脹率（over-run）的控制。

　　使用食品添加物的原則，可比照11.2調味牛奶中的說明。冰淇淋是冷凍產品，不用防腐劑。

小博士解說

　　冷藏與冷凍產品的壽命取決於製造過程中的殺菌條件、作業環境的衛生、生產設備與工具的良好衛生管理、工作人員衛生習慣與管制等的落實執行。正規的生產企業不宜企圖以使用防腐劑延長產品壽命。

冰淇淋

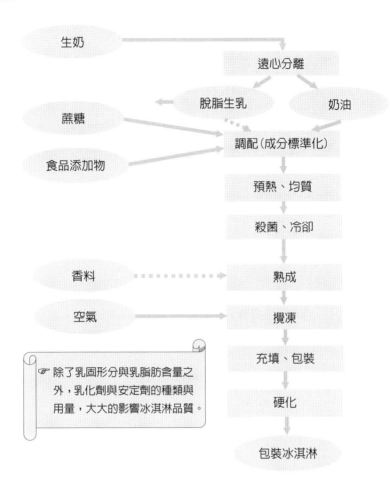

生奶

遠心分離

脫脂生乳　　奶油

蔗糖

食品添加物

調配（成分標準化）

預熱、均質

殺菌、冷卻

香料

熟成

空氣

攪凍

充填、包裝

硬化

包裝冰淇淋

☞ 除了乳固形分與乳脂肪含量之外，乳化劑與安定劑的種類與用量，大大的影響冰淇淋品質。

✚ 知識補充站

Q: 試以Pearson Square Method計算，配製含脂9.4%的冰淇淋配方液，需用多少生乳（含脂3.2%）與鮮奶油（含脂30%）：

A: 1.劃一個正方形。
2.左上角填寫生乳含脂率3.2%（簡稱A）。
3.左下角填寫鮮乳油含脂率30%（簡稱B）。
4.目標含脂率9.4%填寫在正方型的中心（簡稱E）。
5.A-E取決對值（6.2）寫在正方形的右下角。
6.B-E取決對值（20.6）寫在正方形的右上角。
7.答案是：生乳20.6Kg混合6.2Kg的鮮奶油，可得26.8Kg含脂率9.4%的冰淇淋調配液。

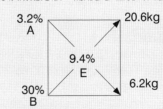

3.2%
A

20.6kg

9.4%
E

30%
B

6.2kg

11.4 嬰兒奶粉

張哲朗

　　本文所稱嬰兒奶粉是中華民國國家標準（CNS）之「嬰兒配方食品」、「較大嬰兒配方輔助食品」、及「特殊醫療用途嬰兒配方食品」等的俗稱。先進的嬰兒配方食品主要採用牛奶中的各獨立成分（如乳清蛋白、酪蛋白、乳糖）、加上植物油、各種維生素、各種礦物質，經調整成分、均質、殺菌、濃縮、噴霧乾燥、充填包裝而成，其製造流程之一如右頁圖示。

　　嬰兒配方食品係單獨食用即可滿足出生至六個月內嬰兒之營養需求的產品。其配方不僅要考慮到食品安全問題，還需要考慮到營養的提供與營養的效益問題。配製配方時，需特別注意到各營養素間之互補與拮抗關係。

　　嬰兒配方食品中所添加的食品添加物種類繁多，各別數量卻很少，在製造過程中特別需要注意到下列事情：

1. 是否漏加或重複添加（需做雙重檢驗）。
2. 混合是否均勻（需做指標成分分析）。
3. 各種原料經溶解在液體狀態下混合的製造方式比用粉體原料乾混合的製造方式更能達到各成分混合均勻的要求。

　　世界各國對嬰兒奶粉的營養需求都做有最低需求建議量，而且皆註明最好的添加量是在最低需求量之上，但越靠近最低需求量越好，而不是最低需求量之上越多越好。

小博士解說

1. 較大嬰兒配方輔助食品係指供六個月以上至十二個月之較大嬰兒，於斷奶過程中，配合嬰兒副食品所使用之配方食品（但不適用於六個月以下兒童單獨使用）。
2. 特殊醫療用途嬰兒配方食品係指特製之母乳或嬰兒配方食品之替代品，單獨食用即可滿足出生數月內患有失調、疾病或醫療狀況之嬰兒之特殊營養需求。
3. 「較大嬰兒配方輔助食品」、「特殊醫療用途嬰兒配方食品」、及「營養食品」的配製原理原則，基本上與「嬰兒配方食品」雷同。

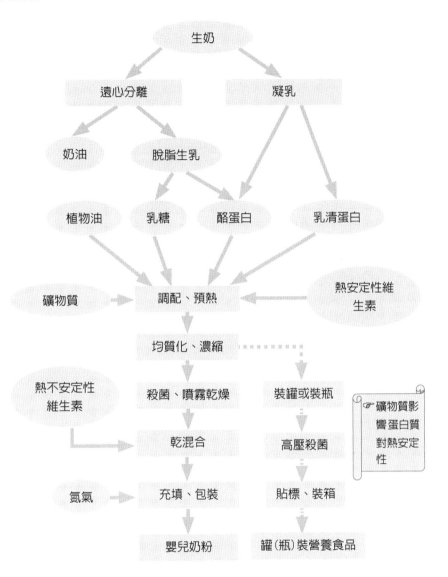

嬰兒奶粉

＋知識補充站

　營養食品（如桂格完膳）是最近市面上的熱門產品，其配製原理原則與製程等同嬰兒奶粉。營養食品一般是罐裝產品，其製程可比照上圖虛線所示部分進行。

11.5 嬰幼兒食品
張哲朗

　　嬰幼兒食品有粉末狀、粒狀、片狀的乾燥品，有罐裝、瓶裝的罐頭產品，後者為主流產品。本文以瓶裝罐頭食品為主做討論，右頁圖示嬰幼兒罐頭食品製造流程，是將蔬菜、水果、穀類及肉類等原料經洗淨、選別、殺菁、調理、裝罐／裝瓶、真空封罐、高溫殺菌而成。

　　嬰幼兒食品依原料別分為穀類製品、蔬菜製品及蛋白製品三類，依形態（加工調理程度）分為泥狀（strained）、顆粒狀（junior）及角切狀等三種。顆粒狀產品的硬度必須是嬰兒用舌頭可以戳破的程度，角切狀產品硬度則必須是嬰幼兒用牙齒可以咬碎的程度。

　　嬰幼兒食品原料主要來自天然農畜水產物，除了營養補充劑（如維生素 C）之外幾乎不使用食品添加物。市售品嘉寶的蘋果泥在其產品標示上寫著「採用天然材料烹製，絕無人造色素、人造調味料或防腐劑」。

　　嬰幼兒食品多少需要考慮調味問題，但宜盡量以淡味為佳，即使是食鹽也需要控制在最少程度。市售品嘉寶的有機香蕉草莓泥標示所用原料為「全熟香蕉、草莓泥、濃縮蘋果汁、濃縮葡萄汁（著色用）、檸檬酸、抗壞血酸（維生素 C），不加精製蔗糖、鹽、澱粉、人工香料。」

小博士解說
1. 嬰幼兒食品的配方如同嬰兒奶粉，不僅要考慮到食品安全問題，還要考慮到營養的提供與營養的效益問題。
2. 所用天然農畜水產物不但要注意農藥殘留、重金屬汙染等食品安全問題，建立原料的源頭追溯體系的要求更嚴謹。
3. 國內市場的嬰幼兒食品全數為外國品牌占有，尚無本國企業自做生產的品牌。

嬰幼兒食品

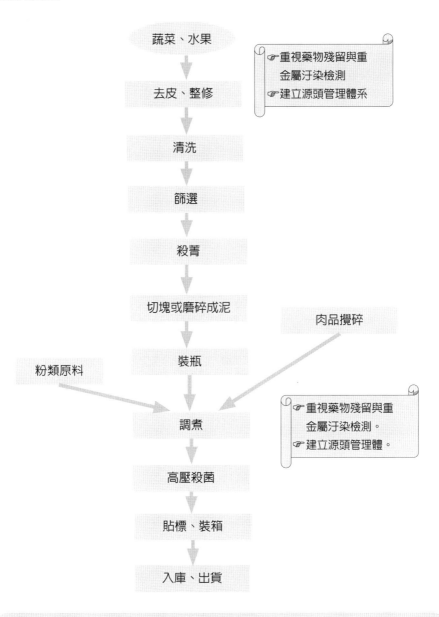

蔬菜、水果

☞重視藥物殘留與重
金屬汙染檢測
☞建立源頭管理體系

去皮、整修

清洗

篩選

殺菁

切塊或磨碎成泥

肉品攪碎

裝瓶

粉類原料

調煮

☞重視藥物殘留與重
金屬汙染檢測。
☞建立源頭管理體。

高壓殺菌

貼標、裝箱

入庫、出貨

✚ 知識補充站

以調整天然原料比例調味，不使用調味料。

11.6 果汁飲料

張哲朗

　　果汁飲料的生產有由生鮮水果直接做為原料生產的，也有以濃縮果汁做為原料生產的。右頁為其生產流程。

　　生鮮水果除調整酸度以外，可能使用維他命C之類的抗氧化劑防止水果色澤的變化，一般來說不會使用食品添加劑。天然農產品的品質（如糖度、酸度等）將因品種、季節、產地等之不同而異。通常以不同批次的產品做適當的調合，以符合品質要求。

　　從下表可見，果汁飲料使用的原料有下列幾項：

1. 水：純水。
2. 天然原料：生果、濃縮汁、砂糖、冰糖、蜂蜜、異麥芽寡醣糖漿。
3. 調味劑：蘋果酸、檸檬酸水。
4. 營養添加劑：維生素 C。
5. 香料。

產品名稱	標示成分
光泉100%柳橙汁	光泉100%柳橙汁精選公認果汁含量最高，且風味最為美味的VALENCIA柳橙品種作為原料，將柳橙的香甜原封不動的放入瓶中，給你百分百的口感。
可果美 綜合葡萄莓果精華飲	水、葡萄、藍莓、黑醋栗、香料（以上果汁均為濃縮還原）。
義美 小寶吉蘋果純汁	蘋果濃縮汁還原。
維大力99%番茄汁	純水、99%番茄原汁濃縮復原、砂糖、香料、維生素 C、蘋果酸、檸檬酸。
愛之味 Oligo鮮採番茄汁	水、番茄濃縮汁、異麥芽寡醣糖漿、冰糖、蜂蜜。

　　消費型包裝的果汁飲料，為維持產品一定的濃厚感，會使用安定劑或濃稠劑等食品添加物。

小博士解說

1. 食品添加物的使用參照「11.2調味牛奶」。
2. 果汁飲料的保存是靠適當的殺菌工程、包裝材料與工程及保存方法，而不是使用防腐劑。

果汁飲料

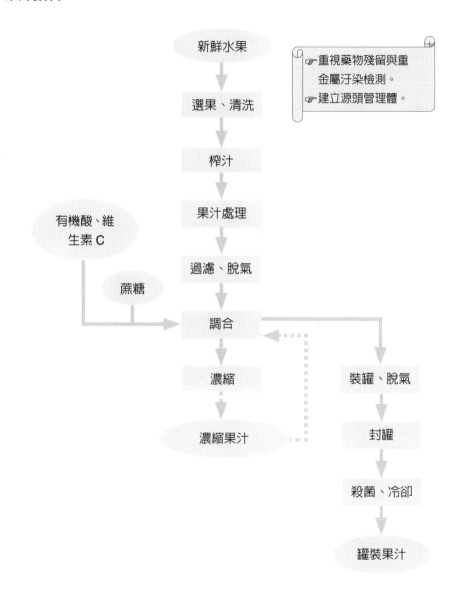

新鮮水果

選果、清洗

☞ 重視藥物殘留與重金屬汙染檢測。
☞ 建立源頭管理體。

榨汁

果汁處理

有機酸、維生素 C

過濾、脫氣

蔗糖

調合

濃縮

裝罐、脫氣

濃縮果汁

封罐

殺菌、冷卻

罐裝果汁

✛ 知識補充站

生產濃縮果汁時，通常會回收香氣回填。

11.7 清涼飲料

張哲朗

　　清涼飲料（soft drink）是碳酸飲料（如可口可樂、黑松汽水、黑松沙士等）、果汁飲料（如蘋果西打、光泉的果汁時刻系列產品等）及乳性飲料（如可爾必思水語、維大力乳酸鈣飲料等）之總稱。

　　下表是各品牌標示，從這些清涼飲料在包裝上的標示，可了解其使用的原料種類，其中食品添加物的使用是爲主體原料的「水」，加味、加香用的。

1. 水：碳酸水、純水。
2. 天然原料：天然濃縮蘋果汁、發酵乳飲料、脫脂奶粉、果糖、高果糖糖漿、蔗糖、乳糖。
3. 甜味劑：阿斯巴甜、醋磺內酯鉀、蔗糖素。
4. 著色劑：焦糖色素。
5. 調味劑：磷酸、檸檬酸、檸檬酸鈉、乳酸、咖啡因。
6. 營養添加劑：維生素C、乳酸鈣。
7. 香料。
8. 其他：大豆多醣體。

產品名稱	標示成分
可口可樂Zero	碳酸水、焦糖色素、磷酸、阿斯巴甜及醋磺內酯鉀及蔗糖素（甜味劑）、香料、檸檬酸鈉、咖啡因。
黑松沙士	碳酸水、砂糖、高果糖糖漿、焦糖色素（純砂糖熬煮而成）、香料（含乙醇、水）、檸檬酸。
蘋果西打	碳酸水、果糖、砂糖、蘋果汁、天然蘋果香料、檸檬酸、焦糖。
光泉的果汁時刻─芭芒柳汁	芭樂、芒果、柳橙以黃金比例調和而成的綜合果汁，爲光泉特有的果汁風味。
可爾必思水語	水、發酵乳飲料、脫脂奶粉、檸檬酸、香料、大豆多醣體、檸檬酸鈉、蔗糖素、醋磺內酯鉀（甜味劑）。
維大力乳酸鈣飲料	乳酸、乳酸鈣、脫脂奶粉、乳糖、純水、高果糖糖漿、檸檬酸、香料。

小博士解說

1. 食品添加物的使用參照「11.2調味牛奶」。
2. 黑松公司於2014年6月完成興建「無菌碳酸飲料寶特瓶生產線」投入生產，開創台灣無菌碳酸飲料生產的新紀元。

清涼飲料

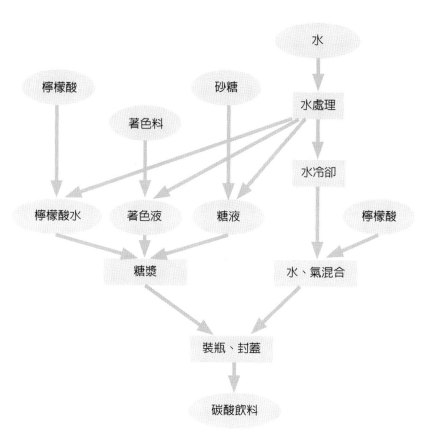

11.8 調理食品

張哲朗

　　本文試以水餃生產說明調理食品使用食品添加物的模式。水餃的生產，可以分為麵皮與內餡製作兩大部分。右頁是工業生產水餃的製作流程之一例。麵皮的製作簡單，麵粉加水攪拌、壓延，做成麵帶，壓切成圓形薄片。重要的是內餡的調理與生產。

　　調理食品不僅要注意調味問題，還需考慮產品的口感、咬感等調理問題。口感與調味有關，咬感與切條塊、裁切大小及烹煮火侯與時間有關。

　　配方研發的步驟如下：

1. 製訂產品概念（product concept）。
2. 選定標竿產品。
3. 配方設計：
   (1) 搜尋參考配方。
   (2) 收集適用原材料。
   (3) 做原料成分分析。
   (4) 計算配方組成決定主配方。
   (5) 調味料（食鹽、糖、辣椒、蒜等香辛料）的性質、添加量、添加順序的了解。
   (6) 選用鮮味劑。
4. 試製。
5. 感官品評。

　　家庭主婦與廚師做的菜，上桌後菜溫一涼，有的口味會變差，有的顏色會變化，有的黏稠度會變化，還有軟硬度會發生變化的。市售調理食品不容有如此的品質缺陷，必須設法改善。這就是為何家庭主婦與廚師做菜，除了調味料之外，幾乎不會使用食品添加物，而市售調理食品會使用食品添加物的理由。

小博士解說

1. 配方的配製要注意糖、鹽、酸、辣等呈味成分間的濃度比例，是做出食物美味的祕訣。
2. 冷凍保存並非意味著所有食物中的微生物完全停止生長，也不意味著所有食物中的酵素活力停止活動，更不意味著所有氧化作用停止，也就是說冷凍產品，擺的日子久了還是會壞的。

調理食品

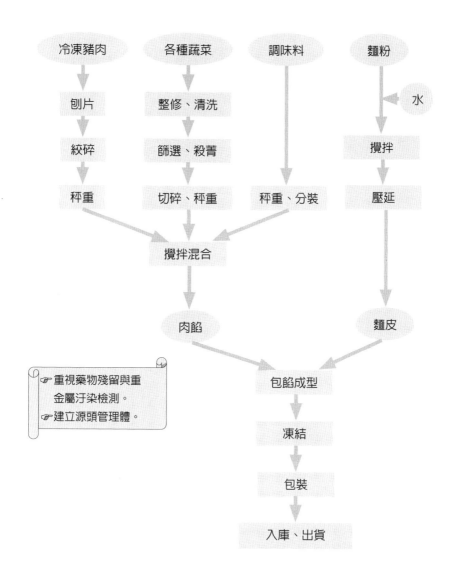

＋ 知識補充站

完整的清洗與良好衛生的作業環境是生產美味食物的基本。

11.9 布丁

邵隆志

　　布丁（Pudding）外文原爲「奶凍」，含牛奶成分凝結成糊狀或凍狀的產品，台灣習慣稱呼雞蛋布丁爲布丁，另有無蛋成分的芒果布丁、牛乳布丁也都可稱爲布丁。布丁分爲兩種，自製操作步驟，可參考網路（布丁食譜）。

一、自製布丁配方及製程以原則性的觀點討論如下：

　　糖漿製備：鍋內將糖炒成焦黃，加約等量水煮沸，冷卻備用。

(一) 烤布丁：1.配方：全蛋1顆+鮮乳100～150cc + 糖10g。2.製程：(1)蛋以攪拌器攪勻加糖、鮮乳，(2)篩網過濾充填於杯內。(3)入烤箱或電鍋蒸。(4)取出放冷，淋上糖漿。3.說明：自製烤布丁配方、製程與工廠做法相似。工廠都以烤箱製作，因爲它會附有較強的香味及附有較黃的蛋黃的顏色。

(二) 膠體凝膠布丁：1.配方：蛋黃1顆 + 鮮乳100～150cc + 糖10g + 30cc水及吉利丁（先浸泡）。2.製程：(1)鮮乳 + 糖 + 水 + 吉利丁先煮開，(2)放冷。(3)蛋黃先過濾。(4)鮮乳慢慢倒入蛋黃中分散。(5)置冰箱冷藏結凍。(6)淋上糖漿。3.說明：鮮乳慢慢倒入蛋黃中，倒入速度太快，攪拌太慢會成爲蛋花，因爲蛋的凝固溫度60℃。自製布丁60℃，無商業殺菌不利於市面流通。

二、工廠大量生產的布丁：

　　糖漿製備（配方製程依實驗設計）：焦糖色素、糖、膠、水。加熱100℃，降溫冷凝結成半膠體狀態，糖用來調整比重，布丁本體未凝結前，糖漿由液面上注入，沉到杯底。市售布丁糖漿都會在杯底，適合工廠大量生產。

(一) 烤布丁：類似自製布丁。未加熱凝固前，糖漿由液面上注入，再入烤箱。

(二) 凝膠布丁：工廠大規模生產，面對的第一個問題是生蛋去蛋殼取出蛋黃；工廠一天生產量，使用的蛋以萬計算。第二個問題由60℃提高到市售的安全殺菌溫度時會造成凝固。1.大量製造時配方：依配方量使用蛋黃粉或蛋黃抽出物取代蛋黃另加乳粉或生奶、糖、膠體（使用種類及用量依實驗配方）另加香料及色素。2.製程：(1)原料以水溶解。(2)壓力均質機均質。(3)殺菌100℃。(4)充填、注入糖漿（糖漿沉於杯底）、封口入冷卻水槽到8℃冷膠。3.市售凝膠布丁中的添加物介紹：(1)膠體（黏稠劑）：凝固形膠體原料有吉利丁及海藻膠（洋菜、鹿角菜、膠），非凝固膠體原料有澱粉、關華豆膠、刺槐豆膠。(2)色素：焦糖色素（布丁糖漿使用），食用黃色4號色素、食用黃色5號。色素（調整使布丁本體成爲蛋黃顏色）。(3)香料：使用布丁香料，補足布丁配方中香味的不足。

小博士解說

　　布丁常使用膠體有兩種，凝固形膠硬脆。要搭配黏稠狀態非凝固形膠（刺槐豆膠、關華豆膠），使布丁形成電視畫面上軟Q可口的狀態。

布丁（工廠製程）

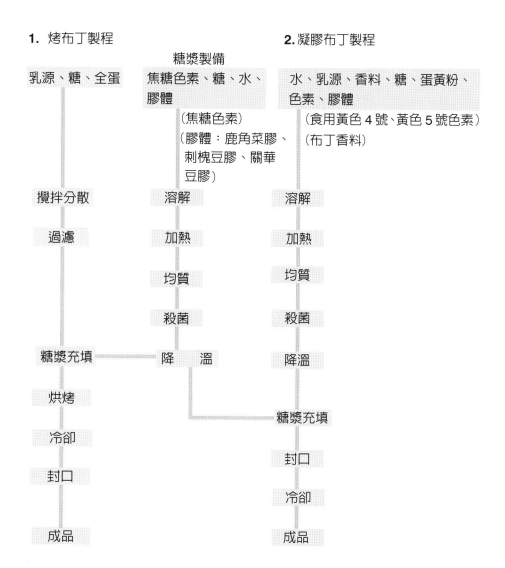

1. 烤布丁製程

糖漿製備

乳源、糖、全蛋　焦糖色素、糖、水、膠體

（焦糖色素）
（膠體：鹿角菜膠、刺槐豆膠、關華豆膠）

攪拌分散　　溶解

過濾　　　　加熱

　　　　　　均質

　　　　　　殺菌

糖漿充填　　降　　溫

烘烤

冷卻

封口

成品

2. 凝膠布丁製程

水、乳源、香料、糖、蛋黃粉、色素、膠體

（食用黃色 4 號、黃色 5 號色素）
（布丁香料）

溶解

加熱

均質

殺菌

降溫

糖漿充填

封口

冷卻

成品

✚ 知識補充站

　烤布丁和凝膠形布丁的分辨方法，烤布丁充填後與容器一起加熱凝固，所以倒扣不會掉下來，自製和工廠生產的凝膠（膠體）成形，布丁倒扣都會與容器脫離。

11.10 餅乾類

徐能振

　　餅乾的主要原料為：麵粉、油脂、膨脹劑、糖等，雖非主食，但由於方便取得、易消化、且食後有飽足感，成為日常生活中的零食或點心，更是下午茶的好幫手。

　　餅乾依其配方成分及製造方法的不同，可分為發酵性鹹餅乾、硬質甜餅乾及小西點等，發酵性鹹餅乾是利用酵母發酵，而硬質甜餅乾及小西點則利用化學膨脹劑，以改變其組織，因發酵性鹹餅乾沒有使用化學膨脹劑，烘焙溫度較甜餅乾為高，需靠高溫將水份及發酵產生的二氧化碳加溫以求膨脹。

　　小西點所含的糖分和油脂比例，均較前兩者為高，在成型時也沒有固定的花樣，大小和形狀可以加以變化，配方中可添加巧克力碎粒、杏仁碎粒、葡萄乾、蜜餞、白芝麻、黑芝麻，亦可包著餡料，如核果醬、巧克力餡等，或在餅體上灑上杏仁片、杏仁粒，加以裝飾糖霜，可以提升商品外觀及營養價值。

　　蘇打餅乾及甜餅乾薄餅，通常使用打印（stamp）或印模（moulding）方式成型，小西點則用擠壓成型機（depositor）推壓輪轉機（rotary machine）或線切成型機（wire cutter）方式成型。

　　餅乾糕餅類不可添加的添加物：
1. 防腐劑　因水分含量已在3%以下無添加的必要。
2. 殺菌劑　已高溫烘焙，製程無必要添加殺菌劑。
3. 漂白劑　硫酸鉀／鈉　亞硫酸鉀／鈉。
   麵粉及其製品（不包括烘焙食品）不得使用，SO_2殘留量為0.03g/kg以下通常餅乾沒必要添加。
4. 保色劑　硝酸鉀／鈉　亞硝酸鉀／鈉，限用於肉品及魚肉製品加工。
   餅乾不得添加。
5. 結著劑　烘焙糕餅不可使用。
6. 甜味劑　糖精不得使用。

　　食品添加物之添加，務必依其種類及可使用量添加，添加前考慮是否需要添加，多使用天然之植物，以增加產品之風味，提升銷售競爭力，如天然色素、菠菜汁、紅茶汁、胡蘿蔔汁、抹茶等，天然植物如青蔥、洋蔥、金桔、草莓、芋頭、地瓜、南瓜、白芝麻、黑芝麻、可可粉、鳳梨、檸檬、芥茉、西芹、咖哩、杏仁粉、椰子粉等。

小博士解說

食品添加物之被取代性：
乳化劑──使用均質機。
防腐劑──殺菌、低溫儲藏、天然防腐劑（茶）。
抗氧化劑──脫氧劑、充氮、機能性包裝材料（控制水、氧、光線進入）、脫氧。
殺菌劑──高溫處理。

餅乾類

麵粉、糖、油脂、水

↓

混合攪拌

↓

成形

↓

烘焙

↓

冷卻

↓

包裝

一乳化劑（適量

1. 脂肪酸甘油酯　　8. 羧基纖維素
2. 脂肪酸丙二醇酯　9. 聚山梨醇酐
3. 乳酸甘油酯　　　脂肪酸 20/60/65/80

4. 乳酸硬脂酸鈉　　10.檸檬酸 / 酒石酸 / 乳酸

5. 乳酸硬脂酸鈣　　磷酸 / 琥珀酸 / 甘油酯
6. 脂肪酸鹽類
7. 脂肪酸蔗糖酯
二. 著色劑
1. 食用藍色1號 / 食用藍色1號鋁麗基
2. 食用藍色2號 / 食用藍色2號鋁麗基
3. 食用綠色3號 / 食用綠色3號鋁麗基
4 食用黃色4號 / 食用黃色4號鋁麗基
5. 食用黃色5號 / 食用黃色5號鋁麗基
6. 食用紅色6號 / 食用紅色6號鋁麗基
7. 食用紅色7號 / 食用紅色7號鋁麗基
8. β-胡蘿蔔素
9. 食用紅色 40 號 / 食用紅色 40 號鋁麗基
10 葉黃素 Lutein 15mg/kg　以下
11. 焦糖色素
　　11.1　普通焦糖（適量）
　　11.2　亞硫酸焦糖（適量）
　　11.3　銨鹽焦糖（50g/kg以下）
　　11.4　亞硫酸銨鹽焦糖（50g/kg以下）
三. 甜味劑（適量）
　1. D-山梨醇
　2. D-木糖醇
　3. 甘草素
　4. 阿斯巴甜
　5. 乳糖醇
　6. 環己基代磺 醯胺酸鈉
四. 品質改良用 、釀造用及食品製造用劑
五. 營養添加劑

六. 膨脹劑
　1. 氯化銨
　2. 酒石酸氫鉀
　3. 碳酸氫鈉 / 銨
　4. 碳酸銨 / 鉀
　5. 合成膨脹劑
　　（Baking power）
　6. 蘇打餅乾以酵母
　　發酵將麵糰發酵
　　成很多小氣室
七. 香料
　　若屬天然可標示為
　　天然香料
八. 抗氧化劑（防止油
　　脂氧化、酸敗
　　可酌量添加）
　1.L-抗壞血酸
　　VitC 1.3g/kg
　　　　　　以下
　2.L-抗壞血酸鈉
　　L- 抗壞血酸鈣
　　VitC 1.3g/kg
　　　　以下
　3. 生育醇（VitE）
　　同營養添加
　　劑之標準
九. 調味劑
　1. 反丁烯二酸 / 鈉
　2. 檸檬酸鈉
　3. 酒石酸
　4. 乳酸 / 鈉
　5. 醋酸 / 琥珀酸
　6. 麩酸 / 鈉
　7. DL 蘋果酸 / 鈉
　8. 葡萄糖酸 / 鈉

11.11 肉類加工

吳伯穗

　　俗話說：民以食爲天。每天都要飲食的我們，爲了某種目的，諸如：衛生安全（延長保存期限）、秀色可餐（提高色香味等官能品質）、附加價值（增加營養品質及多樣化）、使用方便（改變呈現型式及包裝，將生鮮食物妥善處理，作成各式各樣的加工食品）。

　　常見的肉類加工食品包括：香（臘）腸、火腿、臘肉、肉乾（干、角、條）、肉鬆（酥、脯）等，禽肉加工食品亦有板鴨（鴨賞）、烤雞（鴨）、醉雞等。戲法人人會變，各有巧妙不同，各加工業者均有其獨特的配（祕）方及製造方法，製成各具風土民情或特殊風味之肉品，以餉廣大消費者之喜愛。惟配（祕）方中所使用之各種食品添加物務必符合相關法規（衛生福利部食品藥物管理署發布之食品添加物使用範圍及限量暨規格標準）之規定，切勿使用不當，如禁用或過量，避免危及消費者的健康安全。

　　肉品之製造方法主要包括鹽漬與乾燥（或煙燻）兩大加工過程。以主要之香（臘）腸、火腿、臘肉爲例，原料肉經適當濃度食鹽（伴隨添加各種調味料與香辛料風味組成等之副原料）鹽漬、局部熱烘脫水乾燥（或煙燻）等之處理，以降低肉品的水活性，抑制微生物發育；而煙燻可使原料肉表面附著醛類、酸類、酚類等各種煙燻成分，除賦予特殊之煙燻（臘味）風味外，亦可以降低肉品之酸鹼（pH）值，具有抑菌、防腐、抗氧化等效果，藉以確保肉品的衛生安全及延長保存期限。

　　於配（祕）方設計方面，以下2種食品添加物之使用宜特別注意：

1. **亞硝酸鹽類**：包括硝酸鹽及亞硝酸鹽，依上述法規歸類於第5類之保色劑。肉類加工添加亞硝酸鹽，可使肉品外觀鮮紅討喜。惟其最重要之目的，實係其乃唯一可以抑制肉毒桿菌之發育（目前已知毒性最強的細菌，其LD_{50}僅需5×10^{-8}g/kg），以確保肉品之衛生安全。依規定：亞硝酸鹽於肉製品用量，以亞硝酸根（NO_2^-）之殘留量（非添加量）計，爲0.07g/kg以下。

2. **聚合磷酸鹽**：依上述法規歸類於第13類之結著劑，可使食肉具有黏（彈）性、保水性，不致原料肉碎散。依規定：聚合磷酸鹽於肉製品用量，以磷酸根（PO_4^{3-}）之添加量計，爲3g/kg以下。

小博士解說

1. 食品添加物係屬於副原料，於配方設計上，適當之添加、增補原料肉以符合產品研發之設計理念與目的，因此其用量雖少（原則上少於2%）但卻足以發揮效益，是不可或缺的要素。

2. 亦似藥之異於食品般，尤其是人工合成的食品添加物，致害劑量很低，更需謹慎調配。務必符合法規之規定，切勿危及消費者的健康安全。

肉類加工

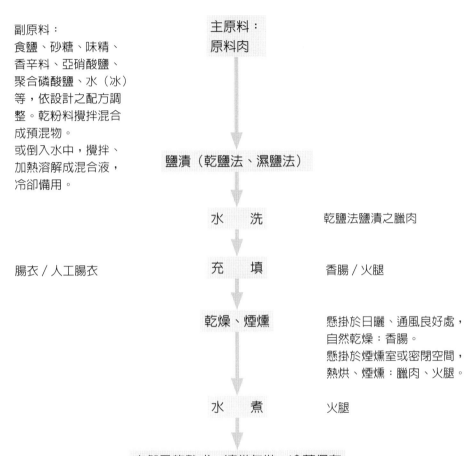

副原料：
食鹽、砂糖、味精、香辛料、亞硝酸鹽、聚合磷酸鹽、水（冰）等，依設計之配方調整。乾粉料攪拌混合成預混物。
或倒入水中，攪拌、加熱溶解成混合液，冷卻備用。

主原料：
原料肉

↓

鹽漬（乾鹽法、濕鹽法）

↓

水　洗　　　乾鹽法鹽漬之臘肉

腸衣／人工腸衣　　充　填　　　香腸／火腿

↓

乾燥、煙燻　　懸掛於日曬、通風良好處，自然乾燥：香腸。
懸掛於煙燻室或密閉空間，熱烘、煙燻：臘肉、火腿。

↓

水　煮　　　火腿

↓

自然風乾熟成、適當包裝、冷藏保存

↓

肉類加工食品

✚ 知識補充站

1. 乾鹽法鹽漬之各種乾粉狀副原料，由於用量較少，可將其一起裝於塑膠袋內充分搖動、混合均勻，稱為預混物（premix），再均勻塗抹於原料肉表面。
2. 為有效提升乾粉料之均勻混合及塗抹原料肉之附著，可將預混物適當加熱焙炒、攪拌，去除水分後較為蓬鬆乾燥。
3. 鹽漬時，可先以牙籤或叉子插刺原料肉，以助副原料之滲透入味。
4. 鹽漬、乾燥或煙燻之時間長短，宜依個人之官能嗜好自行調整。

11.12 蛋類加工

吳伯穗

常見的蛋類加工食品主要為鹹蛋與皮蛋等兩種。其目的亦是為了：(1)調節市場之供需，延長保存期限；(2)增加產品口味多樣化，使消費者有多種的選擇。

鹹蛋與皮蛋之製造方法亦較為單純：

1. 鹹蛋僅需將生鮮鴨蛋加以鹽漬即可，即將食鹽與具黏性如紅土、稻草灰等混合均勻調成泥狀，均勻塗敷於生鮮鴨蛋蛋殼表面，厚度約1～2公分；或將整粒生鮮鴨蛋浸漬於適當濃度的食鹽液；密封鹽漬一段時間而成。
2. 皮蛋則是於鹽漬材料中再添加鹼性物質（如生石灰、碳酸鈉、氫氧化鈉等，pH = 11.5～12.5），如法製造而成。

鹹蛋與皮蛋的風味（感官品質）因消費者的喜好而異，往往影響其製造條件的調整，需累積經驗為之。以食鹽濃度、鹽漬時間及氣溫季節等為主要關鍵：

1. 食鹽濃度愈高，密封鹽漬時間愈短，所製成蛋品的鹽度愈高。蛋白容易入味，而蛋黃則較緩慢。
2. 食鹽濃度降低，雖可節省成本，惟鹽漬時間需延長，蛋易致腐敗，而蛋黃顏色較淡而無出油之品質。
3. 皮蛋經鹼性物質鹽漬，化學變化生成游離胺基酸、氨、硫化氫等物質，使蛋白半透明、黑色、松葉花紋、膠凍狀；蛋黃稀軟金黃、糖化；食用時不必再烹調；具「外型怪異，味道嚇人」等特殊風味，曾被評為「世界最噁心的食物」。惟俗云：海邊有逐臭之人，誠如優格、乾酪、臭豆腐、豆腐乳、豬血糕、榴槤等，自有其喜愛之消費群。皮蛋具有刺激食慾、開胃等功能，況且我們平常膳食的動物性食品多為酸性食品，然皮蛋卻為鹼性食品，更有益於平衡日常膳食調理。

鹹蛋與皮蛋的製造一般多是選用鴨蛋為原料，當然亦可改以雞蛋為之，惟其品質仍有所差異：

1. 憶及孩提農鄉情景，鴨蛋較廉於雞蛋，因此多以鴨蛋為加工原料。
2. 鴨蛋蛋黃的脂肪含量較之雞蛋者為高，分別為37%與32%，所製成蛋品的蛋黃，鹹蛋較「出油」、皮蛋具「糖心」，油潤而不乾澀。
3. 鴨蛋蛋殼表面的氣孔較雞蛋者為大，鹽漬時食鹽滲入速度較快，容易入味。

小博士解說

1. 生鮮鴨蛋的鹽漬可因各種食品添加物的調理，研發出多變化新口味的「調味蛋」。如添加：紅茶茶汁以增添茶香與著色、酒類使具有酒香及幫助消化、各種調味料或香辛料、糖漬的「甜蛋」、醋漬的「醋蛋」以及混合鹽、糖、醋的「多味蛋」等。
2. 鑑於鉛化合物可促進蛋白凝固及固定作用，皮蛋業者為縮短製程及提高製成率，於配方中添加鉛或銅等重金屬。但重金屬中毒嚴重危害健康安全，食品添加物之選用務必謹慎、符合相關法規（衛生福利部食品藥物管理署發布之食品添加物使用範圍及限量暨規格標準）之規定。

蛋類加工

副原料：
食鹽、水、
鹼性物質（皮蛋）

塗敷法：
依設計之配方，與
紅土或稻草灰混合
均勻調成泥狀。

浸漬法：
攪拌、加熱溶解成
混合液，冷卻備用。

```
        ┌─────────────┐
        │ 主原料：      │        彈殼完整，不可有裂痕、
        │ 生鮮鴨蛋      │        厚度異常、汙穢嚴重。
        └─────────────┘
               │
               ▼
        ┌─────────────┐
        │ 密封鹽漬      │        塗敷法：厚度約1～2公分。
        │（塗敷法、浸漬法）│        浸漬法：水面置覆蓋物使
        └─────────────┘              蛋均浸於鹽水中。
               │                     置於陰涼乾燥處。
               ▼
        ┌─────────────┐
        │ 蛋類加工食品   │        皮蛋：手指輕彈有彈性，
        └─────────────┘              顯示凝結良好。
```

✚ 知識補充站

1. 密封鹽漬時間的長短，因氣溫、鹽漬方式、食鹽濃度及口味嗜好等而有所影響，宜適當調整。可於鹽漬過程（約 20 天）中品嚐評估。
2. 成品宜盡快食用，或於冰箱冷藏保存，保存期限最好不要超過 1 個月。
3. 為迎合消費者口味多樣化的需求，宜研發多變化之新口味「調味蛋」等，以滿足消費者之嗜好。

11.13 麵粉

蔡育仁

台灣地區生產之麵粉，原料大都來自進口小麥，海關統計2022年進口小麥129萬公噸，主要來源地區是美國（67%）與澳大利亞（31%）。根據原料品種與生長地區環境之影響，小麥依其蛋白質含量區分，進行運送、貿易與倉儲作業。

麵粉依據蛋白質含量與灰分含量區分為各種規格，蛋白質含量之重要影響因素是原料小麥，灰分含量之重要影響因素是磨粉製程與配粉。因應客戶市場麵粉用途之多元化，麵粉工廠會採取混合小麥（但小麥之硬度不可差距過大）磨製麵粉，或先製取不同粉道之麵粉再調配，或兩種方法都運用。磨製麵粉後之再調配作業階段，亦有藉由適當食品添加物之使用，改善麵粉、麵糰或其加工製品之營養性、加工操作性或商業上之需求。

除了增加麵粉營養性（如：葉酸）及一般得使用（如：酵素）之食品添加物，我國食品安全衛生法規特別訂有二項食品添加物正面表列可使用於麵粉，其一為偶氮二甲醯胺（簡稱ADA，食品添加物編號07078, Azodicarbonamide，限量為45mg/kg以下），其二為過氧化苯甲醯（簡稱BPO，食品添加物編號07079, Benzoyl Peroxide，限量為60mg/kg以下），都歸類於第（七）「品質改良用、釀造用及食品製造用劑」。（資料查證日期2023年1月18日）

ADA因為氧化作用會改善麵糰操作性，也會使麵粉外觀顏色較淺，也有縮短麵粉熟成時間之效果。筆者於2015年3月底查詢衛福部食藥署網頁「食品添加物許可證資料查詢」，尚未有添加物業者（輸入或製造）辦理登記。

BPO因為氧化作用會改善麵糰操作性，也會將來自小麥胚乳之類胡蘿蔔素（carotenoid）顏色會消退，使麵粉外觀顏色較淺。因添加使用量少，通常市售該項添加物已事先與澱粉稀釋混合，方便麵粉工廠使用。另因為高純度之BPO，尤其在乾燥型態下，係危險、高活性，具氧化力之物質，可能會在貯存與使用階段產生危險；所以業者會事先與澱粉稀釋混合，兼顧使用與儲存安全。BPO分子式為$(C_6H_5CO)_2O_2$，與麵粉作用後形成 C_6H_5COOH（benzoic acid, 苯甲酸），若麵粉工廠有使用本項添加物，除了必須標示外，銷售人員也需和客戶溝通，傳遞正確訊息。

若干國外地區可使用之麵粉添加物種類較多，在法規上特別有一項「麵粉處理劑（Flour treatment agent）」之分類。

小博士解說

1. 麵粉添加物之使用，有時候是因應客戶用途之需求。如：添加澱粉酵素（amylase）之麵粉在麵包製作階段可促進酵母之作用；製作麵條之麵粉則不需要添加此類酵素。澱粉酵素在麵粉中之活性，以Falling Number方法、Amylograph方法或RVA方法進行測定。

2. 營養強化麵粉，在我國應符合衛生主管機關公告第（八）類「營養添加劑」食品添加物使用範圍及限量。在美國若宣稱Enriched Flour 則需符合21CFR 137.165 法規之要求，每磅麵粉需含有維生素B_1（Thiamine）2.9mg, 維生素B_2（Riboflavin）1.8mg, 菸鹼酸（Niacin）24mg, 葉酸（Folic acid）0.7mg和鐵（Iron）20mg，其他細部規定請查看法規條文。

麵粉

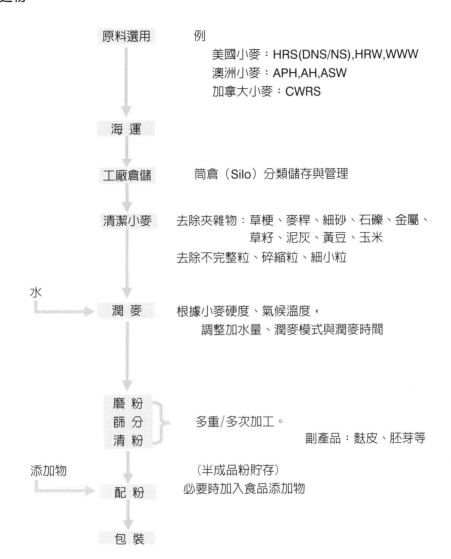

原料選用　　例
美國小麥：HRS(DNS/NS),HRW,WWW
澳洲小麥：APH,AH,ASW
加拿大小麥：CWRS

海　運

工廠倉儲　　筒倉（Silo）分類儲存與管理

清潔小麥　　去除夾雜物：草梗、麥稈、細砂、石礫、金屬、
　　　　　　　　　　　　草籽、泥灰、黃豆、玉米
　　　　　　去除不完整粒、碎縮粒、細小粒

水

潤　麥　　　根據小麥硬度、氣候溫度，
　　　　　　　　調整加水量、潤麥模式與潤麥時間

磨　粉
篩　分　　　多重/多次加工。
清　粉　　　　　　　　　　副產品：麩皮、胚芽等

添加物

配　粉　　　（半成品粉貯存）
　　　　　　必要時加入食品添加物

包　裝

+ 知識補充站

　小麥製成麵粉、甘蔗製成砂糖、黃豆製成沙拉油、玉米製成澱粉，這些都是代表性之食品上游「素材型」加工製品；也是屬於技術密集與資金密集的食品加工業。

11.14 牛軋糖

顏文俊

　　Nougat有人稱牛軋糖、乳佳糖、鳥結糖等，這個產品是核果仁和砂糖熬煮混合的糖果。相傳最早是中國的杏仁與糖熬煮再成型的產品，15世紀從中亞經過演變修改傳入歐洲，傳到歐洲北方是褐色杏仁糖塊（nougat brun），是將砂糖和檸檬汁熬煮呈褐色融熔漿狀，再放入細粒杏仁或杏仁片熬煮，然後倒出揉壓成團，做成各種造型糖果裝飾。另一種傳到歐洲南方法國、德國是白色杏仁蛋白糖（nougat blanc），當地稱Nougat de Montelimar是使用蛋白或明膠打發加入熬煮的糖漿，添加以杏仁為主之堅果仁30%以上，冷卻切塊成白色比重輕的糖果，就是現在我們家家戶戶喜歡的年節牛軋糖。

　　牛軋糖在糖果分類上，是屬於充氣型半軟糖的一種，顏色以潔白為佳品，乾爽不易吸濕，加上大量堅果仁後的產品。基本上使用新鮮蛋白和糖粉打發，再緩緩倒進熬煮高溫的砂糖麥芽飴糖漿混合熟化蛋白，再經快速攪打類似拉糖膨發，然後放油脂材料拌勻，再加進奶粉、抹茶粉、可可粉等粉末混合均勻，最後放入全重30%以上的加熱堅果仁，法國當地喜歡把這種白色糖膏倒在華富薄煎餅片（Wafer）上，上面再蓋一片華富薄煎餅片，壓成厚約1.5公分，再切塊包裝，台灣有人取少量用蘇打餅夾心，大多是在擦防黏油的大理石工作台上冷卻，切塊後用糯米紙內包，外面用玻璃紙雙頭扭包裝（double twist），現在為了防潮吸濕，很多業者用積層膜雙頭熱封（mini wrap）。好吃的牛軋糖要有咀嚼感，盡量避免因溫度變化變形。

　　牛軋糖的生產製造應該可以不使用食品添加物。但是(1)新鮮蛋白的新鮮度與打發度無法確實掌握，也有蛋腥味，造成生產困擾，因此添加物廠商提供蛋白霜或植物蛋白發泡粉，其成分有香草粉、澱粉、蛋白粉、糖粉等。(2)糖質部分其實簡單的砂糖和麥芽飴就可以，卻有廠商考量甜度與變形等添加甜味劑，如糖醇類，為防止糖體變形添加黏稠劑，如各種變性澱粉與食用膠。(3)再來是添加乳粉、茶粉、可可粉過程，有時為求強烈奶味與降低成本添加香料，抹茶粉可能褪色與不夠香，有廠商添加色素、營養添加劑和香料。(4)最後添加核果仁，如杏仁、花生、腰果、果乾、脆米等，這部分除蔓越莓乾等果乾外，應該很少使用添加物。(5)生產過程為防止沾黏，大多噴抹食用植物油，有少數廠商噴罐裝抗黏劑，其成分可能有食品添加物第七類食品改良劑的液態石蠟油糖醇等。

小博士解說

　　秤重備料→砂糖、麥芽飴、水→熬煮至140℃→蛋白泡加入糖漿→加奶油、奶粉、核果仁秤重備料→蛋白或蛋白霜、砂糖→快速打發→混合→壓平→冷卻→切塊→單粒包裝→成品。

牛軋糖品質問題與解決對策

品質不良現象	發生可能原因	解決對策
1.糖果太硬	1.煮糖溫度太高 2.熬糖後添加之材料水分太少	1.降低煮糖溫度 2.增加蛋白用量或其他水量
2.糖果較軟	1.煮糖溫度不足 2.熬糖後添加之材料水分太多	1.升高煮糖溫度 2.減少蛋白用量或其他水量
3.糖果易吸潮濕黏	1.砂糖麥芽飴配合比不對 2.糖漿熬煮太久，砂糖轉化太多 3.添加蜂蜜或轉化糖漿 4.糖漿酸鹼度偏酸 5.麥芽飴不純物多	1.減少麥芽飴增加砂糖 2.大火快煮，縮短熬煮時間 3.減少蜂蜜或轉化糖漿用量 4.檢查麥芽飴的酸鹼度 5.使用精製透明麥芽飴
4.糖果黏牙	1.糖果水分太少 2.麥芽飴比率太高 3.麥芽飴DE較低糊精多 4.糖果沒有產生微細再結晶	1.降低煮糖溫度以增加水分 2.麥芽飴減少 3.使用DE38的麥芽飴 4.添加糖粉或翻糖促進結晶
5.比重太重	1.蛋白糖打發超過或放置太久 2.堅果仁放入後攪拌過度 3.油脂添加太多	1.控制蛋白在熬糖完成時打發 2.用慢速拌勻即可 3.減少油脂添加量
6.過度冷流變形 （cold flow）	1.麥芽飴的DE太高 2.砂糖轉化嚴重 3.存放空間溫度高 4.煮糖溫度不足	1.使用正確麥芽飴或減少用量 2.控制煮糖時間，每鍋量減少 3.存放乾燥低溫空間 4.提高煮糖溫度
7.結晶粗軟化	1.糖漿砂糖多易結晶 2.溶糖水量不足，糖未完全溶化 3.後段糖粉奶粉翻糖添加過多 4.倒置冷卻板未迅速冷卻 5.存放溫度過高或溫度經常變化	1.減少砂糖或增加麥芽飴用量 2.溶糖用水增加 3.減少後段糖粉奶粉量 4.糖團要迅速冷卻 5.放在較低倉庫保持固定溫度

➕ 知識補充站

1. 牛軋糖不必使用食品添加物第一類防腐劑、第二類殺菌劑、第四類漂白劑、第五類保色劑、第六類膨脹劑、第十三類結著劑、第十四類食品工業用化學藥品類。其他類可能會使用。
2. 牛軋糖製作簡單，您不妨在家裡用瓦斯爐或電磁爐熬煮，動員全家人包裝。

11.15 鳳梨酥

顏文俊

　　鳳梨酥是台灣最有名的伴手禮，行銷國內外，帶來很大的經濟產值！台灣氣候適合鳳梨栽培，品種不斷改良，酸甜美味令人垂涎，鳳梨罐頭品質佳外銷旺，1950年代是寶島台灣重要外銷經濟作物，無奈時代變遷，栽培成本高，鳳梨產量減少！幸好國內烘焙業師傅達人經常參加國際比賽，世界杯獎牌無數，帶動國人對烘焙產品興奮與喜愛，加上烘焙公會舉辦鳳梨酥比賽，不斷創造許多冠軍獎牌鳳梨酥，這些獎牌加持與業者努力研發，造就現在蓬勃鳳梨酥產業名揚國際，鳳梨需求不斷增加，因此鳳梨栽培面積與數量增加！

　　大家最喜歡的「土鳳梨酥」就是利用寶島台灣栽種的鳳梨原料，保留整顆鳳梨營養與風味的原汁原味，再加入少許糖熬製的土鳳梨餡，包覆糕餅皮，放入模型烘焙而成的鳳梨酥。土鳳梨餡使用國內鳳梨熬製，不可為了降低成本榨汁去掉營養與風味，再添加酸料香料，也不可添加冬瓜或白蘿蔔等非鳳梨蔬果製造，因此成本較一般的鳳梨餡或仿鳳梨餡要貴好幾倍以上！

　　土鳳梨餡可以在家裡廚房瓦斯爐熬製，一顆鳳梨果約1800g削去外皮約剩1200g含芯果肉，對半切，一半果汁機打成果泥，一半切細條，混合熬煮，沸騰時加入約40%糖質（480g糖，砂糖、海藻糖、麥芽飴等比率自訂，比率和甜度與成本有關），中火熬煮到約113℃糖度（Brix84）時，糖糰開始焦化而且攪拌困難，熄火，添加約10g橄欖油，趁熱拌勻，將餡料挖出鋪平冷卻，就是土鳳梨餡約700g。工廠使用蒸氣二重鍋或真空濃縮鍋熬煮生產，顏色較淺較金黃色！

　　鳳梨酥常被消費者詬病之缺點有：(1)太鬆酥，撕開包裝袋時餅皮就掉碎屑。(2)太油膩，手感觸感不好。(3)容易失去蛋香味，保質期短。針對這些缺點，改善方法：(1)使用中筋麵粉與低筋麵粉混合，減少酥屑產生。(2)油脂量減少，注意攪拌溫度，糖油拌合法充分打發，不宜添加額外的膨脹劑。(3)蛋黃含不飽和脂肪酸容易氧化酸敗變味，保質期不久，可用煉乳或乳酪取代。(4)包餡技術注意，餡料盡量包在正中心，保質期較好。(5)內袋熱封品質要注意！

　　鳳梨酥工業化生產需求設備有原料冷藏庫、熬餡鍋、麵糰攪拌機、自動包餡機、自動排模排盤機、烤盤、烤模、旋風式烤爐、烤盤架、工作桌台、包裝機等，鳳梨酥模型設計變化多，有立體感，多數還需翻面烤焙，烤盤要求熱烤平坦不變形，否則鳳梨酥兩面烤焙不均勻。產品要冷卻完全，中心溫度到達室溫，才能單粒包裝，否則內袋會有冷凝水，產品很快就變質。

小博士解說

　　有些市售產品會添加酸味料檸檬酸、香料（鳳梨、奶油或其他水果）、膨脹劑（泡打粉）、色素（黃色四號五號色素與胡蘿蔔色素）等食品添加物。

土鳳梨酥製造流程

鳳梨果　　驗收農藥、糖度、酸度
（削皮）　注意步留（收量）與衛生
鳳梨果肉　立即絞碎，否則需冷凍降溫保存
（絞碎）　注意防止異雜物汙染
絞碎成果泥與細條
（煮沸）　蒸氣鍋或瓦斯直火攪拌熬煮
添加糖質與鹽　砂糖、海藻糖、麥芽飴等

熬糖完成　　熬煮到Brix84，溫度約114℃熄火

添加橄欖油　增加土鳳梨餡光澤與防止黏牙

出鍋冷卻　　鋪平吹冷或抽真空冷卻包裝

土鳳梨餡
糖粉
奶油等油脂 → 糖油拌合法打發
鹽

奶粉、乳酪粉 → 加入繼續打發
煉乳、麥芽飴、蛋 → 加入繼續打發
低筋與中筋麵粉 → 過篩後加入拌勻

分割 → 手工或包餡機包餡 ← 鳳梨酥糕餅皮
控制餅皮與餡料比率

搓圓放入烤模壓平
自動搓圓整型入模排盤
單層式或台架旋風烤焙　連模翻面烤焙約180℃

放置吹風或抽真空降溫　中心溫度到30℃

單粒內包裝　　注意封口溫度與時間

土鳳梨酥禮盒　　注意產品包裝標示

步留率源自日本，大多用於生鮮食品，意指生鮮食品經處理之後，可以販賣的量與原有全部量之比率。例如原有100公斤，經處理之後可販賣的量只有80公斤，則步留率為80%，步留率如果超過100%，是因為製作過程中有水加入之緣故（水不算在原有量之內）。

＋ 知識補充站
除了上述原物料，鳳梨酥可以不需再添加其他添加物。

附錄
食品相關重要法規

附錄一　食品安全衛生管理法

修正日期：民國108年06月12日

第一章　總　則

第　一　條　為管理食品衛生安全及品質，維護國民健康，特制定本法。第2條本法所稱主管機關：在中央為衛生福利主管機關；在直轄市為直轄市政府；在縣（市）為縣（市）政府。

第　二　條　之一　為加強全國食品安全事務之協調、監督、推動及查緝，行政院應設食品安全會報，由行政院院長擔任召集人，召集相關部會首長、專家學者及民間團體代表共同組成，職司跨部會協調食品安全風險評估及管理措施，建立食品安全衛生之預警及稽核制度，至少每三個月開會一次，必要時得召開臨時會議。召集人應指定一名政務委員或部會首長擔任食品安全會報執行長，並由中央主管機關負責幕僚事務。

各直轄市、縣（市）政府應設食品安全會報，由各該直轄市、縣（市）政府首長擔任召集人，職司跨局處協調食品安全衛生管理措施，至少每三個月舉行會議一次。

第一項食品安全會報決議之事項，各相關部會應落實執行，行政院應每季追蹤管考對外公告，並納入每年向立法院提出之施政方針及施政報告。

第一項之食品安全會報之組成、任務、議事程序及其他應遵行事項，由行政院定之。

第　三　條　本法用詞，定義如下：

一、食品：指供人飲食或咀嚼之產品及其原料。

二、特殊營養食品：指嬰兒與較大嬰兒配方食品、特定疾病配方食品及其他經中央主管機關許可得供特殊營養需求者使用之配方食品。

三、食品添加物：指為食品著色、調味、防腐、漂白、乳化、增加香味、安定品質、促進發酵、增加稠度、強化營養、防止氧化或其他必要目的，加入、接觸於食品之單方或複方物質。複方食品添加物使用之添加物僅限由中央主管機關准用之食品添加物組成，前述准用之單方食品添加物皆應有中央主管機關之准用許可字號。

四、食品器具：指與食品或食品添加物直接接觸之器械、工具或器皿。

五、食品容器或包裝：指與食品或食品添加物直接接觸之容器或包裹物。

六、食品用洗潔劑：指用於消毒或洗滌食品、食品器具、食品容器或包裝之物質。

七、食品業者：指從事食品或食品添加物之製造、加工、調配、包裝、運送、貯存、販賣、輸入、輸出或從事食品器具、食品容器或包裝、食品用洗潔劑之製造、加工、輸入、輸出或販賣之業者。

八、標示：指於食品、食品添加物、食品用洗潔劑、食品器具、食品容器或包裝上，記載品名或為說明之文字、圖畫、記號或附加之說明書。

九、營養標示：指於食品容器或包裝上，記載食品之營養成分、含量及營養宣稱。

十、查驗：指查核及檢驗。

十一、基因改造：指使用基因工程或分子生物技術，將遺傳物質轉移或轉殖入活細胞或生物體，產生基因重組現象，使表現具外源基因特性或使自身特定基因無法表現之相關技術。但不包括傳統育種、同科物種之細胞及原生質體融合、雜交、誘變、體外受精、體細胞變異及染色體倍增等技術。

十二、加工助劑：指在食品或食品原料之製造加工過程中，為達特定加工目的而使用，非作為食品原料或食品容器具之物質。該物質於最終產品中不產生功能，食品以其成品形式包裝之前應從食品中除去，其可能存在非有意，且無法避免之殘留。

第二章　食品安全風險管理

第　四　條　主管機關採行之食品安全衛生管理措施應以風險評估為基礎，符合滿足國民享有之健康、安全食品以及知的權利、科學證據原則、事先預防原則、資訊透明原則，建構風險評估以及諮議體系。

前項風險評估，中央主管機關應召集食品安全、毒理與風險評估等專家學者及民間團體組成食品風險評估諮議會為之。其成員單一性別不得少於三分之一。

第一項諮議體系應就食品衛生安全與營養、基因改造食品、食品

廣告標示、食品檢驗方法等成立諮議會，召集食品安全、營養學、醫學、毒理、風險管理、農業、法律、人文社會領域相關具有專精學者組成之。其成員單一性別不得少於三分之一。

諮議會委員議事之迴避，準用行政程序法第三十二條之規定；諮議會之組成、議事、程序與範圍及其他應遵行事項之辦法，由中央主管機關定之。

中央主管機關對重大或突發性食品衛生安全事件，必要時得依預警原則、風險評估或流行病學調查結果，公告對特定產品或特定地區之產品採取下列管理措施：

一、限制或停止輸入查驗、製造及加工之方式或條件。

二、下架、封存、限期回收、限期改製、沒入銷毀。

第　五　條　各級主管機關依科學實證，建立食品衛生安全監測體系，於監測發現有危害食品衛生安全之虞之事件發生時，應主動查驗，並發布預警或採行必要管制措施。

前項主動查驗、發布預警或採行必要管制措施，包含主管機關應抽樣檢驗、追查原料來源、產品流向、公布檢驗結果及揭露資訊，並令食品業者自主檢驗。

第　六　條　各級主管機關應設立通報系統，劃分食品引起或感染症中毒，由衛生福利部食品藥物管理署或衛生福利部疾病管制署主管之，蒐集並受理疑似食品中毒事件之通報。

醫療機構診治病人時發現有疑似食品中毒之情形，應於二十四小時內向當地主管機關報告。

第三章　食品業者衛生管理

第　七　條　食品業者應實施自主管理，訂定食品安全監測計畫，確保食品衛生安全。

食品業者應將其產品原材料、半成品或成品，自行或送交其他檢驗機關（構）、法人或團體檢驗。

上市、上櫃及其他經中央主管機關公告類別及規模之食品業者，應設置實驗室，從事前項自主檢驗。

第一項應訂定食品安全監測計畫之食品業者類別與規模，與第二項應辦理檢驗之食品業者類別與規模、最低檢驗週期，及其他相關事項，由中央主管機關公告。

食品業者於發現產品有危害衛生安全之虞時，應即主動停止製造、加工、販賣及辦理回收，並通報直轄市、縣（市）主管機關。

第　八　條　食品業者之從業人員、作業場所、設施衛生管理及其品保制度，

均應符合食品之良好衛生規範準則。

經中央主管機關公告類別及規模之食品業，應符合食品安全管制系統準則之規定。

經中央主管機關公告類別及規模之食品業者，應向中央或直轄市、縣（市）主管機關申請登錄，始得營業。

第一項食品之良好衛生規範準則、第二項食品安全管制系統準則，及前項食品業者申請登錄之條件、程序、應登錄之事項與申請變更、登錄之廢止、撤銷及其他應遵行事項之辦法，由中央主管機關定之。

經中央主管機關公告類別及規模之食品業者，應取得衛生安全管理系統之驗證。

前項驗證，應由中央主管機關認證之驗證機構辦理；有關申請、撤銷與廢止認證之條件或事由，執行驗證之收費、程序、方式及其他相關事項之管理辦法，由中央主管機關定之。

第 九 條 食品業者應保存產品原材料、半成品及成品之來源相關文件。

經中央主管機關公告類別與規模之食品業者，應依其產業模式，建立產品原材料、半成品與成品供應來源及流向之追溯或追蹤系統。

中央主管機關為管理食品安全衛生及品質，確保食品追溯或追蹤系統資料之正確性，應就前項之業者，依溯源之必要性，分階段公告使用電子發票。

中央主管機關應建立第二項之追溯或追蹤系統，食品業者應以電子方式申報追溯或追蹤系統之資料，其電子申報方式及規格由中央主管機關定之。

第一項保存文件種類與期間及第二項追溯或追蹤系統之建立、應記錄之事項、查核及其他應遵行事項之辦法，由中央主管機關定之。

第 十 條 食品業者之設廠登記，應由工業主管機關會同主管機關辦理。

食品工廠之建築及設備，應符合設廠標準；其標準，由中央主管機關會同中央工業主管機關定之。

食品或食品添加物之工廠應單獨設立，不得於同一廠址及廠房同時從事非食品之製造、加工及調配。但經中央主管機關查核符合藥物優良製造準則之藥品製造業兼製食品者，不在此限。

本法中華民國一百零三年十一月十八日修正條文施行前，前項之工廠未單獨設立者，由中央主管機關於修正條文施行後六個月內公告，並應於公告後一年內完成辦理。

第 十一 條 經中央主管機關公告類別及規模之食品業者，應置衛生管理人員。

前項衛生管理人員之資格、訓練、職責及其他應遵行事項之辦法，由中央主管機關定之。

第 十二 條 經中央主管機關公告類別及規模之食品業者，應置一定比率，並領有專門職業或技術證照之食品、營養、餐飲等專業人員，辦理食品衛生安全管理事項。

前項應聘用專門職業或技術證照人員之設置、職責、業務之執行及管理辦法，由中央主管機關定之。

第 十三 條 經中央主管機關公告類別及規模之食品業者，應投保產品責任保險。

前項產品責任保險之保險金額及契約內容，由中央主管機關定之。

第 十四 條 公共飲食場所衛生之管理辦法，由直轄市、縣（市）主管機關依中央主管機關訂定之各類衛生標準或法令定之。

第四章 食品衛生管理

第 十五 條 食品或食品添加物有下列情形之一者，不得製造、加工、調配、包裝、運送、貯存、販賣、輸入、輸出、作為贈品或公開陳列：

一、變質或腐敗。

二、未成熟而有害人體健康。

三、有毒或含有害人體健康之物質或異物。

四、染有病原性生物，或經流行病學調查認定屬造成食品中毒之病因。

五、殘留農藥或動物用藥含量超過安全容許量。

六、受原子塵或放射能污染，其含量超過安全容許量。

七、攙偽或假冒。

八、逾有效日期。

九、從未於國內供作飲食且未經證明為無害人體健康。

十、添加未經中央主管機關許可之添加物。

前項第五款、第六款殘留農藥或動物用藥安全容許量及食品中原子塵或放射能污染安全容許量之標準，由中央主管機關會商相關機關定之。

第一項第三款有害人體健康之物質，包括雖非疫區而近十年內有發生牛海綿狀腦病或新型庫賈氏症病例之國家或地區牛隻之頭骨、腦、眼睛、脊髓、絞肉、內臟及其他相關產製品。

國內外之肉品及其他相關產製品，除依中央主管機關根據國人膳食習慣為風險評估所訂定安全容許標準者外，不得檢出乙型受體素。

國內外如發生因食用安全容許殘留乙型受體素肉品導致中毒案例時，應立即停止含乙型受體素之肉品進口；國內經確認有因食用致中毒之個案，政府應負照護責任，並協助向廠商請求損害賠償。

第 十五條 之一　中央主管機關對於可供食品使用之原料，得限制其製造、加工、調配之方式或條件、食用部位、使用量、可製成之產品型態或其他事項。

前項應限制之原料品項及其限制事項，由中央主管機關公告之。

第 十六 條　食品器具、食品容器或包裝、食品用洗潔劑有下列情形之一，不得製造、販賣、輸入、輸出或使用：

一、有毒者。

二、易生不良化學作用者。

三、足以危害健康者。

四、其他經風險評估有危害健康之虞者。

第 十七 條　販賣之食品、食品用洗潔劑及其器具、容器或包裝，應符合衛生安全及品質之標準；其標準由中央主管機關定之。

第 十八 條　食品添加物之品名、規格及其使用範圍、限量標準，由中央主管機關定之。

前項標準之訂定，必須以可以達到預期效果之最小量為限制，且依據國人膳食習慣為風險評估，同時必須遵守規格標準之規定。

第 十八條 之一　食品業者使用加工助劑於食品或食品原料之製造，應符合安全衛生及品質之標準；其標準由中央主管機關定之。

加工助劑之使用，不得有危害人體健康之虞之情形。

第 十九 條　第十五條第二項及前二條規定之標準未訂定前，中央主管機關為突發事件緊急應變之需，於無法取得充分之實驗資料時，得訂定其暫行標準。

第 二十 條　屠宰場內畜禽屠宰及分切之衛生查核，由農業主管機關依相關法規之規定辦理。

運送過程之屠體、內臟及其分切物於交付食品業者後之衛生查核，由衛生主管機關為之。

食品業者所持有之屠體、內臟及其分切物之製造、加工、調配、包裝、運送、貯存、販賣、輸入或輸出之衛生管理，由各級主管機關依本法之規定辦理。

第二項衛生查核之規範，由中央主管機關會同中央農業主管機關定之。

第 二十一 條　經中央主管機關公告之食品、食品添加物、食品器具、食品容器或包裝及食品用洗潔劑，其製造、加工、調配、改裝、輸入或輸出，非經中央主管機關查驗登記並發給許可文件，不得為之；其

登記事項有變更者，應事先向中央主管機關申請審查核准。

食品所含之基因改造食品原料非經中央主管機關健康風險評估審查，並查驗登記發給許可文件，不得供作食品原料。

經中央主管機關查驗登記並發給許可文件之基因改造食品原料，其輸入業者應依第九條第五項所定辦法，建立基因改造食品原料供應來源及流向之追溯或追蹤系統。

第一項及第二項許可文件，其有效期間為一年至五年，由中央主管機關核定之；期滿仍需繼續製造、加工、調配、改裝、輸入或輸出者，應於期滿前三個月內，申請中央主管機關核准展延。但每次展延，不得超過五年。

第一項及第二項許可之廢止、許可文件之發給、換發、補發、展延、移轉、註銷及登記事項變更等管理事項之辦法，由中央主管機關定之。

第一項及第二項之查驗登記，得委託其他機構辦理；其委託辦法，由中央主管機關定之。

本法中華民國一百零三年一月二十八日修正前，第二項未辦理查驗登記之基因改造食品原料，應於公布後二年內完成辦理。

第五章　食品標示及廣告管理

第　二十二　條　食品及食品原料之容器或外包裝，應以中文及通用符號，明顯標示下列事項：

一、品名。

二、內容物名稱；其為二種以上混合物時，應依其含量多寡由高至低分別標示之。

三、淨重、容量或數量。

四、食品添加物名稱；混合二種以上食品添加物，以功能性命名者，應分別標明添加物名稱。

五、製造廠商或國內負責廠商名稱、電話號碼及地址。國內通過農產品生產驗證者，應標示可追溯之來源；有中央農業主管機關公告之生產系統者，應標示生產系統。

六、原產地（國）。

七、有效日期。

八、營養標示。

九、含基因改造食品原料。

十、其他經中央主管機關公告之事項。

前項第二款內容物之主成分應標明所佔百分比，其應標示之產品、主成分項目、標示內容、方式及各該產品實施日期，由中央

主管機關另定之。

第一項第八款及第九款標示之應遵行事項，由中央主管機關公告之。

第一項第五款僅標示國內負責廠商名稱者，應將製造廠商、受託製造廠商或輸入廠商之名稱、電話號碼及地址通報轄區主管機關；主管機關應開放其他主管機關共同查閱。

第 二十三 條　食品因容器或外包裝面積、材質或其他之特殊因素，依前條規定標示顯有困難者，中央主管機關得公告免一部之標示，或以其他方式標示。

第 二十四 條　食品添加物及其原料之容器或外包裝，應以中文及通用符號，明顯標示下列事項：

一、品名。

二、「食品添加物」或「食品添加物原料」字樣。

三、食品添加物名稱；其為二種以上混合物時，應分別標明。其標示應以第十八條第一項所定之品名或依中央主管機關公告之通用名稱為之。

四、淨重、容量或數量。

五、製造廠商或國內負責廠商名稱、電話號碼及地址。

六、有效日期。

七、使用範圍、用量標準及使用限制。

八、原產地（國）。

九、含基因改造食品添加物之原料。

十、其他經中央主管機關公告之事項。

食品添加物之原料，不受前項第三款、第七款及第九款之限制。

前項第三款食品添加物之香料成分及第九款標示之應遵行事項，由中央主管機關公告之。

第一項第五款僅標示國內負責廠商名稱者，應將製造廠商、受託製造廠商或輸入廠商之名稱、電話號碼及地址通報轄區主管機關；主管機關應開放其他主管機關共同查閱。

第 二十五 條　中央主管機關得對直接供應飲食之場所，就其供應之特定食品，要求以中文標示原產地及其他應標示事項；對特定散裝食品販賣者，得就其販賣之地點、方式予以限制，或要求以中文標示品名、原產地（國）、含基因改造食品原料、製造日期或有效日期及其他應標示事項。國內通過農產品生產驗證者，應標示可追溯之來源；有中央農業主管機關公告之生產系統者，應標示生產系統。

前項特定食品品項、應標示事項、方法及範圍；與特定散裝食品品項、限制方式及應標示事項，由中央主管機關公告之。

第一項應標示可追溯之來源或生產系統規定，自中華民國一百零四年一月二十日修正公布後六個月施行。

第 二十六 條 經中央主管機關公告之食品器具、食品容器或包裝，應以中文及通用符號，明顯標示下列事項：

一、品名。

二、材質名稱及耐熱溫度；其為二種以上材質組成者，應分別標明。

三、淨重、容量或數量。

四、國內負責廠商之名稱、電話號碼及地址。

五、原產地（國）。

六、製造日期；其有時效性者，並應加註有效日期或有效期間。

七、使用注意事項或微波等其他警語。

八、其他經中央主管機關公告之事項。

第 二十七 條 食品用洗潔劑之容器或外包裝，應以中文及通用符號，明顯標示下列事項：

一、品名。

二、主要成分之化學名稱；其為二種以上成分組成者，應分別標明。

三、淨重或容量。

四、國內負責廠商名稱、電話號碼及地址。

五、原產地（國）。

六、製造日期；其有時效性者，並應加註有效日期或有效期間。

七、適用對象或用途。

八、使用方法及使用注意事項或警語。

九、其他經中央主管機關公告之事項。

第 二十八 條 食品、食品添加物、食品用洗潔劑及經中央主管機關公告之食品器具、食品容器或包裝，其標示、宣傳或廣告，不得有不實、誇張或易生誤解之情形。

食品不得為醫療效能之標示、宣傳或廣告。

中央主管機關對於特殊營養食品、易導致慢性病或不適合兒童及特殊需求者長期食用之食品，得限制其促銷或廣告；其食品之項目、促銷或廣告之限制與停止刊播及其他應遵行事項之辦法，由中央主管機關定之。

第一項不實、誇張或易生誤解與第二項醫療效能之認定基準、宣傳或廣告之內容、方式及其他應遵行事項之準則，由中央主管機關定之。

第 二十九 條 接受委託刊播之傳播業者，應自廣告之日起六個月，保存委託刊播廣告者之姓名或名稱、國民身分證統一編號、公司、商號、法

人或團體之設立登記文件號碼、住居所或事務所、營業所及電話等資料，且於主管機關要求提供時，不得規避、妨礙或拒絕。

第六章　食品輸入管理

第　三十　條　輸入經中央主管機關公告之食品、基因改造食品原料、食品添加物、食品器具、食品容器或包裝及食品用洗潔劑時，應依海關專屬貨品分類號列，向中央主管機關申請查驗並申報其產品有關資訊。

執行前項規定，查驗績效優良之業者，中央主管機關得採取優惠之措施。

輸入第一項產品非供販賣，且其金額、數量符合中央主管機關公告或經中央主管機關專案核准者，得免申請查驗。

第　三十一　條　前條產品輸入之查驗及申報，中央主管機關得委任、委託相關機關（構）、法人或團體辦理。

第　三十二　條　主管機關為追查或預防食品衛生安全事件，必要時得要求食品業者、非食品業者或其代理人提供輸入產品之相關紀錄、文件及電子檔案或資料庫，食品業者、非食品業者或其代理人不得規避、妨礙或拒絕。

食品業者應就前項輸入產品、基因改造食品原料之相關紀錄、文件及電子檔案或資料庫保存五年。

前項應保存之資料、方式及範圍，由中央主管機關公告之。

第　三十三　條　輸入產品因性質或其查驗時間等條件特殊者，食品業者得向查驗機關申請具結先行放行，並於特定地點存放。查驗機關審查後認定應繳納保證金者，得命其繳納保證金後，准予具結先行放行。

前項具結先行放行之產品，其存放地點得由食品業者或其代理人指定；產品未取得輸入許可前，不得移動、啟用或販賣。

第三十條、第三十一條及本條第一項有關產品輸入之查驗、申報或查驗、申報之委託、優良廠商輸入查驗與申報之優惠措施、輸入產品具結先行放行之條件、應繳納保證金之審查基準、保證金之收取標準及其他應遵行事項之辦法，由中央主管機關定之。

第　三十四　條　中央主管機關遇有重大食品衛生安全事件發生，或輸入產品經查驗不合格之情況嚴重時，得就相關業者、產地或產品，停止其查驗申請。

第　三十五　條　中央主管機關對於管控安全風險程度較高之食品，得於其輸入前，實施系統性查核。

前項實施系統性查核之產品範圍、程序及其他相關事項之辦法，由中央主管機關定之。

中央主管機關基於源頭管理需要或因個別食品衛生安全事件，得派員至境外，查核該輸入食品之衛生安全管理等事項。

食品業者輸入食品添加物，其屬複方者，應檢附原產國之製造廠商或負責廠商出具之產品成分報告及輸出國之官方衛生證明，供各級主管機關查核。但屬香料者，不在此限。

第 三十六 條　境外食品、食品添加物、食品器具、食品容器或包裝及食品用洗潔劑對民眾之身體或健康有造成危害之虞，經中央主管機關公告者，旅客攜帶入境時，應檢附出產國衛生主管機關開具之衛生證明文件申報之；對民眾之身體或健康有嚴重危害者，中央主管機關並得公告禁止旅客攜帶入境。

違反前項規定之產品，不問屬於何人所有，沒入銷毀之。

第七章　食品檢驗

第 三十七 條　食品、食品添加物、食品器具、食品容器或包裝及食品用洗潔劑之檢驗，由各級主管機關或委任、委託經認可之相關機關（構）、法人或團體辦理。

中央主管機關得就前項受委任、委託之相關機關（構）、法人或團體，辦理認證；必要時，其認證工作，得委任、委託相關機關（構）、法人或團體辦理。

前二項有關檢驗之委託、檢驗機關（構）、法人或團體認證之條件與程序、委託辦理認證工作之程序及其他相關事項之管理辦法，由中央主管機關定之。

第 三十八 條　各級主管機關執行食品、食品添加物、食品器具、食品容器或包裝及食品用洗潔劑之檢驗，其檢驗方法，經食品檢驗方法諮議會諮議，由中央主管機關定之；未定檢驗方法者，得依國際間認可之方法為之。

第 三十九 條　食品業者對於檢驗結果有異議時，得自收受通知之日起十五日內，向原抽驗之機關（構）申請複驗；受理機關（構）應於三日內進行複驗。但檢體無適當方法可資保存者，得不受理之。

第 四十 條　發布食品衛生檢驗資訊時，應同時公布檢驗方法、檢驗單位及結果判讀依據。

第八章　食品查核及管制

第 四十一 條　直轄市、縣（市）主管機關為確保食品、食品添加物、食品器具、食品容器或包裝及食品用洗潔劑符合本法規定，得執行下列措施，業者應配合，不得規避、妨礙或拒絕：

一、進入製造、加工、調配、包裝、運送、貯存、販賣場所執行

現場查核及抽樣檢驗。

二、為前款查核或抽樣檢驗時，得要求前款場所之食品業者提供原料或產品之來源及數量、作業、品保、販賣對象、金額、其他佐證資料、證明或紀錄，並得查閱、扣留或複製之。

三、查核或檢驗結果證實為不符合本法規定之食品、食品添加物、食品器具、食品容器或包裝及食品用洗潔劑，應予封存。

四、對於有違反第八條第一項、第十五條第一項、第四項、第十六條、中央主管機關依第十七條、第十八條或第十九條所定標準之虞者，得命食品業者暫停作業及停止販賣，並封存該產品。

五、接獲通報疑似食品中毒案件時，對於各該食品業者，得命其限期改善或派送相關食品從業人員至各級主管機關認可之機關（構），接受至少四小時之食品中毒防治衛生講習；調查期間，並得命其暫停作業、停止販賣及進行消毒，並封存該產品。

中央主管機關於必要時，亦得為前項規定之措施。

第 四十二 條　前條查核、檢驗與管制措施及其他應遵行事項之辦法，由中央主管機關定之。

第四十二條之一　為維護食品安全衛生，有效遏止廠商之違法行為，警察機關應派員協助主管機關。

第 四十三 條　主管機關對於檢舉查獲違反本法規定之食品、食品添加物、食品器具、食品容器或包裝、食品用洗潔劑、標示、宣傳、廣告或食品業者，除應對檢舉人身分資料嚴守秘密外，並得酌予獎勵。公務員如有洩密情事，應依法追究刑事及行政責任。

前項主管機關受理檢舉案件之管轄、處理期間、保密、檢舉人獎勵及其他應遵行事項之辦法，由中央主管機關定之。

第一項檢舉人身分資料之保密，於訴訟程序，亦同。

第九章　罰　則

第 四十四 條　有下列行為之一者，處新臺幣六萬元以上二億元以下罰鍰；情節重大者，並得命其歇業、停業一定期間、廢止其公司、商業、工廠之全部或部分登記事項，或食品業者之登錄；經廢止登錄者，一年內不得再申請重新登錄：

一、違反第八條第一項或第二項規定，經命其限期改正，屆期不改正。

二、違反第十五條第一項、第四項或第十六條規定。

　　　　　三、經主管機關依第五十二條第二項規定，命其回收、銷毀而不
　　　　　　　遵行。
　　　　　四、違反中央主管機關依第五十四條第一項所爲禁止其製造、販
　　　　　　　賣、輸入或輸出之公告。
　　　　　前項罰鍰之裁罰標準，由中央主管機關定之。
第　四十五　條　違反第二十八條第一項或中央主管機關依第二十八條第三項所定
　　　　　　　辦法者，處新臺幣四萬元以上四百萬元以下罰鍰；違反同條第二
　　　　　　　項規定者，處新臺幣六十萬元以上五百萬元以下罰鍰；再次違反
　　　　　　　者，並得命其歇業、停業一定期間、廢止其公司、商業、工廠之
　　　　　　　全部或部分登記事項，或食品業者之登錄；經廢止登錄者，一年
　　　　　　　內不得再申請重新登錄。
　　　　　　　違反前項廣告規定之食品業者，應按次處罰至其停止刊播爲止。
　　　　　　　違反第二十八條有關廣告規定之一，情節重大者，除依前二項規
　　　　　　　定處分外，主管機關並應命其不得販賣、供應或陳列；且應自裁
　　　　　　　處書送達之日起三十日內，於原刊播之同一篇幅、時段，刊播一
　　　　　　　定次數之更正廣告，其內容應載明表達歉意及排除錯誤之訊息。
　　　　　　　違反前項規定，繼續販賣、供應、陳列或未刊播更正廣告者，處
　　　　　　　新臺幣十二萬元以上六十萬元以下罰鍰。
第　四十六　條　傳播業者違反第二十九條規定者，處新臺幣六萬元以上三十萬元
　　　　　　　以下罰鍰，並得按次處罰。
　　　　　　　直轄市、縣（市）主管機關爲前條第一項處罰時，應通知傳播業
　　　　　　　者及其直轄市、縣（市）主管機關或目的事業主管機關。傳播業
　　　　　　　者自收到該通知之次日起，應即停止刊播。
　　　　　　　傳播業者未依前項規定停止刊播違反第二十八條第一項或第二項
　　　　　　　規定，或違反中央主管機關依第二十八條第三項所爲廣告之限
　　　　　　　制或所定辦法中有關停止廣告之規定者，處新臺幣十二萬元以上
　　　　　　　六十萬元以下罰鍰，並應按次處罰至其停止刊播爲止。
　　　　　　　傳播業者經依第二項規定通知後，仍未停止刊播者，直轄市、縣
　　　　　　　（市）主管機關除依前項規定處罰外，並通知傳播業者之直轄
　　　　　　　市、縣（市）主管機關或其目的事業主管機關依相關法規規定處
　　　　　　　理。
第四十六條之一　散播有關食品安全之謠言或不實訊息，足生損害於公眾或他人
　　　　　　　者，處三年以下有期徒刑、拘役或新臺幣一百萬元以下罰金。
第　四十七　條　有下列行爲之一者，處新臺幣三萬元以上三百萬元以下罰鍰；情
　　　　　　　節重大者，並得命其歇業、停業一定期間、廢止其公司、商業、
　　　　　　　工廠之全部或部分登記事項，或食品業者之登錄；經廢止登錄
　　　　　　　者，一年內不得再申請重新登錄：
　　　　　　　一、違反中央主管機關依第四條所爲公告。

二、違反第七條第五項規定。

三、食品業者依第八條第三項、第九條第二項或第四項規定所登錄、建立或申報之資料不實，或依第九條第三項開立之電子發票不實致影響食品追溯或追蹤之查核。

四、違反第十一條第一項或第十二條第一項規定。

五、違反中央主管機關依第十三條所為投保產品責任保險之規定。

六、違反直轄市或縣（市）主管機關依第十四條所定管理辦法中有關公共飲食場所安全衛生之規定。

七、違反中央主管機關依第十八條之一第一項所定標準之規定，經命其限期改正，屆期不改正。

八、違反第二十一條第一項及第二項、第二十二條第一項或依第二項及第三項公告之事項、第二十四條第一項或依第二項公告之事項、第二十六條或第二十七條規定。

九、除第四十八條第九款規定者外，違反中央主管機關依第十八條所定標準中有關食品添加物規格及其使用範圍、限量之規定。

十、違反中央主管機關依第二十五條第二項所為之公告。

十一、規避、妨礙或拒絕本法所規定之查核、檢驗、查扣或封存。

十二、對依本法規定應提供之資料，拒不提供或提供資料不實。

十三、經依本法規定命暫停作業或停止販賣而不遵行。

十四、違反第三十條第一項規定，未辦理輸入產品資訊申報，或申報之資訊不實。

十五、違反第五十三條規定。

第 四十八 條　有下列行為之一者，經命限期改正，屆期不改正者，處新臺幣三萬元以上三百萬元以下罰鍰；情節重大者，並得命其歇業、停業一定期間、廢止其公司、商業、工廠之全部或部分登記事項，或食品業者之登錄；經廢止登錄者，一年內不得再申請重新登錄：

一、違反第七條第一項規定未訂定食品安全監測計畫、第二項或第三項規定未設置實驗室。

二、違反第八條第三項規定，未辦理登錄，或違反第八條第五項規定，未取得驗證。

三、違反第九條第一項規定，未保存文件或保存未達規定期限。

四、違反第九條第二項規定，未建立追溯或追蹤系統。

五、違反第九條第三項規定，未開立電子發票致無法為食品之追溯或追蹤。

六、違反第九條第四項規定，未以電子方式申報或未依中央主管

　　　　　　　　機關所定之方式及規格申報。

七、違反第十條第三項規定。

八、違反中央主管機關依第十七條或第十九條所定標準之規定。

九、食品業者販賣之產品違反中央主管機關依第十八條所定食品
　　添加物規格及其使用範圍、限量之規定。

十、違反第二十二條第四項或第二十四條第三項規定，未通報轄
　　區主管機關。

十一、違反第三十五條第四項規定，未出具產品成分報告及輸出
　　　國之官方衛生證明。

十二、違反中央主管機關依第十五條之一第二項公告之限制事
　　　項。

第四十八條之一　有下列情形之一者，由中央主管機關處新臺幣三萬元以上三百萬
元以下罰鍰；情節重大者，並得暫停、終止或廢止其委託或認
證；經終止委託或廢止認證者，一年內不得再接受委託或重新申
請認證：

一、依本法受託辦理食品業者衛生安全管理驗證，違反依第八條
　　第六項所定之管理規定。

二、依本法認證之檢驗機構、法人或團體，違反依第三十七條第
　　三項所定之認證管理規定。

三、依本法受託辦理檢驗機關（構）、法人或團體認證，違反依
　　第三十七條第三項所定之委託認證管理規定。

第　四十九　條　有第十五條第一項第三款、第七款、第十款或第十六條第一款行
為者，處七年以下有期徒刑，得併科新臺幣八千萬元以下罰金。
情節輕微者，處五年以下有期徒刑、拘役或科或併科新臺幣八百
萬元以下罰金。

有第四十四條至前條行為，情節重大足以危害人體健康之虞者，
處七年以下有期徒刑，得併科新臺幣八千萬元以下罰金；致危害
人體健康者，處一年以上七年以下有期徒刑，得併科新臺幣一億
元以下罰金。

犯前項之罪，因而致人於死者，處無期徒刑或七年以上有期徒
刑，得併科新臺幣二億元以下罰金；致重傷者，處三年以上十年
以下有期徒刑，得併科新臺幣一億五千萬元以下罰金。

因過失犯第一項、第二項之罪者，處二年以下有期徒刑、拘役或
科新臺幣六百萬元以下罰金。

法人之代表人、法人或自然人之代理人、受僱人或其他從業人
員，因執行業務犯第一項至第三項之罪者，除處罰其行為人外，
對該法人或自然人科以各該項十倍以下之罰金。

科罰金時，應審酌刑法第五十八條規定。

第四十九條之一　犯本法之罪，其犯罪所得與追徵之範圍及價額，認定顯有困難時，得以估算認定之；其估算辦法，由行政院定之。

第四十九條之二　經中央主管機關公告類別及規模之食品業者，違反第十五條第一項、第四項或第十六條之規定；或有第四十四條至第四十八條之一之行為致危害人體健康者，其所得之財產或其他利益，應沒入或追繳之。

主管機關有相當理由認為受處分人為避免前項處分而移轉其財物或財產上利益於第三人者，得沒入或追繳該第三人受移轉之財物或財產上利益。如全部或一部不能沒入者，應追徵其價額或以其財產抵償之。

為保全前二項財物或財產上利益之沒入或追繳，其價額之追徵或財產之抵償，主管機關得依法扣留或向行政法院聲請假扣押或假處分，並免提供擔保。

主管機關依本條沒入或追繳違法所得財物、財產上利益、追徵價額或抵償財產之推估計價辦法，由行政院定之。

第　五十　條　雇主不得因勞工向主管機關或司法機關揭露違反本法之行為、擔任訴訟程序之證人或拒絕參與違反本法之行為而予解僱、調職或其他不利之處分。

雇主或代表雇主行使管理權之人，為前項規定所為之解僱、降調或減薪者，無效。

雇主以外之人曾參與違反本法之規定且應負刑事責任之行為，而向主管機關或司法機關揭露，因而破獲雇主違反本法之行為者，減輕或免除其刑。

第　五十一　條　有下列情形之一者，主管機關得為處分如下：

一、有第四十七條第十四款規定情形者，得暫停受理食品業者或其代理人依第三十條第一項規定所為之查驗申請；產品已放行者，得視違規之情形，命食品業者回收、銷毀或辦理退運。

二、違反第三十條第三項規定，將免予輸入查驗之產品供販賣者，得停止其免查驗之申請一年。

三、違反第三十三條第二項規定，取得產品輸入許可前，擅自移動、啟用或販賣者，或具結保管之存放地點與實際不符者，沒收所收取之保證金，並於一年內暫停受理該食品業者具結保管之申請；擅自販賣者，並得處販賣價格一倍至二十倍之罰鍰。

第　五十二　條　食品、食品添加物、食品器具、食品容器或包裝及食品用洗潔劑，經依第四十一條規定查核或檢驗者，由當地直轄市、縣（市）主管機關依查核或檢驗結果，為下列之處分：

一、有第十五條第一項、第四項或第十六條所列各款情形之一
　　者，應予沒入銷毀。
二、不符合中央主管機關依第十七條、第十八條所定標準，或
　　違反第二十一條第一項及第二項規定者，其產品及以其為原
　　料之產品，應予沒入銷毀。但實施消毒或採行適當安全措施
　　後，仍可供食用、使用或不影響國人健康者，應通知限期消
　　毒、改製或採行適當安全措施；屆期未遵行者，沒入銷毀
　　之。
三、標示違反第二十二條第一項或依第二項及第三項公告之事
　　項、第二十四條第一項或依第二項公告之事項、第二十六
　　條、第二十七條或第二十八條第一項規定者，應通知限期回
　　收改正，改正前不得繼續販賣；屆期未遵行或違反第二十八
　　條第二項規定者，沒入銷毀之。
四、依第四十一條第一項規定命暫停作業及停止販賣並封存之產
　　品，如經查無前三款之情形者，應撤銷原處分，並予啓封。
前項第一款至第三款應予沒入之產品，應先命製造、販賣或輸入
者立即公告停止使用或食用，並予回收、銷毀。必要時，當地
直轄市、縣（市）主管機關得代為回收、銷毀，並收取必要之費
用。
前項應回收、銷毀之產品，其回收、銷毀處理辦法，由中央主管
機關定之。
製造、加工、調配、包裝、運送、販賣、輸入、輸出第一項第一
款或第二款產品之食品業者，由當地直轄市、縣（市）主管機關
公布其商號、地址、負責人姓名、商品名稱及違法情節。
輸入第一項產品經通關查驗不符合規定者，中央主管機關應管制
其輸入，並得為第一項各款、第二項及前項之處分。

第　五十三　條　直轄市、縣（市）主管機關經依前條第一項規定，命限期回收銷
　　　　　　　　毀產品或為其他必要之處置後，食品業者應依所定期限將處理
　　　　　　　　過程、結果及改善情形等資料，報直轄市、縣（市）主管機關備
　　　　　　　　查。
第　五十四　條　食品、食品添加物、食品器具、食品容器或包裝及食品用洗潔
　　　　　　　　劑，有第五十二條第一項第一款或第二款情事，除依第五十二條
　　　　　　　　規定處理外，中央主管機關得公告禁止其製造、販賣、輸入或輸
　　　　　　　　出。
　　　　　　　　前項公告禁止之產品為中央主管機關查驗登記並發給許可文件
　　　　　　　　者，得一併廢止其許可。
第　五十五　條　本法所定之處罰，除另有規定外，由直轄市、縣（市）主管機關
　　　　　　　　為之，必要時得由中央主管機關為之。但有關公司、商業或工廠

之全部或部分登記事項之廢止，由直轄市、縣（市）主管機關於勒令歇業處分確定後，移由工、商業主管機關或其目的事業主管機關爲之。

第五十五條之一　依本法所爲之行政罰，其行爲數認定標準，由中央主管機關定之。

第　五十六　條　食品業者違反第十五條第一項第三款、第七款、第十款或第十六條第一款規定，致生損害於消費者時，應負賠償責任。但食品業者證明損害非由於其製造、加工、調配、包裝、運送、貯存、販賣、輸入、輸出所致，或於防止損害之發生已盡相當之注意者，不在此限。

消費者雖非財產上之損害，亦得請求賠償相當之金額，並得準用消費者保護法第四十七條至第五十五條之規定提出消費訴訟。

如消費者不易或不能證明其實際損害額時，得請求法院依侵害情節，以每人每一事件新臺幣五百元以上三十萬元以下計算。

直轄市、縣（市）政府受理同一原因事件，致二十人以上消費者受有損害之申訴時，應協助消費者依消費者保護法第五十條之規定辦理。

受消費者保護團體委任代理消費者保護法第四十九條第一項訴訟之律師，就該訴訟得請求報酬，不適用消費者保護法第四十九條第二項後段規定。

第五十六條之一　中央主管機關爲保障食品安全事件消費者之權益，得設立食品安全保護基金，並得委託其他機關（構）、法人或團體辦理。

前項基金之來源如下：

一、違反本法罰鍰之部分提撥。

二、依本法科處並繳納之罰金，及因違反本法規定沒收或追徵之現金或變賣所得。

三、依本法或行政罰法規定沒入、追繳、追徵或抵償之不當利得部分提撥。

四、基金孳息收入。

五、捐贈收入。

六、循預算程序之撥款。

七、其他有關收入。

前項第一款及第三款來源，以其處分生效日在中華民國一百零二年六月二十一日以後者適用。

第一項基金之用途如下：

一、補助消費者保護團體因食品衛生安全事件依消費者保護法之規定，提起消費訴訟之律師報酬及訴訟相關費用。

二、補助經公告之特定食品衛生安全事件，有關人體健康風險評

估費用。

三、補助勞工因檢舉雇主違反本法之行為，遭雇主解僱、調職或其他不利處分所提之回復原狀、給付工資及損害賠償訴訟之律師報酬及訴訟相關費用。

四、補助依第四十三條第二項所定辦法之獎金。

五、補助其他有關促進食品安全之相關費用。

中央主管機關應設置基金運用管理監督小組，由學者專家、消保團體、社會公正人士組成，監督補助業務。

第四項基金之補助對象、申請資格、審查程序、補助基準、補助之廢止、前項基金運用管理監督小組之組成、運作及其他應遵行事項之辦法，由中央主管機關定之。

第十章 附 則

第 五十七 條　本法關於食品器具或容器之規定，於兒童常直接放入口內之玩具，準用之。

第 五十八 條　中央主管機關依本法受理食品業者申請審查、檢驗及核發許可證，應收取審查費、檢驗費及證書費；其費額，由中央主管機關定之。

第 五十九 條　本法施行細則，由中央主管機關定之。

第 六十 條　本法除第三十條申報制度與第三十三條保證金收取規定及第二十二條第一項第五款、第二十六條、第二十七條，自公布後一年施行外，自公布日施行。

第二十二條第一項第四款自中華民國一百零三年六月十九日施行。

本法一百零三年一月二十八日修正條文第二十一條第三項，自公布後一年施行。

本法一百零三年十一月十八日修正條文，除第二十二條第一項第五款應標示可追溯之來源或生產系統規定，自公布後六個月施行；第七條第三項食品業者應設置實驗室規定、第二十二條第四項、第二十四條第一項食品添加物之原料應標示事項規定、第二十四條第三項及第三十五條第四項規定，自公布後一年施行外，自公布日施行。

附錄二　食品添加物使用範圍及限量暨規格標準

修正日期：民國111年08月02日

第	一	條	本標準依食品安全衛生管理法第十八條第一項規定訂定之。
第	二	條	各類食品添加物之品名、使用範圍及限量，應符合附表一之規定，非表列之食品品項，不得使用各該食品添加物。
第	三	條	食品添加物之規格，應符合如附表二之規定。
第	四	條	本標準自發布日施行。

本標準中華民國一百零七年六月十九日修正發布之第二條附表一、第三條附表二，自一百零八年七月一日施行。

本標準中華民國一百零八年十一月七日修正發布之第二條附表一、第三條附表二，自一百零九年七月一日施行。

本標準中華民國一百零九年八月十一日修正發布之第二條附表一、第三條附表二，自一百十一年七月一日施行。

本標準中華民國一百零九年九月二十九日修正發布之第二條附表一、第三條附表二，自一百十二年一月一日施行。

本標準中華民國一百十年二月二十二日修正發布之第二條附表一、第三條附表二，自一百十一年七月一日施行。

本標準中華民國一百十年三月十七日修正發布之第二條附表一、第三條附表二，自一百十一年七月一日施行。

本標準中華民國一百十年六月二十三日修正發布之第二條附表一，自一百十三年一月一日施行。

本標準中華民國一百十一年三月十日修正發布條文，除第二條附表一第（七）類品質改良用、釀造用及食品製造用劑「編號099氮氣」、第三條附表二第（七）類品質改良用、釀造用及食品製造用劑「§07099氮氣」、第（八）類營養添加劑「§08112乳鐵蛋白」及第（十六）類乳化劑「§16006單及雙脂肪酸甘油二乙醯酒石酸酯」自一百十二年一月一日施行外，自發布日施行。

附表：

- 附表一食品添加物使用範圍及限量 第（一）類 防腐劑
- 附表一食品添加物使用範圍及限量 第（二）類 殺菌劑
- 附表一食品添加物使用範圍及限量 第（三）類 抗氧化劑
- 附表一食品添加物使用範圍及限量 第（四）類 漂白劑

- 附表一食品添加物使用範圍及限量 第（五）類 保色劑
- 附表一食品添加物使用範圍及限量 第（六）類 膨脹劑
- 附表一食品添加物使用範圍及限量 第（七）類 品質改良用、釀造用及食品製造用劑
- 附表一食品添加物使用範圍及限量 第（八）類 營養添加劑
- 附表一食品添加物使用範圍及限量 第（九）類 著色劑
- 附表一食品添加物使用範圍及限量 第（十）類 香料
- 附表一食品添加物使用範圍及限量 第（十一）類 調味劑
- 附表一食品添加物使用範圍及限量 第（十一）之一類 甜味劑
- 附表一食品添加物使用範圍及限量 第（十二）類 黏稠劑（糊料）
- 附表一食品添加物使用範圍及限量 第（十三）類 結著劑
- 附表一食品添加物使用範圍及限量 第（十四）類 食品工業用化學藥品
- 附表一食品添加物使用範圍及限量 第（十五）類 載體
- 附表一食品添加物使用範圍及限量 第（十六）類 乳化劑
- 附表一食品添加物使用範圍及限量 第（十七）類 其他
- 附表二食品添加物規格 第（一）類 防腐劑
- 附表二食品添加物規格 第（二）類 殺菌劑
- 附表二食品添加物規格 第（三）類 抗氧化劑
- 附表二食品添加物規格 第（四）類 漂白劑
- 附表二食品添加物規格 第（五）類 保色劑
- 附表二食品添加物規格 第（六）類 膨脹劑
- 附表二食品添加物規格 第（七）類 品質改良用、釀造用及食品製造用劑
- 附表二食品添加物規格 第（八）類 營養添加劑
- 附表二食品添加物規格 第（九）類 著色劑
- 附表二食品添加物規格 第（十）類 香料
- 附表二食品添加物規格 第（十一）類 調味劑
- 附表二食品添加物規格 第（十一）之一類 甜味劑
- 附表二食品添加物規格 第（十二）類 黏稠劑（糊料）
- 附表二食品添加物規格 第（十三）類 結著劑
- 附表二食品添加物規格 第（十四）類 食品工業用化學藥品
- 附表二食品添加物規格 第（十五）類 載體
- 附表二食品添加物規格 第（十六）類 乳化劑
- 附表二食品添加物規格 第（十七）類 其他

附錄三　食品良好衛生規範準則

中華民國103年11月7日部授食字第1031301901號令發布

第一章　總則

第　一　條　本準則依食品安全衛生管理法（以下簡稱本法）第八條第四項規定訂定之。

第　二　條　本準則適用於本法第三條第七款所定之食品業者。食品工廠之建築與設備除應符合本準則之規定外，並應符合食品工廠之設廠標準。

第　三　條　本準則用詞，定義如下：

一、原材料：指原料及包裝材料。

二、原料：指成品可食部分之構成材料，包括主原料、副原料及食品添加物。

三、主原料：指構成成品之主要材料。

四、副原料：指主原料及食品添加物以外構成成品之次要材料。

五、內包裝材料：指與食品直接接觸之瓶、罐、盒、袋等食品容器，及直接包裹或覆蓋食品之箔、膜、紙、蠟紙等包裝材料。

六、外包裝材料：指未與食品直接接觸之標籤、紙箱、捆包物等包裝材料。

七、食品作業場所：指食品之原材料處理、製造、加工、調配、包裝及貯存場所。

八、有害微生物：指造成食品腐敗、品質劣化或危害公共衛生之微生物。

九、食品接觸面：指下列與食品直接或間接接觸之表面：

(一)直接之接觸面：直接與食品接觸之設備表面。

(二)間接之接觸面：在正常作業情形下，由其流出之液體或蒸汽會與食品或食品直接接觸面接觸之表面。

十、水活性：指食品中自由水之表示法，為該食品之水蒸汽壓與在同溫度下純水飽和水蒸汽壓所得之比值。

十一、區隔：指就食品作業場所，依場所、時間、空氣流向等條件，予以有形或無形隔離之措施。

十二、食品工廠：指具有工廠登記核准文件之食品製造業者。

第　四　條　食品業者之場區及環境，應符合附表一場區及環境良好衛生管理基準之規定。

第 五 條　食品業者之食品從業人員、設備器具、清潔消毒、廢棄物處理、油炸用食用油及管理衛生人員，應符合附表二良好衛生管理基準之規定。

第 六 條　食品業者倉儲管制，應符合下列規定：
一、原材料、半成品及成品倉庫，應分別設置或予以適當區隔，並有足夠之空間，以供搬運。
二、倉庫內物品應分類貯放於棧板、貨架上或採取其他有效措施，不得直接放置地面，並保持整潔及良好通風。
三、倉儲作業應遵行先進先出之原則，並確實記錄。
四、倉儲過程中需管制溫度或濕度者，應建立管制方法及基準，並確實記錄。
五、倉儲過程中，應定期檢查，並確實記錄；有異狀時，應立即處理，確保原材料、半成品及成品之品質及衛生。
六、有污染原材料、半成品或成品之虞之物品或包裝材料，應有防止交叉污染之措施；其未能防止交叉污染者，不得與原材料、半成品或成品一起貯存。

第 七 條　食品業者運輸管制，應符合下列規定：
一、運輸車輛應於裝載食品前，檢查裝備，並保持清潔衛生。
二、產品堆疊時，應保持穩固，並維持空氣流通。
三、裝載低溫食品前，運輸車輛之廂體應確保食品維持有效保溫狀態。
四、運輸過程中，食品應避免日光直射、雨淋、劇烈之溫度或濕度之變動、撞擊及車內積水等。
五、有污染原料、半成品或成品之虞之物品或包裝材料，應有防止交叉污染之措施；其未能防止交叉污染者，不得與原材料、半成品或成品一起運輸。

第 八 條　食品業者就產品申訴及成品回收管制，應符合下列規定：
一、產品申訴案件之處理，應作成紀錄。
二、成品回收及其處理，應作成紀錄。

第二章　食品製造業

第 九 條　食品製造業製程管理及品質管制，應符合附表三製程管理及品質管制基準之規定。

第 十 條　食品製造業之檢驗及量測管制，應符合下列規定：
一、設有檢驗場所者，應具有足夠空間及檢驗設備，供進行品質管制及衛生管理相關之檢驗工作；必要時，得委託具公信力之研究或檢驗機構代為檢驗。

二、設有微生物檢驗場所者，應以有形方式與其他檢驗場所適當隔離。

三、測定、控制或記錄之測量器或記錄儀，應定期校正其準確性。

四、應就檢驗中可能產生之生物性、物理性及化學性污染源，建立有效管制措施。

五、檢驗採用簡便方法時，應定期與主管機關或法令規定之檢驗方法核對，並予記錄。

第 十一 條　食品製造業應對成品回收之處理，訂定回收及處理計畫，並據以執行。

第 十二 條　食品製造業依本準則規定所建立之相關紀錄、文件及電子檔案或資料庫至少應保存5年。

第三章　食品工廠

第 十三 條　食品工廠應依第四條至前條規定，訂定相關標準作業程序及保存相關處理紀錄。

第 十四 條　食品作業場所之配置及空間，應符合下列規定：

一、作業性質不同之場所，應個別設置或有效區隔，並保持整潔。

二、具有足夠空間，供作業設備與食品器具、容器、包裝之放置、衛生設施之設置及原材料之貯存。

第 十五 條　食品製程管理及品質管制，應符合下列規定：

一、製程之原材料、半成品及成品之檢驗狀況，應適當標示及處理。

二、成品有效日期之訂定，應有合理依據；必要時，應為保存性試驗。

三、成品應留樣保存至有效日期。

四、製程管理及品質管制，應作成紀錄。

第四章　食品物流業

第 十六 條　食品物流業應訂定物流管制標準作業程序，其內容應包括第七條及下列規定：

一、不同原材料、半成品及成品作業場所，應分別設置或予以適當區隔，並有足夠之空間，以供搬運。

二、物品應分類貯放於棧板、貨架上或採取其他有效措施，不得直接放置地面，並保持整潔。

三、作業應遵行先進先出之原則，並確實記錄。

四、作業過程中需管制溫度或溼度者，應建立管制方法及基準，並確實記錄。

五、貯存過程中，應定期檢查，並確實記錄；有異狀時，應立即處理，確保原材料、半成品及成品之品質及衛生。

六、低溫食品之品溫在裝載及卸貨前，應檢測及記錄。

七、低溫食品之理貨及裝卸，應於攝氏十五度以下場所迅速進行。

八、應依食品製造業者設定之產品保存溫度條件進行物流作業。

第五章　食品販賣業

第 十七 條　食品販賣業應符合下列規定：

一、販賣、貯存食品或食品添加物之設施及場所，應保持清潔，並設置有效防止病媒侵入之設施。

二、食品或食品添加物應分別妥善保存、整齊堆放，避免污染及腐敗。

三、食品之熱藏，溫度應保持在攝氏六十度以上。

四、倉庫內物品應分類貯放於棧板、貨架或採取其他有效措施，不得直接放置地面，並保持良好通風。

五、應有管理衛生人員，於現場負責食品衛生管理工作。

六、販賣貯存作業，應遵行先進先出之原則。

七、販賣貯存作業需管制溫度、溼度者，應建立相關管制方法及基準，並據以執行。

八、販賣貯存作業中應定期檢查產品之標示或貯存狀態，有異狀時，應立即處理，確保食品或食品添加物之品質及衛生。

九、有污染原材料、半成品或成品之虞之物品或包裝材料，應有防止交叉污染之措施；其未能防止交叉污染者，不得與原材料、半成品或成品一起貯存。

十、販賣場所之光線應達到二百米燭光以上，使用之光源，不得改變食品之顏色。食品販賣業屬量販店業者，應依第四條至第八條規定，訂定相關標準作業程序及保存相關處理紀錄。

第 十八 條　食品販賣業有販賣、貯存冷凍或冷藏食品者，除依前條規定外，並應符合下列規定：

一、販賣業者不得改變製造業者原來設定之食品保存溫度。

二、冷凍食品應有完整密封之基本包裝；冷凍（藏）食品不得使用金屬材料釘封或橡皮圈等物固定；包裝破裂時，不得販售。

三、冷凍食品應與冷藏食品分開貯存及販賣。

四、冷凍（藏）食品貯存或陳列於冷凍（藏）櫃內時，不得超越最大裝載線。

第 十九 條　食品販賣業有販賣、貯存烘焙食品者，除依第十七條規定外，並應符合下列規定：

一、未包裝之烘焙食品販賣時，應使用清潔之器具裝貯，分類陳
　　列，並應有防止污染之措施及設備，且備有清潔之夾子及盛物
　　籃（盤）供顧客選購使用。

二、以奶油、布丁、果凍、水果或易變質、腐敗之餡料等裝飾或充
　　餡之蛋糕、派等，應貯放於攝氏七度以下之冷藏櫃內。

第 二十 條　　食品販賣業有販賣禽畜水產食品者，除依第十七條規定外，並應符
　　　　　　　合下列規定：

一、禽畜水產食品之陳列檯面，應採不易透水及耐腐蝕之材質，且
　　應符合食品器具容器包裝衛生標準之規定。

二、販售場所應有適當洗滌及排水設施。

三、工作檯面、砧板或刀具，應保持平整清潔；供應生食鮮魚或不
　　經加熱即可食用之魚、肉製品，應另備專用刀具、砧板。

四、使用絞肉機及切片機等機具，應保持清潔，並避免污染。

五、生鮮水產食品應使用水槽，以流動自來水處理，並避免污染販
　　售之成品。

六、禽畜水產食品之貯存、陳列、販賣，應以適當之溫度及時間管
　　制。

七、販賣冷凍（藏）之禽畜水產食品，應具有冷凍（藏）之櫃
　　（箱）或設施。

八、禽畜水產食品以冰藏方式貯存、陳列、販賣者，使用之冰塊應
　　符合飲用水水質標準。

第二十一條　　攤販、小型販賣店兼售食品者，直轄市、縣（市）主管機關得視實
　　　　　　　際情形，適用本準則規定。

第六章　餐飲業

第二十二條　　餐飲業作業場所應符合下列規定：

一、洗滌場所應有充足之流動自來水，並具有洗滌、沖洗及有效殺
　　菌三項功能之餐具洗滌殺菌設施；水龍頭高度應高於水槽滿水
　　位高度，防水逆流污染；無充足之流動自來水者，應提供用畢
　　即行丟棄之餐具。

二、廚房之截油設施，應經常清理乾淨。

三、油煙應有適當之處理措施，避免油煙污染。

四、廚房應有維持適當空氣壓力及室溫之措施。

五、餐飲業未設座者，其販賣櫃台應與調理、加工及操作場所有效
　　區隔。

第二十三條　　餐飲業應使用下列方法之一，施行殺菌：

一、煮沸殺菌：毛巾、抹布等，以攝氏一百度之沸水煮沸五分鐘以

上，餐具等，一分鐘以上。

二、蒸汽殺菌：毛巾、抹布等，以攝氏一百度之蒸汽，加熱時間十
　　分鐘以上，餐具等，二分鐘以上。

三、熱水殺菌：餐具等，以攝氏八十度以上之熱水，加熱時間二分
　　鐘以上。

四、氯液殺菌：餐具等，以氯液總有效氯百萬分之二百以下，浸入
　　溶液中時間二分鐘以上。

五、乾熱殺菌：餐具等，以溫度攝氏一百一十度以上之乾熱，加熱
　　時間三十分鐘以上。

六、其他經中央衛生福利主管機關認可之有效殺菌方法。

第二十四條　　餐飲業烹調從業人員持有烹調技術證及烘焙業持有烘焙食品技術士
　　　　　　　證之比率，應符合食品業者專門職業或技術證照人員設置及管理辦
　　　　　　　法之規定。前項持有烹調技術士證者，應加入執業所在地直轄市、
　　　　　　　縣（市）之餐飲相關公會或工會，並由直轄市、縣（市）主管機關
　　　　　　　委託其認可之公會或工會發給廚師證書。

　　　　　　　前項公會或工會辦理廚師證書發證事宜，應接受直轄市、縣（市）
　　　　　　　主管機關督導；不遵從督導或違反委託相關約定者，直轄市、縣
　　　　　　　（市）主管機關得終止其委託。

　　　　　　　廚師證書有效期間為四年，期滿得申請展延，每次展延四年。申請
　　　　　　　展延者，應在證書有效期間內接受各級主管機關或其認可之公會、
　　　　　　　工會、高級中等以上學校或其他餐飲相關機構辦理之衛生講習，每
　　　　　　　年至少八小時。

　　　　　　　第一項規定，自本準則發布之日起一年後施行。

第二十五條　　經營中式餐飲之餐飲業，於本準則發布之日起一年內，其烹調從業
　　　　　　　人員之中餐烹調技術士證持證比率規定如下：

一、觀光旅館之餐廳：百分之八十。

二、承攬學校餐飲之餐飲業：百分之七十。

三、供應學校餐盒之餐盒業：百分之七十。

四、承攬筵席之餐廳：百分之七十。

五、外燴飲食業：百分之七十。

六、中央廚房式之餐飲業：百分之六十。

七、伙食包作業：百分之六十。

八、自助餐飲業：百分之五十。

第二十六條　　餐飲業之衛生管理，應符合下列規定：

一、製備過程中所使用設備及器具，其操作及維護，應避免污染食
　　品；必要時，應以顏色區分不同用途之設備及器具。

二、使用之竹製、木製筷子或其他免洗餐具，應用畢即行丟棄；共
　　桌分食之場所，應提供分食專用之匙、筷、叉及刀等餐具。

三、提供之餐具，應維持乾淨清潔，不應有脂肪、澱粉、蛋白質、洗潔劑之殘留；必要時，應進行病原性微生物之檢測。

四、製備流程應避免交叉污染。五、製備之菜餚，其貯存及供應應維持適當之溫度；貯放食品及餐具時，應有防塵、防蟲等衛生設施。

六、外購即食菜餚應確保衛生安全。

七、食品製備使用之機具及器具等，應保持清潔。

八、供應生冷食品者，應於專屬作業區調理、加工及操作。

九、生鮮水產品養殖處所，應與調理處所有效區隔。

十、製備時段內，廚房之進貨作業及人員進出，應有適當之管制。

第二十七條　外燴業者應符合下列規定：

一、烹調場所及供應之食物，應避免直接日曬、雨淋或接觸污染源，並應有遮蔽、冷凍（藏）設備或設施。

二、烹調器具及餐具應保持乾淨。

三、烹調食物時，應符合新鮮、清潔、迅速、加熱及冷藏之原則，並應避免交叉污染。

四、辦理二百人以上餐飲時，應於辦理三日前自行或經餐飲業所屬公會或工會，向直轄市、縣（市）衛生局（所）報請備查；其備查內容應包括委辦者、承辦者、辦理地點、參加人數及菜單。

第二十八條　伙食包作業者應符合第二十四條及第二十六條規定；其於包作伙食前，應自行或經餐飲業所屬公會或工會向衛生局（所）報請備查，其備查內容應包括委包者、承包者、包作場所及供應人數。

第七章　食品添加物業

第二十九條　食品添加物之進貨及貯存管理，應符合下列規定：

一、建立食品添加物或原料進貨之驗收作業及追溯、追蹤制度，記錄進貨來源、內容物成分、數量等資料。

二、依原材料、半成品或成品，貯存於不同場所，必要時，貯存於冷凍（藏）庫，並與其他非供食品用途之原料或物品以有形方式予以隔離。

三、倉儲管理，應依先進先出原則。

第 三十 條　食品添加物之作業場所，應符合下列規定：

一、生產食品添加物兼生產化工原料或化學品之製造區域或製程步驟，應予以區隔。

二、製程中使用溶劑、粉劑致有害物質外洩或產生塵爆等危害之虞時，應設防止設施或設備。

第三十一條　食品添加物製程之設備、器具、容器及包裝，應符合下列規定：
　　　　　　一、易於清洗、消毒及檢查。
　　　　　　二、符合食品器具容器包裝衛生標準之規定。
　　　　　　三、防止潤滑油、金屬碎屑、污水或其他可能造成污染之物質混入
　　　　　　　　食品添加物。
第三十二條　食品添加物之製程及品質管理，應符合下列規定：
　　　　　　一、建立製程及品質管制程序，並應完整記錄。
　　　　　　二、成品應符合食品添加物使用範圍及限量暨規格標準，並完整包
　　　　　　　　裝及標示。每批成品之銷售流向，應予記錄。

第八章　低酸性及酸化罐頭食品製造業

第三十三條　低酸性及酸化罐頭食品製造業生產及加工之管理，應符合附表四生
　　　　　　產與加工管理基準之規定。
第三十四條　低酸性及酸化罐頭食品製造業之殺菌設備與方法，應符合附表五殺
　　　　　　菌設備與方法管理基準之規定。
第三十五條　低酸性及酸化罐頭食品製造業之人員，應符合下列規定：
　　　　　　一、製造罐頭食品之工廠，應置專司殺菌技術管理人員、殺菌操作
　　　　　　　　人員、密封檢查人員及密封操作人員。
　　　　　　二、前款殺菌技術管理人員與低酸性金屬罐之殺菌操作、密封檢查
　　　　　　　　及密封操作人員，應經中央衛生福利主管機關認定之機構訓練
　　　　　　　　合格，並領有證書；其餘人員，應有訓練證明。
第三十六條　低酸性及酸化罐頭食品製造業容器密封之管制，應符合附表六容器
　　　　　　密封管制基準之規定。

第九章　真空包裝即食食品製造業

第三十七條　所稱真空包裝即食食品，指脫氣密封於密閉容器內，拆封後無須經
　　　　　　任何烹調步驟，即可食用之產品。製造常溫貯存及販賣之真空包裝
　　　　　　即食食品，應符合下列規定：
　　　　　　一、具下列任一條件者之真空包裝即食食品，得於常溫貯存及販
　　　　　　　　售：
　　　　　　　　(一)水活性在零點八五以下。
　　　　　　　　(二)氫離子濃度指數（以下稱pH值）在九點零以上。
　　　　　　　　(三)經商業滅菌。
　　　　　　　　(四)天然酸性食品（pH值小於四點六者）。
　　　　　　　　(五)發酵食品（指微生物於發酵過程產酸，致最終產品pH值小
　　　　　　　　　　於四點六或鹽濃度大於百分之十者；所稱鹽濃度，指鹽類
　　　　　　　　　　質量佔全部溶液質量之百分比）。

　　　　　　　　(六)碳酸飲料。

　　　　　　　　(七)其他於常溫可抑制肉毒桿菌生長之條件。

　　　　　二、前款第一目、第二目、第四目及第五目之產品，應依標示貯存
　　　　　　　及販賣，且業者須留存經中央衛生福利主管機關認證實驗室之
　　　　　　　相關檢測報告備查；第三目之產品，應符合第八章之規定。

第三十八條　製造冷藏貯存及販賣之真空包裝即食食品，應符合下列規定：

　　　　　一、水活性大於零點八五，且須冷藏之真空包裝即食食品，其貯
　　　　　　　存、運輸及販賣過程，均應於攝氏七度以下進行。

　　　　　二、冷藏真空包裝即食食品之保存期限：產品未具下列任一條件
　　　　　　　者，保存期限應在十日以內，且業者應留存經中央衛生福利主
　　　　　　　管機關認證實驗室之相關檢測報告或證明文件備查：

　　　　　　　(一)添加亞硝酸鹽或硝酸鹽。

　　　　　　　(二)水活性在零點九四以下。

　　　　　　　(三)pH值小於四點六。

　　　　　　　(四)鹽濃度大於百分之三點五之煙燻及發酵產品。

　　　　　　　(五)其他具有可抑制肉毒桿菌之條件。

第三十九條　製造冷凍貯存及販賣之真空包裝即食食品，其貯存、運輸及販賣過
　　　　　　程，均應於攝氏零下十八度下進行。

第十章　塑膠類食品器具、食品容器或包裝製造業

第 四十 條　產品之開發及設計，應符合下列規定：

　　　　　一、設定產品最終使用環境及條件。

　　　　　二、依前款設定，選用適宜之原料。

　　　　　三、開發及設計資料，應留存備查。

第四十一條　原料及產品之貯存，應符合下列規定：

　　　　　一、塑膠原料應有專屬或能與其他區域區隔之貯存空間。

　　　　　二、貯存空間應避免交叉污染。

　　　　　三、塑膠原料之進出，均應有完整之紀錄；其內容應包括日期及數
　　　　　　　量。

　　　　　四、業者應保存塑膠原料供應商提供之衛生安全資料。

第四十二條　製造場所，應符合下列規定：

　　　　　一、動線規劃，應避免交叉污染。

　　　　　二、混料區、加工作業區或包裝作業區，應以有形之方式予以隔
　　　　　　　離，並防止粉塵及油氣污染。

　　　　　三、加工、包裝及輸送，其設備及過程，應保持清潔。

第四十三條　生產製造，應符合下列規定：

　　　　　一、依塑膠原料供應者所提供之加工建議條件製造，並逐日記錄；

建議條件變更者，亦同。

二、自製造至包裝階段，應避免與地面接觸；必要時應使用適當器具盛接。

三、印刷作業，應避免油墨移轉或附著於食品接觸面。油墨有浸入、溶出等接觸食品之虞，應使用食品添加物使用範圍及限量暨規格標準准用之著色劑。

第四十四條　塑膠類食品器具、食品容器或包裝之衛生管理，應符合下列規定：

一、傳遞、包裝或運送之場所，應以有形之方式予以隔離，避免遭受其他物質或微生物之污染。

二、成品包裝時，應進行品質管制。

三、成品之標示、檢驗、下架、回收及回收後之處置與記錄，應符合本法及其相關法規之規定。

第四十五條　塑膠類食品器具、食品容器或包裝製造業，依本準則規定所建立之紀錄，至少應保存至該批成品有效日期後三年以上。

第十一章　附則

第四十六條　本準則除另定施行日期者外，自發布日施行。

附表一　食品業者之場區及環境良好衛生管理基準

一、場區應符合下列規定：
　(一)地面應隨時清掃，保持清潔，避免塵土飛揚。
　(二)排水系統應經常清理，保持暢通，避免有異味。
　(三)禽畜、寵物等應予管制，並有適當之措施。
二、建築及設施，應符合下列規定：
　(一)牆壁、支柱及地面應保持清潔，避免有納垢、侵蝕或積水等情形。
　(二)樓板或天花板應保持清潔，避免長黴、剝落、積塵、納垢或結露等現象。
　(三)出入口、門窗、通風口及其他孔道應保持清潔，並應設置防止病媒侵入設施。
　(四)排水系統應完整暢通，避免有異味，排水溝應有攔截固體廢棄物之設施，並應設置防止病媒侵入之設施。
　(五)照明光線應達到一百米燭光以上，工作或調理檯面，應保持二百米燭光以上；使用之光源，不得改變食品之顏色；照明設備應保持清潔。
　(六)通風良好，無不良氣味，通風口應保持清潔。
　(七)配管外表應保持清潔。
　(八)場所清潔度要求不同者，應加以有效區隔及管理，並有足夠空間，以供搬運。
　(九)第三款、第四款以外之場區，應實施有效之病媒防治措施，避免發現有病媒或其出沒之痕跡。
　(十)蓄水池（塔、槽）應保持清潔，每年至少清理一次並作成紀錄。
三、冷凍席（櫃）、冷藏席（櫃），應符合下列規定：
　(一)冷凍食品之品溫應保持在攝氏負十八度以下；冷藏食品之品溫應保持在攝氏七度以下凍結點以上；避免劇烈之溫度變動。
　(二)冷凍（庫）櫃、冷藏（庫）櫃應定期除霜，並保持清潔。
　(三)冷凍席（櫃）、冷藏席（櫃），均應於明顯處設置溫度指示器，並設置自動記錄器或定時記錄。
四、設有員工宿舍、餐廳、休息室、檢驗場所或研究室者，應符合下列規定：
　(一)與食品作業場所隔離，且應有良好之通風、採光，並設置防止病媒侵入或有害微生物污染之設施。
　(二)應經常保持清潔，並指派專人負責。
五、廁所應符合下列規定：
　(一)設置地點應防止污染水源。
　(二)不得正面開向食品作業場所。但有緩衝設施及有效控制空氣流向防止污染者，不在此限。
　(三)應保持整潔，避免有異味。
　(四)應於明顯處標示「如廁後應洗手」之字樣。
六、供水設施應符合下列規定：
　(一)與食品直接接觸及清洗食品設備與用具之用水及冰塊，應符合飲用水水質標準。
　(二)應有足夠之水量及供水設施。
　(三)使用地下水源者，其水源與化糞池、廢棄物堆積場所等污染源，應至少保持十五公尺之距離。
　(四)蓄水池（塔、槽）應保持清潔，設置地點應距污穢場所、化糞池等污染源三公尺以上。
　(五)飲用水與非飲用水之管路系統應完全分離，出水口並應明顯區分。
七、作業場所洗手設施應符合下列規定：
　(一)於明顯之位置懸掛簡明易懂之洗手方法。
　(二)洗手及乾手設備之設置地點應適當，數目足夠。
　(三)應備有流動自來水、清潔劑、乾手器或擦手紙巾等設施；必要時，應設置適當之消毒設施。
　(四)洗手消毒設施之設計，應能於使用時防止已清洗之手部再度遭受污染。
八、設有更衣室者，應與食品作業場所隔離，工作人員並應有個人存放衣物之衣櫃。

附表二　食品業者良好衛生管理基準

一、食品從業人員應符合下列規定：
　　(一)新進食品從業人員應先經醫療機構健康檢查合格後，始得聘僱；雇主每年應主動辦理健康
　　　　檢查至少一次。
　　(二)新進食品從業人員應接受適當之教育訓練，使其執行能力符合生產、衛生及品質管理之要
　　　　求；在職從業人員，應定期接受食品安全、衛生及品質管理之教育訓練，並作成紀錄。
　　(三)食品從業人員經醫師診斷罹患或感染A型肝炎、手部皮膚病、出疹、膿瘡、外傷、結核
　　　　病、傷寒或其他可能造成食品污染之疾病，其罹患或感染期間，應主動告知現場負責人，
　　　　不得從事與食品接觸之工作。
　　(四)食品從業人員於食品作業場所內工作時，應穿戴整潔之工作衣帽(鞋)，以防頭髮、頭屑
　　　　及夾雜物落入食品中，必要時應戴口罩。工作中與食品直接接觸之從業人員，不得蓄留指
　　　　甲、塗抹指甲油及佩戴飾物等，並不得使塗抹於肌膚上之化粧品及藥等污染食品或食品
　　　　接觸面。
　　(五)食品從業人員手部應經常保持清潔，並應於進入食品作業場所前、如廁後或手部受污染
　　　　時，依正確步驟洗手或（及）消毒。工作中吐痰、擤鼻涕或有其他可能污染手部之行為
　　　　後，應立即洗淨後再工作。
　　(六)食品從業人員工作時，不得有吸菸、嚼檳榔、嚼口香糖、飲食或其他可能污染食品之行
　　　　為。
　　(七)食品從業人員以雙手直接調理不經加熱即可食用之食品時，應穿戴消毒清潔之不透水手
　　　　套，或將手部徹底洗淨及消毒。
　　(八)食品從業人員個人衣物應放置於更衣場所，不得帶入食品作業場所。
　　(九)非食品從業人員之出入，應適當管制；進入食品作業場所時，應符合前八款之衛生要求。
　　(十)食品從業人員於從業期間，應接受衛生主管機關或其認可或委託之相關機關(構)、學校、
　　　　法人所辦理之衛生講習或訓練。
二、設備及器具之清洗衛生，應符合下列規定：
　　(一)食品接觸面應保持平滑、無凹陷或裂縫，並保持清潔。
　　(二)製造、加工、調配或包（盛）裝食品之設備、器具，使用前應確認其清潔，使用後應清洗
　　　　乾淨；已清洗及消毒之設備、器具，應避免再受污染。
　　(三)設備、器具之清洗消毒作業，應防止清潔劑或消毒劑污染食品、食品接觸面及包（盛）裝
　　　　材料。
三、清潔及消毒等化學物質及用具之管理，應符合下列規定：
　　(一)病媒防治使用之環境用藥，應符合環境用藥管理法及其相關法規之規定，並明確標示，存
　　　　放於固定場所，不得污染食品或食品接觸面，且應指定專人負責保管及記錄其用量。
　　(二)清潔劑、消毒劑及有毒化學物質，應符合相關主管機關之規定，並明確標示，存放於固定
　　　　場所，且應指定專人負責保管及記錄其用量。
　　(三)食品作業場所內，除維護衛生所必須使用之藥劑外，不得存放使用。
　　(四)有毒化學物質，應標明其毒性、使用及緊急處理。
　　(五)清潔、清洗及消毒用機具，應有專用場所安善保存。
四、廢棄物處理應符合下列規定：
　　(一)食品作業場所內及其四周，不得任意堆置廢棄物，以防孳生病媒。
　　(二)廢棄物應依廢棄物清理法及其相關法規之規定清除及處理；廢棄物放置場所不得有異味或
　　　　有害（毒）氣體溢出，防止病媒孳生，或造成人體危害。
　　(三)反覆使用盛裝廢棄物之容器，於丟棄廢棄物後，應立即清洗乾淨；處理廢棄物之機器設
　　　　備，於停止運轉時，應立即清洗乾淨，防止病媒孳生。
　　(四)有危害人體及食品安全衛生之虞之化學藥品、放射性物質、有害微生物、腐敗物或過期回
　　　　收產品等廢棄物，應設置專用貯存設施。
五、油炸用食用油之總極性化合物（total polar compounds）含量達百分之二十五以上時，不得再
　　予使用，應全部更換新油。
六、食品業者應指派管理衛生人員，就建築與設施及衛生管理情形，按日填報衛生管理紀錄，其內
　　容包括本準則之所定衛生工作。
七、食品工廠之管理衛生人員，宜於工作場所明顯處，標明該人員之姓名。

附表三　食品製造業者製程管理及品質管制基準

一、使用之原材料，應符合本法及其相關法令之規定，並有可追溯來源之相關資料或紀錄。
二、原材料進貨時，應經驗收程序，驗收不合格者，應明確標示，並適當處理，免遭誤用。
三、原材料之暫存，應避免製程中之半成品或成品產生污染；需溫溼度管制者，應建立管制方法及基準，並作成紀錄。冷凍原料解凍時，應防止品質劣化。
四、原材料使用，應依先進先出之原則，並在保存期限內使用。
五、原材料有農藥、重金屬或其他毒素等污染之虞時，應確認其安全性或含量符合本法及相關法令規定。
六、食品添加物應設專櫃貯放，由專人負責管理，並以專冊登錄使用之種類、食品添加物許可字號、進貨量、使用量及存量。
七、食品製程之規劃，應符合衛生安全原則。
八、食品在製程中所使用之設備、器具及容器，其操作、使用與維護，應符合衛生安全原則。
九、食品在製程中，不得與地面直接接觸。
十、食品在製程中，應採取有效措施，防止金屬或其他雜物混入食品中。
十一、食品在製程中，非使用自來水者，應指定專人每日作有效餘氯量及酸鹼值之測定，並作成紀錄。
十二、食品在製程中，需管制溫度、溼度、酸鹼值、水活性、壓力、流速或時間等事項者，應建立相關管制方法及基準，並作成紀錄。
十三、食品添加物之使用，應符合食品添加物使用範圍及限量暨規格標準之規定；秤量及投料應建立重複檢核程序，並作成紀錄。
十四、食品之包裝，應避免產品於貯運及銷售過程中變質或污染。
十五、不得回收使用之器具、容器及包裝，應禁止重複使用；得回收使用之器具、容器及包裝，應以適當方式清潔、消毒；必要時，應經有效殺菌處理。
十六、每批成品應確認其品保後，始得出貨；確認不合格者，應訂定適當處理程序。
十七、製程及品質管制有異常現象時，應建立矯正及防止再發生之措施，並作成紀錄。
十八、成品為包裝食品者，其成分應確實標示。
十九、每批成品銷售，應有相關文件或紀錄。

附表四　低酸性及酸化罐頭食品製造業生產及加工管理基準

一、名詞定義：

(一)罐頭食品：指食品封裝於密閉容器內，於封裝前或封裝後，施行商業滅菌而可於室溫下長期保存者。

(二)低酸性罐頭食品：指其內容物之平衡酸鹼值（pH值）大於四點六，且水活性大於零點八五，並包裝於密封容器，於包裝前或包裝後施行商業滅菌處理保存者。

(三)酸化罐頭食品：指以低酸性或酸性食品為原料，添加酸化劑及（或）酸性食品調節其pH值，使其最終平衡酸鹼值（pH值）小於或等於四點六，水活性大於零點八五之罐頭食品。

(四)密閉容器：指密封後可防止微生物侵入之容器，包括金屬、玻璃、殺菌袋、塑膠、積層複合及與符合上述條件之其它容器。

(五)商業滅菌：指其殺菌程度應使殺菌處理後之罐頭食品，於正常商業貯運及無冷藏條件下，不得有微生物繁殖，且無有害活性微生物及其孢子之存在。無菌加工設備及容器之商業滅菌，指利用熱、化學殺菌劑或其他適當之處理，使無有害活性微生物及其孢子存在，並使製造之食品在室溫貯運時，不會生長對人體健康無害之微生物。

(六)昇溫時間：指蒸汽開始導入殺菌設備內至殺菌開始計時為止之時間。

(七)殺菌重要因子：指任何特性、條件或參數等，其變異足以影響殺菌方法及商業滅菌效果者。

(八)罐頭初溫：指殺菌開始前，最冷罐之平衡溫度。

(九)殺菌值（F_0）：以分鐘為單位。表示熱處理條件之殺菌程度，其熱致死總效應相當於達華氏二五〇度（攝氏一二一點一度）時，對z值等於華氏一八之細菌或孢子殺滅能力。

(十)殺菌條件：指罐頭食品為達到商業滅菌，所採行之控制處理及殺菌程序。

二、產品調製：

(一)易受微生物污染之主、副原料，應確定其可作為罐頭食品製造之用。

(二)罐頭食品容器應符合下列規定：

　1.容器進廠時，應由供應商提供品保證明或抽樣檢查其品質及清潔等。

　2.存放場所應避免污染，倉儲過程中需管制溫度、濕度者，應建立管制方法及基準，並作成紀錄。

　3.容器使用前，應以適當方法確保其清潔。

　4.輸送、搬運、裝罐等過程，應避免碰傷，並防止雜物侵入。

(三)酸化罐頭食品之製造、加工及包裝，在殺菌後，應使其產品之平衡酸鹼值（pH值），保持在四點六以下；製造方法應與依第二點所定之殺菌條件相符，且應予適當控制，使產品之平衡pH值保持在四點六以下。

(四)原料殺菁處理應符合下列規定：

　1.加熱殺菁時，應在規定殺菁溫度及時間下進行。殺菁完畢後，應迅速冷卻，或立即進行次一步驟之加工，不得拖延。

　2.殺菁機應注意清洗，其用熱水殺菁者，應經常補充熱水及排水，防止殺菁水遭受污染。

　3.原料洗滌及冷卻用水，應符合飲用水水質標準。

(五)產品之裝罐，應予管制，確保符合依第二點所定殺菌條件之裝量。

(六)裝罐後之脫氣應予控制，並符合依第二點所定之殺菌條件。使用脫氣箱者，應清洗乾淨並保養。

(七)依第二點所定之殺菌條件中，與產品調製相關之重要因子，應予控制在界限內。

三、殺菌條件之訂定：

(一)低酸性及酸化罐頭食品之殺菌條件，應由中央主管機關認定具有對殺菌設備及殺菌專門知識之機構定之。

(二)訂定殺菌條件，應考慮生產上可能發生之變異種類、程序及各種變異之組合，影響殺菌條件之重要因子，均應於殺菌條件中規定。

(三)依前款建立殺菌條件之各項資料，應予記錄，並據以計算殺菌值（F_0）；其紀錄應保存備查。

(四)低酸性罐頭食品之殺菌條件，其殺菌值應大於或等於三。

四、殺菌作業之管理：

(一)每一種產品所設定之殺菌條件，應張貼於殺菌設備附近明顯易見或置於殺菌操作人員容易取閱之處。

(二)殺菌室應建立有效防止已殺菌及未殺菌罐頭混雜之管制系統。

(三)殺菌操作應予控制,不得低於所訂定之殺菌條件。

(四)殺菌計時之時鐘,應精確且易觀察,不得使用手錶或袋錶。

(五)殺菌操作人員應即時填寫殺菌工作報告,並每日在自動溫度紀錄儀紙上簽名,此二種紀錄應互相對照。

(六)殺菌工作報告及自動溫度紀錄儀紙,在製造後一星期內,應由殺菌管理人員核對簽名;密封紀錄,應由品管主管及製造主管核對簽名。

(七)殺菌及密封相關紀錄,至少應保存至該批成品之有效期後六個月。

五、核對低酸性、酸化罐頭食品生產紀錄後,發現有低於殺菌條件、酸化罐頭產品平衡pH值大於四點六或重要因子未妥善控制時,應採取下列方式之一之處置:

(一)應由第二點第一款機構之殺菌條件,重行殺菌,並保存此重行殺菌之完整紀錄。

(二)殺菌、排氣或重要因子未妥善控制造成之偏差,於殺菌中發現者,應延長殺菌時間;殺菌完成後即時發現者,應全部重行殺菌;殺菌完成後一段時間發現者,除經評估證實此等產品無危害人體健康之微生物存在以外,應重行殺菌或予銷毀。

附表五　低酸性及酸化罐頭食品製造業殺菌設備與方法管理基準

一、名詞定義：
　　(一)無菌加工及包裝：指經商業滅菌並冷卻之食品，於無菌狀態下，封裝於經商業滅菌之容器中，並在無菌狀態下密封之技術。
　　(二)保溫試驗：將樣品置於選定之溫度下，保持一段時間，使微生物生長之試驗。
二、靜置式殺菌釜蒸汽加壓殺菌：
　　(一)玻璃水銀溫度計：
　　　　1.每一殺菌釜至少裝置一具指示刻度在攝氏零點五度之水銀溫度計，其長度至少一七八公厘（七吋），最高及最低刻度範圍不得超過五五度。
　　　　2.裝置前應送經中央度量衡主管機關認可之機構校正，裝置後每年至少應校正乙次，校正機構應保存所有校正資料。
　　　　3.每一支溫度計應貼附最近校正之日期標誌，並附有校正資料。
　　　　4.溫度計使用前水銀柱有斷裂或不能準確調整時，應送修或更換。
　　　　5.溫度計須裝置於操作者易於正確視讀之位置。
　　　　6.感溫管應裝在釜殼內或溫度井內，套管或溫度井與釜殼焊接口之口徑應不小於一九公厘（四分之三吋），如裝於溫度井者，溫度井內應裝一個不小於一點六公厘（十六分之一吋）的洩汽栓，以便全開時蒸汽可流經感溫管之全長。
　　　　7.殺菌過程中應以水銀溫度計之指示溫度為殺菌溫度，不得以自動溫度記錄儀之紀錄溫度代替。
　　(二)自動溫度記錄儀
　　　　1.每一殺菌釜應裝置一具準確之自動溫度記錄儀，其紀錄表所指示殺菌溫度攝氏五度範圍內之刻度，每格不可超過一度，在殺菌溫度攝氏一○度範圍內之刻度，每二五公厘（一吋）不可超過二五度。
　　　　2.殺菌過程中，其記錄溫度應調至與水銀溫度計一致。但不得高於水銀溫度計所顯示之溫度。
　　　　3.對記錄裝置應有預防任意變動之措施，如加鎖或貼警告標示等方式，警告非指定人員不得加以調整。
　　　　4.感溫管應裝在釜殼內或溫度井內，如屬裝於溫度井內者，溫度井內應裝一個不小於一點六公厘（十六分之一吋）之洩汽栓。
　　　　5.以空氣操作之溫度控制器應有足夠之過濾系統，以確保空氣清潔乾燥。
　　(三)壓力錶：
　　　　1.每一殺菌釜應有一具壓力錶，其刻度盤直徑不小於一一四公厘（四又二分之一吋）讀數範圍零至三點五公斤／平方公分，錶上刻度應能指示零點一公斤／平方公分。
　　　　2.每年應至少校正乙次。
　　　　3.壓力錶應裝於具有環形彎轉之連管上。
　　　　4.不得以壓力作為殺菌條件之依據。
　　(四)蒸汽控制器：
　　　　1.每一殺菌釜均應裝置蒸汽控制器。
　　　　2.未裝自動蒸汽控制器而用人工操作時，於殺菌過程中，應予以記錄，確保符合殺菌操作條件要求。
　　(五)進汽管路：
　　　　1.進汽管路中最小管及（如進汽管、管閥、接頭等）應不小於二五公厘（一吋）管之內徑二六公厘（截面積五三○平方公厘），參考表一規格。

表一　管徑、孔徑與孔數相對參考資料

管徑　稱號	管外徑(mm)	管壁徑(mm)	內徑(mm)	截面積(mm²)	面孔數			
					孔徑3.2公厘（1/8吋）	孔徑4.8公厘（3/16吋）	孔徑5.6公厘（7/32吋）	孔徑6.4公厘（1/4吋）
1吋	34.0	2.0	30.0	706.86	134～178	60～79	44～58	34～44
		2.5	29.0	60.52	125～166	56～74	41～54	32～41

管徑 稱號	管外徑 (mm)	管壁徑 (mm)	內徑 (mm)	截面積 (mm²)	面孔數			
					孔徑3.2公厘（1/8吋）	孔徑4.8公厘（3/16吋）	孔徑5.6公厘（7/32吋）	孔徑6.4公厘（1/4吋）
		3.0	28.0	615.75	117～155	52～69	39～50	30～33
		3.5	27.0	572.56	109～144	49～64	38～47	29～36
		4.0	26.0	530.93	101～133	45～59	33～43	26～33
1.25吋	42.7	2.0	38.7	1176.23	223～296	100～132	73～96	56～74
		2.5	37.7	1116.23	212～281	95～125	70～92	53～70
		3.0	36.7	1057.84	200～266	90～113	66～87	51～66
		3.5	35.7	1000.98	190～252	85～112	62～82	48～63
		4.0	34.7	945.63	179～233	80～106	59～77	45～59
1.5吋	48.6	2.0	44.6	1562.23	296～393	132～175	97～128	74～98
		2.5	43.7	1493.01	283～376	126～167	93～123	71～94
		3.0	42.6	1425.31	270～359	121～160	89～117	68～85
		3.5	41.6	1359.13	257～342	115～152	85～112	65～85
		4.0	40.6	1294.82	245～326	110～145	81～106	62～31

　　2.立式釜之進汽口應裝在釜底中央。

　　3.臥式釜長在九公尺（三十呎）內者，進汽口應裝在釜底中間（如圖一），釜長超過九公尺（三十呎）者，應裝二個以上之進汽口，該進汽口之裝置應使釜內之熱分佈均勻。

(六)噴汽管及噴汽孔：

　　1.噴汽管，指連接進汽口而裝在釜內之蒸汽管路；其內徑應不大於進汽管路之最小管口。參考圖一說明。

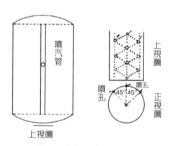

圖一　進汽及噴汽裝置圖

　　2.臥式釜噴汽管應伸及釜底全長，其噴汽孔應有三排，一排在噴汽管頂線上，其餘兩排與頂線呈四五度夾角，每排孔數約相等，孔距應相同，相鄰兩排之噴汽孔不得並排，應呈等距離相互錯開，如圖二。

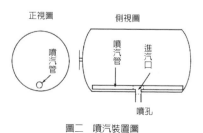

圖二　噴汽裝置圖

3.立式釜之噴汽孔應在噴汽管頂線上或左右兩側上。

4.噴汽孔孔數之總截面積應等於進汽管路最小管口截面積之一點五至二點零倍，參考表一規格。

(七)洩汽栓：

1.殺菌釜上之洩汽栓，除溫度井上所裝者外，其口徑應不小於三點二公厘（八分之一吋）。

2.在殺菌過程中，包括排氣、昇溫及殺菌期間，應保持全開。

3.臥式殺菌釜之洩汽栓應裝在釜頂中心線距兩端二〇公分（八吋）以內，且栓與栓之間之距離不得超過二四〇公分（八呎）。

4.立式釜之洩汽栓應裝在釜蓋上。

5.洩汽栓裝在上述規定外之處時，須有熱分佈測定資料証明釜內空氣完全排除且蒸汽循環良好。

6.所有洩汽栓之設置，應能於操作過程中確認其功能正常。

(八)排氣裝置：

1.排氣裝置之設計應能使於在殺菌開始前，將釜內空氣排除。

2.排氣管應裝置閘式閥或旋塞閥，但排氣主管連接數個排氣管時，得將閥座裝置於排汽主管上，排氣時應保持全開。

3.臥式釜排氣管應裝在釜體頂部，立式釜排氣管應裝在釜蓋上。

4.排氣管長度不得超過四六公分（一點五呎），若排氣管長度超過四六公分時，其超過四六公分之部份，應使用管徑比排氣管大之排氣連管，排氣管應伸入連管內，且於連管底部須有冷凝水排除裝置。

5.排氣管不可直接與密閉之排水管或溢流管連接。

6.殺菌釜上數個排氣管連接排氣之排氣主管，其截面積應大於連接之排氣管之總截面積。

7.連接數個殺菌釜排氣管或排氣主管之排氣總管其截面積應大於連接之排氣管或排氣主管之總截面積，且排氣總管上不得裝置任何控制閥。

8.不論以排氣管、排氣連管、排氣主管或排氣總管排氣，其排氣管路出口應直通大氣，且應避免彎曲及阻滯排氣。

9.在排氣工作未完成或排氣終了溫度未到達前，不得開始殺菌計時。

10.殺菌釜之排氣口其排氣裝置和排氣操作法如下：

　臥式釜之排氣

　　(1)經數個二五公厘（一吋）排氣口直接排氣至大氣中者（圖三）：

　　　I.規格：在釜長每一五二公分（五呎）處設二五公厘（一吋）排氣口，並裝置閘式閥或旋塞閥直接排氣至大氣中，兩端之排氣口與釜體兩端之距離不得超過七六公分（二點五呎）。

　　　II.排氣法：全開排氣閥至少五分鐘，釜體內溫度至少須達攝氏一〇八度或排氣七分鐘，釜內溫度至少須達攝氏一〇五度。

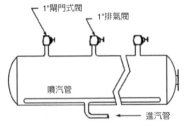

圖三　排汽口裝置例一

　　(2)數個二五公厘（一吋）排氣口連接排氣主管而排氣至大氣中（圖四）：

　　　I.規格：在釜長每一五二公分（五呎）處設二五公厘（一吋）排氣口，兩端之排氣口釜體兩端之距離不得超過七六公分（二點五呎），排氣主管徑對釜長四五七公分（十五呎）以下者為六四公厘（二點五吋）、四五七公分（十五呎）以上者為七六公厘（三吋）。

II.排氣法：全開排氣主管或旋塞閥至少六分鐘，釜體內溫度至少須達攝氏一〇八度，或排氣至少八分鐘，釜內溫度至少須達攝氏一〇五度。

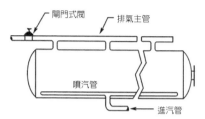

圖四　排汽口裝置例二

(3)經由噴水管排氣（圖五）：

I.排氣口及排氣閥之規格：對於釜長在四五七公分（十五呎）以下者，其排氣閥應為五十公厘（二吋）、四五七公分（十五呎）以上者為六四公厘（二點五吋）。

II.噴水管之規格：對於釜長在四五七公分（十五呎）以下者，其噴水管徑應為三八公厘（一點五吋）、四五七公分（十五吧）以上者為五十公厘（二吋）。噴水管孔數之總截面積應約等於排氣管之截面積。

III.排氣法：全開排氣閥至少五分鐘，釜體內溫度至少須達攝氏一〇八度，或排氣七分鐘，釜內溫度至少須達攝氏一〇五度。

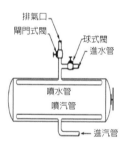

圖五　排汽口裝置例三

(4)經單一排氣口徑六四公厘（二點五吋）排氣（適用於釜長四五七公分（四五七公分十五呎）以內者）（圖六）：

I.規格：在釜中心六一公分（二吋）以內於六四公厘（二點五吋）排氣口裝置一具六四公厘（二點五吋）閘式閥或旋塞閥。

II.排氣法：全開排氣閥或旋塞閥至少四分鐘，釜內溫度至少須達攝氏一〇五度。

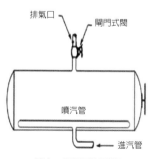

圖六　排汽口裝置例四

立式釜之排氣
(1)經三八公厘（一點五吋）溢流管排氣（圖七）：
    I.規格：在三八公厘（一點五吋）溢流管裝置一具三八公厘(一點五吋)閘式閥或旋塞式閥之排氣瓣，自閥算起排氣管長度不得超過一八三公分（六呎）。
    II.排氣法：全開排氣閥至少四分鐘，使釜體內溫度至少達攝氏一○四度，或排氣至少五分鐘，使釜內溫度至少達攝氏一○二度。

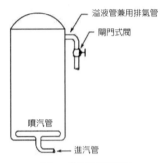

溢液管兼用排氣管

閘門式閥

噴汽管

進汽管

圖七　排汽口裝置例五

(2)經由釜蓋中央規格以外排氣法（圖八）：
    I.規格：在釜蓋中央裝置一具二五公厘（一吋）閘式或旋塞式閥並直接排氣至大氣中。
    II.排氣法：全開排氣閥至少五分鐘，使釜體內溫度至少達攝氏一一○度或排氣至少七分鐘，使釜內溫度至少達攝氏一○五度。

閘門式閥

1"排氣管

噴汽管

進汽管

圖八　排汽口裝置例六

    (3)上述規格以外之裝置與方法，應提供熱分佈資料，供証明足以排除釜內空氣且釜內溫度分佈均勻。
(九)殺菌籃框：應以金屬條、沖孔網金屬板或其他適當材料製作。孔度應為孔徑至少二五公厘（一吋）而相鄰兩孔中心距離為五○公厘（二吋）之孔眼。或沖孔平均分佈，孔口大小一致，且孔口總截面積不小於板面積之百分之三十六，各層間使用墊板者，其孔度規格亦同。
(十)籃框支架：
    1.釜內底部不可裝設擾流板。
    2.立式釜釜底應有籃框支架。

(十一)安全閥：
1.每一釜應有一具安全閥。
2.其口徑應不小於進汽管徑，並定期檢查。
(十二)殺菌釜用蒸汽主管之壓力，應維持在每平方公分六公斤（六公斤／平方公分）以上。
(十三)冷卻方法
1.冷卻在殺菌釜內施行時，臥式殺菌釜應由頂部噴水管進水，立式殺菌釜應由頂部噴水環進水。臥式殺菌釜之噴水管，應有三排以上之噴水孔向下噴水（使用三排噴水孔時，居中一排垂直向下，餘二排與其成四五度夾角）。
2.進水管應裝置球式閥或球塞閥，不得使用閘式閥。
3.排水管之管徑不得小於進水口之管徑。
4.空氣加壓冷卻用空氣管，其管閥規定同進水管。
5.殺菌後成品之冷卻用水，應使用經加氯消毒之冷水，其出口處至少能檢出零點二ppm之有效餘氯。
(十四)殺菌重要因子之管制：對於殺菌條件設定之重要控制因子，應以足夠之頻率加以測定並做記錄，以確保各重要控制因子都在設定限界內。
1.所有熱分佈資料，包括排氣、昇溫時間及最終溫度應由中央衛生福利主管機關認定具有對低酸性罐頭食品加熱殺菌專門知識之機構測定。
2.殺菌條件中，設定有最高裝罐量或固形量時，應以適當頻率加以測定並記錄，以確保產品固形量不超過設定量。
3.殺菌條件中，設定有真空度、上部空隙、粘度等時，應以適當頻率查看並記錄，以確保與預定殺菌所規定者一致。
(十五)保溫試驗：
每一批號之產品，應取代表性樣品做保溫試驗、記錄並保存試驗結果。
三、靜置式殺菌釜熱水加壓殺菌：
(一)玻璃水銀溫度計：
1.每一殺菌釜至少裝置一具指示刻度在攝氏零點五度之水銀溫度計，其長度至少一七八公厘（七吋）最低及最高刻度，範圍不得超過五五度。
2.在裝置前應送經中央度量衡主管機關認可之機構校正，以後每年至少應校正乙次，校正機構應保存所有校正資料。
3.每一支溫度計應貼附最近校正之日期標誌，並附有校正資料。
4.溫度計使用前水銀柱有斷離或不能準確調整時，應送修或更換。
5.溫度計須裝置於操作者易於正確視讀之位置。
6.殺菌過程中應以水銀溫度計之指示溫度為殺菌溫度，不得以自動溫度記錄儀之紀錄溫度代替。
7.在殺菌過程中，其感溫管應一直保持在水面之下，至少伸入水中五〇公厘（二吋）。
8.臥式釜應裝置在釜側中央位置。
(二)自動溫度記錄儀：
1.每一殺菌釜應裝置一具準確之自動溫度記錄儀，其紀錄表在使用之殺菌溫度攝氏五度範圍內之刻度，每格不可超過一度，在殺菌溫度攝氏一〇公度範圍內之刻度，每二五公厘（一吋）不可超過二五度。
2.殺菌過程中，其記錄溫度應調至與水銀溫度計一致，但不得高於水銀溫度計所顯示之溫度。
3.對記錄裝置應有預防任意變動之措施，如加鎖或貼警告標示等方式，警告非指定人員不得加以調整。
4.記錄儀得與蒸汽控制器併組成為溫度記錄控制儀。除立式釜裝置溫度記錄控制儀外，其餘之溫度記錄儀感溫管應與水銀溫度計感溫管相鄰裝置。
5.立式殺菌釜，溫度記錄控制儀感溫管應裝於釜底最下層籃框下方，且應避免蒸汽直接噴觸感溫管。
6.臥式殺菌釜，溫度記錄控制儀感溫管應裝於釜內水面與釜中心間，以避免蒸汽直接噴觸感溫管。
7.溫度記錄控制儀如係採用空氣操作時，應有足夠多之過濾系統，以確保空氣之潔淨。
(三)壓力錶及壓力控制裝置
1.每一殺菌釜應有一具壓力錶，其刻度盤直徑不小於一一四公厘（四又二分之一吋）讀數範圍零至三點五公斤／平方公分，錶上刻度應能指示零點一公斤／平方公分。

2.每年應至少校正乙次。

3.壓力錶應裝於具有環形彎轉之連管上。

4.不得以壓力作為殺菌條件之依據。

5.每一釜在溢流管上應裝置一具可調整之釋壓瓣或壓力控制閥,以防止進水閥全開時釜內壓力急劇增加。

(四)蒸汽控制器:

1.每一殺菌釜均應裝置蒸汽控制器。

2.未裝自動蒸汽控制器而用人工操作時,於殺菌過程中,應予與記錄,以確保符合殺菌操作條件要求。

(五)蒸汽之引入:

1.蒸汽應自釜底引入,使釜內之熱分佈平均。

2.立式釜可採用任何已被認可之方法使熱分佈平均。

3.臥式釜之噴汽管應伸及釜底全長,噴汽孔應平均分佈在噴汽管上方。

(六)籃框支架:立式釜底部應有藍框支架且內側應有藍框導軌,使釜壁與藍框間約有四公分(一又二分之一吋)之間隙。

(七)排水閥:排水閥應能迅速全開全關且緊密不漏水,且須在排水口內側裝置濾網。

(八)水位計:

1.每一殺菌釜至少應裝有一具可判知釜內水位之裝置(如玻璃水位計、水位錶等)。

2.在昇溫、殺菌及冷卻過程中,釜內水位應淹蓋最上層罐頭。

3.操作人員應於殺菌前檢查水位並予記錄,且於殺菌中隨時檢查水位。

(九)空氣供應與控制:

1.立式或臥式釜應供應適當壓力及流量之空氣,其壓力應加以控制,並應自釜底引入,而在蒸汽控制閥與進汽口間之蒸氣管上導入。

2.未裝自動壓力控制器而用人工操作時,應以人工加以控制壓力,以確保符合殺菌操作條件要求。

3.壓縮空氣管上應裝止逆閥,以防止釜內之水逆流至空氣供應系統。

(十)水之循環:

1.採用水循環系統,以使熱分佈均勻時,水應自釜底抽出以泵打至釜頂之噴水管再進入釜內,此噴水管應伸及釜體全長,噴水孔應平均分佈,孔之總截面積不可超過泵浦出水管之截面積。

2.釜底抽水口應裝有濾網,以避免碎屑進入循環系統。

3.循環泵應裝置指示信號,以便停止時可提醒操作者,以及裝置一具洩汽栓以便在起動時排除空氣。

(十一)釜內上部空隙:在殺菌過程中水面與釜頂間,應保持足夠之上部空隙,以便控制釜內壓。

(十二)冷卻水供應:

1.立式釜之冷卻水應在上層罐頭與水面間導入。

2.臥式釜應在循環泵之吸入口導入,在冷卻水管中應裝置一具止逆閥。

(十三)殺菌重要因子之管制:

對於殺菌條件設定之重要控制因子,應以足夠之頻率加以測定並做記錄,以確保各重要控制因子都在設定限界內。

1.熱分佈資料,包括排氣、昇溫時間及最終溫度應由中央衛生福利主管機關認定具有對低酸性罐頭食品加熱殺菌專門知識之機構測定。

2.殺菌條件中,設定有最高裝罐量或固形量時,應以適當頻率加以測定並記錄,以確保產品固形量不超過設定量。

3.殺菌條件中,設定有真空度、上部空隙、粘度等時,應以適當頻率查看並記錄,以確保與預定殺菌所規定者一致。

(十四)保溫試驗:

每一批號之產品,應取代表性樣品做保溫試驗、記錄並保存試驗結果。

四、非連續式轉動殺菌釜蒸汽加壓殺菌:

(一)玻璃水銀溫度計:

1.每一殺菌釜至少裝置一具指示刻度在攝氏零點五度之水銀溫度計,其長度至少一七八公厘(七吋)最低及最高刻度,範圍不得超過五五度。

2.在裝置前應送經中央度量衡主管機關認可之機構校正,以後每年至少應校正乙次,校正機構應保存所有校正資料。

3.每一支溫度計應貼附最近校正之日期標誌,並附有校正資料。

4.溫度計使用前水銀柱有斷離或不能準確調整時,應送修或更換。

5.溫度計須裝置於操作者易於正確視讀之位置。

6.殺菌過程中應以水銀溫度計之指示溫度為殺菌溫度,不得以自動溫度記錄儀之紀錄溫度代替。

(二)自動溫度記錄儀:

1.每一殺菌釜應裝置一具準確之自動溫度記錄儀,其紀錄表在使用之殺菌溫度攝氏五度範圍內之刻度,每格不可超過一度,在殺菌溫度攝氏一○度範圍內之刻度,每二五公厘(一吋)不可超過二五度。

2.殺菌過程中,其記錄溫度應調至與水銀溫度計一致,但不得高於水銀溫度計所顯示之溫度。

3.對記錄裝置應有預防任意變動之措施,如加鎖或貼警告標示等方式,警告非指定人員不得加以調整。

(三)壓力錶及壓力控制裝置:

1.每一殺菌釜應有一具壓力錶,其刻度盤直徑不小於一一四公厘(四又二分之一吋)讀數範圍零至三點五公斤/平方公分,錶上刻度應能指示零點一公斤/平方公分。

2.每年應至少校正乙次。

3.壓力錶應裝於具有環形彎轉之連管上。

4.不得以壓力作為殺菌條件之依據。

(四)蒸汽控制器:

1.每一殺菌釜均應裝置蒸汽控制器。

2.未裝自動蒸汽控制器而用人工操作時,於殺菌過程中,應予與紀錄,以確保符合殺菌操作條件要求。

(五)洩汽栓:

1.殺菌釜上之洩汽栓,除溫度計上所裝者外,其口徑應不小於三點二公厘(八分之一吋)。

2.在殺菌過程中,包括排氣、昇溫及殺菌期間,應保持全開。

3.臥式殺菌釜之洩汽栓應裝在釜頂中心線距兩端二○公分(八吋)以內,且栓與栓之間之距離不得超過二四○公分(八呎)。

(六)排氣及排除凝結水:

1.每一殺菌釜在殺菌前,應將釜內之空氣排除。

2.當進汽開始時,排水閥或洩水栓應打開一段時間,以排除凝結水,並於殺菌釜操作過程中,繼續排除凝結水。

(七)殺菌釜轉速

1.殺菌時,轉速應符合殺菌條件上之規定。

2.每釜次罐頭殺菌時,應記錄其殺菌釜轉速和殺菌時間。

3.轉速調整儀應有預防任意變動之措施,如加鎖或貼警告標示等方式,警告非指定人員不得加以調整。

(八)影響殺菌之重要因子:對於殺菌條件設定之重要控制因子,應以足夠之頻率加以測定並做記錄,以確保各重要控制因子都在設定限界內。

1.熱分佈資料,包括排氣、昇溫時間及最終溫度應由中央衛生福利主管機關認定具有對低酸性罐頭食品加熱殺菌專門知識之機構測定。

2.殺菌條件中,設定有最高裝罐量或固形量時,應以適當頻率加以測定並記錄,以確保產品固形量不超過設定量。

3.殺菌條件中,設定有真空度、上部空隙、黏度等時,應以適當頻率查看並記錄,以確保與預定殺菌所規定者一致。

4.殺菌釜轉速、罐內上部空隙(或最高裝罐量)、黏度及罐頭排列方式等應設定為重要因子。

(九)保溫試驗:

每一批號之產品,應取代表性樣品做保溫試驗、記錄並保存試驗結果。

五、非連續式轉動殺菌釜熱水加壓殺菌：
　　(一)玻璃水銀溫度計：
　　　　1.每一殺菌釜至少裝置一具指示刻度在攝氏零點五度之水銀溫度計，其長度至少一七八公厘（七吋）最低及最高刻度，範圍不得超過五五度。
　　　　2.在裝置前應送經中央度量衡主管機關認可之機構校正，以後每年至少應校正乙次，校正機構應保存所有校正資料。
　　　　3.每一支溫度計應貼附最近校正之日期標誌，並附有校正資料。
　　　　4.溫度計使用前水銀柱有斷離或不能準確調整時，應送修或更換。
　　　　5.溫度計須裝置於操作者易於正確視讀之位置。
　　　　6.殺菌過程中應以水銀溫度計之指示溫度為殺菌溫度，不得以自動溫度記錄儀之紀錄溫度代替。
　　　　7.溫管應裝入釜殼內獲溫度井內。
　　(二)自動溫度記錄儀：
　　　　1.每一殺菌釜應裝置一具準確之自動溫度記錄儀，其紀錄表在使用之殺菌溫度攝氏五度範圍內之刻度，每格不可超過一度，在殺菌溫度攝氏十度範圍內之刻度，每二五公厘（一吋）不可超過二五度。
　　　　2.殺菌過程中，其記錄溫度應調至與水銀溫度計一致，但不得高於水銀溫度計所顯示之溫度。
　　　　3.對記錄裝置應有預防任意變動之措施，如加鎖或貼警告標示等方式，警告非指定人員不得加以調整。
　　　　4.感溫管應裝在釜殼內或溫度井內。
　　(三)壓力錶及壓力控制裝置：
　　　　1.每一殺菌釜應有一具壓力錶，其刻度盤直徑不小於一一四公厘（四又二分之一吋）讀數範圍零至三點五公斤／平方公分，錶上刻度應能指示零點一公斤／平方公分。
　　　　2.每年應至少校正乙次。
　　　　3.壓力錶應裝於具有環形彎轉之連管上。
　　　　4.不得以壓力作為殺菌條件之依據。
　　(四)蒸汽控制器：
　　　　1.每一殺菌釜均應裝置蒸汽控制器。
　　　　2.未裝自動蒸汽控制器而用人工操作時，於殺菌過程中，應予記錄，以確保符合殺菌操作條件要求。
　　(五)空氣之供應與控制：
　　　　1.立式或臥式釜應供應適當壓力及流量之空氣，其壓力應加以控制，並應自釜底引入，而在蒸汽控制閥與進汽口間之蒸氣管上導入。
　　　　2.未裝自動壓力控制器而用人工操作時，應以人工加以控制壓力，以確保符合殺菌操作條件要求。
　　(六)殺菌釜轉速：
　　　　1.殺菌時，轉速應符合殺菌條件上之規定。
　　　　2.每釜次罐頭殺菌時，應記錄其殺菌釜轉速及殺菌時間。
　　　　3.轉速調整儀應有預防任意變動之措施，如加鎖或貼警告標示等方式，警告非指定人員不得加以調整。
　　(七)影響殺菌之重要控制因素：對於殺菌條件設定之重要控制因子，應以足夠之頻率加以測定並記錄，以確保各重要控制因子都在設定限界內。
　　　　1.熱分佈資料，包括排氣、昇溫時間及最終溫度應由中央衛生福利主管機關認定具有對低酸性罐頭食品加熱殺菌專門知識之機構測定。
　　　　2.殺菌條件中，設定有最高裝罐量或固形量時，應以適當頻率加以測定並記錄，以確保產品固形量不超過設定量。
　　　　3.殺菌條件中，設定有真空度、上部空隙、黏度等時，應以適當頻率查看並記錄，以確保與預定殺菌所規定者一致。
　　　　4.殺菌釜轉速、罐內上部空隙（或最高裝罐量）、黏度及罐頭排列方式等應設定為重要因子。
　　(八)保溫試驗：
　　　　每一批號之產品，應取代表性樣品做保溫試驗、記錄並保存試驗結果。

六、無菌加工及包裝系統：
  (一)產品殺菌機：
    1.設備
     (1)溫度指示裝置：
      I.每部殺菌機應至少裝置一具溫度指示裝置（如玻璃水銀溫度計或相當之熱電偶記錄儀等）。
      II.使用玻璃水銀溫度計者，應符合
       (I)每一殺菌釜至少裝置一具指示刻度在攝氏零點五度之水銀溫度計，其長度至少一七八公厘（七吋），範圍不得超過五五度，例如攝氏八〇度至一三五度。
       (II)在裝置前應送經中央度量衡主管機關認可之機構校正，以後每年至少應校正乙次，校正機構應保存所有校正資料。
       (III)每一支溫度計應貼附最近校正之日期標誌，並附有校正資料。
       (IV)溫度計使用前水銀柱有斷離或不準確時，應送修或更換。
       (V)溫度計須裝置於操作者易於正確視讀之位置。
      III.非使用水銀溫度計者，
       (I)殺菌溫度，應以溫度指示裝置之指示溫度為準。
       (II)感溫部分應在產品殺菌保持管出口與冷卻管進口之間，能直接感測產品溫度之處。
     (2)溫度記錄儀：
      I.每部殺菌機應至少裝置一具準確之溫度記錄儀，其紀錄表在使用之殺菌溫度攝氏五度範圍內之刻度，每格不可超過一度，在殺菌溫度攝氏十度範圍內之刻度，每吋不可超過二五度。
      II.感溫部分應在產品殺菌保持管出口與冷卻管進口之間，能直接感測產品溫度之處。
      III.殺菌過程中，其記錄溫度應調至與溫度指示裝置一致，但不得高於水銀溫度計所顯示之溫度。
      IV.對記錄裝置應有預防任意變動之措施，如加鎖或貼警告標示等方式，警告非指定人員不得加以調整。
     (3)溫度控制儀：
      I.應有準確之溫度記錄控制儀，以確保產品維持在所設定之殺菌溫度。
      II.以空氣操作之溫度控制儀應有空氣過濾裝置，以確保所供應之空氣清潔與乾燥。
     (4)產品對產品之熱交換器：
      產品對產品熱交換器之設計、操作與控制，應使熱交換器內已殺過菌產品之壓力高於未殺過之產品。
     (5)產品流速：
      I.應裝置在產品殺菌保持管之前端，且其運轉操作應要維持在所設定之產品流速。
      II.應有預防任意變動之措施，如加鎖或貼警告標示等方式，警告非指定人員不得加以調整。
     (6)產品殺菌保持管：
      I.保持管之設計，應避免氣泡積留或產品流速加快，並能持續地使產品留滯於管內足夠時間。
      II.該時間應符合所設定之殺菌時間。
      III.保持管之進口與出口之間不得有任何加熱裝置，並應避免任何會影響管內產品溫度之情況。
     (7)分流系統：
      應裝設自動控制及警報系統，當殺菌不足或異常時，應能自動停機或將產品導離充填機或無菌貯存槽。
     (8)產品殺菌保持管之後續設備：製造流程上接於產品殺菌保持管後之產品冷卻器、無菌貯存槽或其他具有轉軸、閥柄之設備或設備連接部分等有微生物侵入污染之潛在危險者，應有蒸汽密封或其他有效阻絕裝置，並有適當方法供操作者監視其運作。
    2.操作
     (1)殺菌前置作業：產品殺菌作業開始前，殺菌機及其後續設備之所有食品接觸面，應殺菌達到商業滅菌之規定，並應有適當裝置顯示及確證之。
     (2)產品殺菌保持管內溫度下降之處理：

I.產品殺菌保持管內產品溫度下降而低於預定殺菌條件者，應以分流系統將產品導離充填機或無菌儲存槽。

II.殺菌不足而產品已充填於容器者，應將之與殺菌完成之成品分開，除非經評估證實此等產品無危害公共健康之微生物存在，否則應重行殺菌或予銷毀。

III.產品殺菌保持管及系統後續部分中受溫度下降影響者，均應重新再作商業滅菌後，始得重新將產品導入充填機或無菌儲存槽。

(3)產品對產品熱交換器壓力異常處理：

I.已殺過菌之產品壓力應高於未殺菌之產品壓力，且不得低於每平方公分零點零七公斤，若低於此值，則應避免此批產品進入充填機或無菌儲存槽。

II.若此批產品已充填於容器者，應與正常成品分開，並重新加以殺菌或銷毀。

III.應待造成產品熱交換器壓力異常原因矯正後及受影響之系統裝置回復到商業滅菌條件後，產品始可導入充填機或無菌儲存槽。

(4)無菌儲存槽異常處理：

I.當維持儲存槽無菌狀態之正壓無菌空氣或其他保護措施發生異常，使效果低於所設定殺菌條件規定時，有受污染之虞產品應完全去除。

II.須將無菌儲存槽重新作商業滅菌後，始得重新作業。

(5)殺菌記錄：

I.在殺菌開始及操作過程中至少每小時檢測及記錄下列項目一次。

II.產品殺菌保持管出口處之溫度指示計及溫度記錄儀所顯示之溫度。

III.產品對產品熱交換器兩端之壓力。

IV.產品流速（可由定量或充填包裝方式得之）。

V.無菌儲存槽之無菌空氣壓力或其他維持無菌之措施。

VI.設備及管路上為防止微生物侵入之蒸汽密封或其他阻絕裝置之檢查。

(二)容器殺菌及產品充填、密封作業：

1.設備

(1)記錄裝置：容器和蓋材之殺菌系統、產品充填及密封系統，應能連續完成所須之殺菌程度，必要時須使用自動記錄裝置用以記錄殺菌媒介之流速、溫度、濃度或其他因素。倘容器為批式殺菌時，應記錄殺菌條件。

(2)計時方法：

I.應以適當方法控制容器殺菌時間或速度，且應符合殺菌條件之規定。

II.容器殺菌系統之殺菌速度調節器應有預防非授權或非殺菌技術管理人員擅動之措施。

2.操作

(1)開始：充填操作前，容器殺菌系統及產品充填與密封系統，應殺菌至達到商業滅菌要求。

(2)殺菌不足之處理：

I.充填包裝條件低於殺菌條件之規定時，充填包裝系統，應能停止作業或以適當方式將已充填之產品分開處理。

II.容器殺菌不足且已充填為成品者，應將之與正常產品分開。

III.充填包裝系統之無菌條件異常時，系統影響之部分應再施行殺菌達到商業滅菌之要求，始得重新作業。

(3)容器充填及殺菌記錄：

I.所有操作條件，包括殺菌媒介之流速、溫度，在無菌系統下之容器殺菌條件及密封速率等應依足夠頻率觀測及記錄。

II.觀測及記錄時間之間隔，應不超過一小時。

(三)保溫試驗：每一批號之產品，應取代表性樣品做保溫試驗、記錄並保存試驗結果。

(四)影響殺菌之重要因子：殺菌條件之重要因子，應以足夠頻率加以測定，並做記錄。

七、其他型式之低酸性罐頭食品之殺菌設備，應依本準則辦理，且應由中央衛生福利主管機關認定具有對低酸性罐頭食品加熱殺菌專門知識之機構測定，以達商業滅菌之目的。

附表六　低酸性及酸化罐頭食品製造業容器密封之管制基準

一、容器之密封（封口），應符合下列規定：
  (一)金屬罐捲封之外觀檢查，應由第三十四條第二款所定受密封檢查訓練合格並領有證書之人員負責；檢查間隔不得超過一小時，並應詳實記錄。
  (二)金屬罐之外觀檢查，捲封不得有切罐、斷封、尖銳捲緣、疑似捲封、跳封、唇狀或舌狀等缺點。
  (三)捲封之解體檢查，應由第三十四條第二款所定曾受密封檢查訓練合格並領有證書之人員負責執行。每罐型第一罐，應進行解體檢查，其後檢查間隔不得超過四小時，並應詳實記錄。
  (四)前款之檢查項目為捲封寬度與厚度、罐蓋深度、蓋鉤、罐鉤、鉤疊長度或百分鐘率及皺紋度；其捲封品質及檢驗方法，應符合中華民國國家標準有關食品罐頭用圓形金屬空罐及食品罐頭用圓形空罐檢驗方法之規定。
  (五)玻璃瓶之封蓋，不得有斜蓋或密閉不緊等密封不完全之缺點。
  (六)殺菌袋之封口外觀檢查，不得有針孔、封口不平、封口處殘留夾雜物或封口不完全等引起漏袋之缺點；其品質及檢查方法，應符合中華民國國家標準有關殺菌袋裝食品及包裝食品殺菌袋檢驗方法之規定。
  (七)前六款以外其他容器，應由第三十四條第二款所定訓練合格之容器封口技術人員，以適當頻率檢查封口機之效率及產品密封性，並應詳實記錄。
二、殺菌冷卻後之罐頭，使用輸送帶輸送時，應避免輸送帶與捲封（封口）之接觸；有破損之輸送帶、罐緩衝器等，均應更新，與罐頭捲封(封口)接觸之軌道及輸送帶，應保持清潔。

附錄四　食品安全管制系統準則

中華民國103年3月11日部授食字第1031300488號令訂定
中華民國104年6月5日部授食字第1041302057號令修正
中華民國107年5月1日衛授食字第1071300487號令修正

第 一 條　本準則依食品安全衛生管理法（以下簡稱本法）第八條第四項規定訂定之。

第 二 條　本準則所稱食品安全管制系統（以下簡稱本系統），指為鑑別、評估及管制食品安全危害，使用危害分析重要管制點原理，管理原料、材料之驗收、加工、製造、貯存及運送全程之系統。

前項系統，包括下列事項：

一、成立食品安全管制小組（以下簡稱管制小組）。

二、執行危害分析。

三、決定重要管制點。

四、建立管制界限。

五、研訂及執行監測計畫。

六、研訂及執行矯正措施。

七、確認本系統執行之有效性。

八、建立本系統執行之文件及紀錄。

第 三 條　中央主管機關依本法第八條第二項公告之食品業者（以下簡稱食品業者），應成立管制小組，統籌辦理前條第二項第二款至第八款事項。

管制小組成員，由食品業者之負責人或其指定人員，及專門職業人員、品質管制人員、生產部（線）幹部、衛生管理人員或其他幹部人員組成，至少三人，其中負責人或其指定人員為必要之成員。

第 四 條　管制小組成員，應曾接受中央主管機關認可之食品安全管制系統訓練機關（構）（以下簡稱訓練機關（構））辦理之相關課程至少三十小時，並領有合格證明書；從業期間，應持續接受訓練機關（構）或其他機關（構）辦理與本系統有關之課程，每三年累計至少十二小時。

前項其他機關（構）辦理之課程，應經中央主管機關認可。

第 五 條　管制小組應以產品之描述、預定用途及加工流程圖所定步驟為基礎，確認生產現場與流程圖相符，並列出所有可能之生物性、化學性及物理性危害物質，執行危害分析，鑑別足以影響食品安全之因子及發生頻率與嚴重性，研訂危害物質之預防、去除及降低措施。

| 第 六 條 | 管制小組應依前條危害分析獲得之資料，決定重要管制點。 |

第 六 條　管制小組應依前條危害分析獲得之資料，決定重要管制點。

第 七 條　管制小組應對每一重要管制點建立管制界限，並進行驗效。

第 八 條　管制小組應訂定監測計畫，其內容包括每一重要管制點之監測項目、方法、頻率及操作人員。

第 九 條　管制小組應對每一重要管制點，研訂發生系統性變異時之矯正措施；其措施至少包括下列事項：

一、引起系統性變異原因之矯正。

二、食品因變異致違反本法相關法令規定或有危害健康之虞者，其回收、處理及銷毀。

管制小組於必要時，應對前項變異，重新執行危害分析。

第 十 條　管制小組應確認本系統執行之有效性，每年至少進行一次內部稽核。

第 十一 條　食品業者應每年至少一次對執行本系統之人員，辦理內部教育訓練。

第 十二 條　管制小組應就第五條至前條之執行，作成書面紀錄，連同相關文件，彙整為檔案，妥善保存至少五年。前項書面紀錄，應經負責人或其指定人員簽署，並註記日期。

第 十三 條　本準則自發布日施行。

附錄五　食品及其相關產品追溯追蹤系統管理辦法

修正日期：民國107年10月03日

第　一　條　本辦法依食品安全衛生管理法（以下簡稱本法）第九條第五項規定訂定之。

第　二　條　本辦法所稱食品及相關產品，指本法第三條第一項第一款至第六款之食品、特殊營養食品、食品添加物、食品器具、食品容器或包裝及食品用洗潔劑。

第　三　條　本辦法所稱之追溯追蹤系統，指食品業者於食品及其相關產品供應過程之各個環節，經由標記得以追溯產品供應來源或追蹤產品流向，建立其資訊及管理之措施。

第　四　條　食品業者從事食品及其相關產品製造、加工、調配業務時建立之追溯追蹤系統，至少應包含下列各管理項目：

一、原材料來源資訊：

(一)原材料供應商之名稱、食品業者登錄字號、地址、聯絡人及聯絡電話。

(二)原材料名稱。

(三)淨重、容量、數量或度量。

(四)批號。

(五)有效日期、製造日期或其他可辨識該原材料來源之日期或資訊。

(六)收貨日期。

(七)原料原產地（國）資訊。

二、產品資訊：

(一)產品製造廠商。

(二)產品國內負責廠商之名稱、食品業者登錄字號、地址、聯絡人及聯絡電話。

(三)產品名稱。

(四)主副原料。

(五)食品添加物。

(六)包裝容器。

(七)儲運條件。

(八)淨重、容量、數量或度量。

(九)有效日期及製造日期。

三、標記識別：包含產品原材料、半成品及成品上任何可供辨識之
獨特記號、批號、文字、圖像等。四、產品流向資訊：

(一)產品運送之物流業者其名稱、食品業者登錄字號、地址、
聯絡人及聯絡電話。

(二)非屬自然人之直接產品買受者之名稱、地址、聯絡人及聯
絡電話；其為食品業者，並應包含食品業者登錄字號。

(三)產品名稱。

(四)淨重、容量、數量或度量。

(五)批號。

(六)有效日期或製造日期。

(七)交貨日期。

(八)回收、銷貨退回與不良產品之名稱、總重量或總容量、原
因及其處理措施；回收、銷貨退回產品之返貨者，其名稱
及地址。

五、庫存原材料及產品之名稱、總重量或總容量。

六、報廢（含逾有效日期）原材料與產品之名稱、總重量或總容
量、處理措施及發生原因。

七、其他具有效串聯產品來源及流向之必要性追溯追蹤管理資訊
或紀錄。前項第一款第一目、第二款第二目及第四款第一目、
第二目之食品業者登錄字號，指該業者屬中央主管機關公告應
申請登錄始得營業者，應留存該業者之食品業者登錄字號之資
訊。第一項第一款第七目之原料原產地（國）資訊，其原料屬
中央主管機關公告應標示原料原產地者，須留存原料原產地
（國）資訊。第一項第二款第一目製造廠商與第二目國內負責
廠商，若為相同者可擇一記錄。第一項第四款第八目及第五款
自中華民國一百零八年一月一日施行。

第　五　條　食品業者從事食品及其相關產品輸入業務時建立之追溯追蹤系統，
至少應包含下列各管理項目：

一、產品資訊：

(一)產品中、英（外）文名稱。

(二)主副原料。

(三)食品添加物。

(四)包裝容器。

(五)儲運條件。

(六)報驗義務人名稱之統一編號、食品業者登錄字號。

(七)國外出口廠商及製造（屠宰或產品國外負責）廠商之名稱
或代號、地址、聯絡人及聯絡電話。

(九)批號。

(十)有效日期、製造日期或其他可辨識該產品來源之日期或資訊。

(十一)海關放行日期。

(十二)輸入食品查驗機關核發之食品及相關產品輸入查驗申請書號碼。

(十三)原料原產地（國）資訊。

二、標記識別：包含產品上任何可供辨識之獨特記號、批號、文字、圖像等。

三、產品流向資訊：

(一)產品運送之物流業者其名稱、食品業者登錄字號、地址、聯絡人及聯絡電話。

(二)非屬自然人之直接產品買受者之名稱、地址、聯絡人及聯絡電話；其為食品業者，並應包含食品業者登錄字號。

(三)產品名稱。

(四)淨重、容量、數量或度量。

(五)批號。

(六)有效日期、製造日期或其他可辨識該產品來源及流向之日期或資訊。

(七)交貨日期。

(八)回收、銷貨退回與不良產品之名稱、總重量或總容量、原因及其處理措施；回收、銷貨退回產品之返貨者，其名稱及地址。

四、庫存產品之名稱、總重量或總容量。

五、報廢（含逾有效日期）產品之名稱、總重量或總容量、處理措施及發生原因。

六、其他具有效串聯產品來源及流向之必要性追溯追蹤管理資訊或紀錄。前項第一款第六目及第三款第一目、第二目之食品業者登錄字號，指該業者屬中央主管機關公告應申請登錄始得營業者，應留存該業者之食品業者登錄字號之資訊。第一項第一款第十三目之原料原產地（國）資訊，其產品之原料屬中央主管機關公告應標示原料原產地者，須留存原料原產地（國）資訊。第一項第三款第八目及第四款自中華民國一百零八年一月一日施行。

第　六　條　食品業者從事食品及其相關產品販賣、輸出業務時建立之追溯追蹤系統，至少應包含下列各管理項目：

一、產品資訊：

(一)產品供應商之名稱、食品業者登錄字號、地址、聯絡人及

　　　　　　　　　聯絡電話。

　　　　　　(二)產品名稱。

　　　　　　(三)淨重、容量、數量或度量。

　　　　　　(四)批號。

　　　　　　(五)有效日期、製造日期或其他可辨識該產品來源之日期或資
　　　　　　　　訊。

　　　　　　(六)收貨日期。

　　　　　　(七)原料原產地（國）資訊。

　　二、標記識別：產品上任何可供辨識之獨特記號、批號、文字、圖
　　　　像等。

　　三、產品流向資訊：

　　　　　　(一)產品運送之物流業者其名稱、食品業者登錄字號、地址、
　　　　　　　　聯絡人及聯絡電話。

　　　　　　(二)非屬自然人之直接產品買受者之名稱、地址、聯絡人及聯
　　　　　　　　絡電話；其為食品業者，並應包含食品業者登錄字號。

　　　　　　(三)產品名稱。

　　　　　　(四)淨重、容量、數量或度量。

　　　　　　(五)批號。

　　　　　　(六)有效日期、製造日期或其他可辨識該產品來源及流向之日
　　　　　　　　期或資訊。

　　　　　　(七)交貨日期。

　　　　　　(八)回收、銷貨退回與不良產品之名稱、總重量或總容量、原
　　　　　　　　因及其處理措施；回收、銷貨退回產品之返貨者，其名稱
　　　　　　　　及地址。

　　四、庫存產品之名稱、總重量或總容量。

　　五、報廢（含逾有效日期）產品之名稱、總重量或總容量、處理措
　　　　施及發生原因。

　　六、其他具有效串聯產品來源及流向之必要性追溯追蹤管理資訊或
　　　　紀錄。前項第一款第一目及第三款第一目、第二目之食品業者
　　　　登錄字號，指該業者屬中央主管機關公告應申請登錄始得營業
　　　　者，應留存該業者之食品業者登錄字號之資訊。第一項第一款
　　　　第七目之原料原產地（國）資訊，其產品之原料屬中央主管機
　　　　關公告應標示原料原產地者，須留存原料原產地（國）資訊。
　　　　第一項第三款第八目及第四款規定，自中華民國一百零八年一
　　　　月一日施行。

第　七　條　食品業者從事食品及其相關產品包裝業務時，應符合第四條規定。
　　　　　　其原料進行組合後未改變原包裝型態者，則應符合前條規定。

第　八　條　食品業者對第四條至第六條管理項目，應詳實記錄。食品業者應以

書面或電子文件，完整保存食品追溯追蹤憑證、文件等紀錄至少五年。

第　九　條　直轄市、縣（市）主管機關為確認追溯追蹤系統紀錄，得進入食品業者作業場所查核及要求其提供相關證明文件，食品業者不得規避、妨礙或拒絕。

第　十　條　本辦法除另定施行日期者外，自發布日施行。

附錄六 食品業者專門職業或技術證照人員設置及管理辦法

修正日期：民國109年11月6日

第 一 條　本辦法依食品安全衛生管理法（以下簡稱本法）第十二條第二項規定訂定之。

第 二 條　本辦法適用於中央主管機關依本法第十二條第一項經公告類別及規模之食品業者。

第 三 條　本辦法所稱專門職業人員，指經考試院專門職業及技術人員高等考試及格，並領有證書者；所稱技術證照人員，指領有中央勞動主管機關所核發之技能檢定之技術士證者，或經其認可之專業認證機構所核發之具有技術士證同等效力之技能職類證書者。

第 四 條　依本法第十二條第一項公告應置專門職業人員之食品業者，至少應置一名專任專門職業人員。

　　　　　食品業者依產業類別應置之專門職業人員，其範圍如下：

　　　　　一、禽畜產加工食品業、乳品加工食品業：食品技師、畜牧技師或獸醫師。

　　　　　二、水產加工食品業：食品技師或水產養殖技師。

　　　　　三、餐盒食品製造、加工、調配業或餐飲業：食品技師或營養師。

　　　　　四、其他食品製造業：食品技師。

　　　　　前項各款人員，應曾接受中央主管機關認可之食品安全管制系統訓練機關（構）（以下簡稱訓練機關（構））辦理之課程三十小時以上，且領有合格證書；從業期間，應持續接受訓練機關（構）或其他機關（構）辦理與該系統有關之課程，每年至少八小時。

　　　　　前項其他機關（構）辦理之課程，應經中央主管機關認可。

第 五 條　依本法第十二條第一項公告應置技術證照人員之食品業者，依產業類別應置之技術證照人員，其範圍如下：

　　　　　一、餐飲業：中餐烹調技術士、西餐烹調技術士或食物製備技術士。

　　　　　二、烘焙業：烘焙食品技術士、中式麵食加工技術士、中式米食加工技術士。

　　　　　前項食品業者所聘用調理烘焙從業人員中，其技術證照人員比率如下：

　　　　　一、觀光旅館之餐飲業：百分之八十五。

二、承攬機構餐飲之餐飲業：百分之七十五。

三、供應學校餐飲之餐飲業：百分之七十五。

四、承攬筵席餐廳之餐飲業：百分之七十五。

五、外燴飲食餐飲業：百分之七十五。

六、中央廚房式之餐飲業：百分之七十。

七、自助餐飲業：百分之六十。

八、一般餐館餐飲業：百分之五十。

九、前店後廠小型烘焙業：百分之三十。

依前項比率計算，小數點後未滿一人者，以一人計。

第　六　條　技術證照人員從業期間，每年至少八小時應接受各級主管機關或其認可之衛生講習機關（構）辦理之衛生講習。

第　七　條　第四條專門職業人員，其職責如下：

一、食品安全管制系統之規劃及執行。

二、食品追溯或追蹤系統之規劃及執行。

三、食品衛生安全事件緊急應變措施之規劃及執行。

四、食品原材料衛生安全之管理。

五、食品品質管制之建立及驗效。

六、食品衛生安全風險之評估、管控及與機關、消費者之溝通。

七、實驗室品質保證之建立及管控。

八、食品衛生安全教育訓練之規劃及執行。

九、國內外食品相關法規之研析。

十、其他經中央主管機關指定之事項。

第　八　條　第五條技術證照人員，其職責如下：

一、食品之良好衛生規範準則相關規定之執行及監督。

二、其他經中央主管機關指定之事項。

第　九　條　食品業者置專門職業或技術證照人員，應於中央主管機關建立之登錄平台登錄各該人員資料及衛生講習或訓練時數。

前項登錄資料如有變更，食品業者應自事實發生之日起三十日內變更登錄。

食品業者每年應申報確認登錄內容。

第　十　條　本辦法自發布日施行。

附錄七　食品製造工廠衛生管理人員設置辦法

修正日期：民國108年04月09日
生效狀態：※本法規部分或全部條文尚未生效
　　　　　本辦法108.04.09修正之第6條條文，自中華民國一百零九年七月一日施行。

第　一　條　本辦法依食品安全衛生管理法（以下簡稱本法）第十一條第二項規定訂定之。

第　二　條　本辦法所稱食品製造工廠，係指依工廠管理輔導法及其相關規定，須辦理食品工廠登記之食品製造業者。

第　三　條　食品製造工廠應設置專任衛生管理人員（以下簡稱衛生管理人員）。
　　　　　　前項衛生管理人員應於工廠實際執行本法第八條第四項所定食品良好衛生規範準則或食品安全管制系統準則之工作。

第　四　條　具下列資格之一者，得任衛生管理人員：
　　　　　　一、公立或經政府立案之私立專科以上學校，或經教育部承認之國外專科以上學校食品、營養、家政、生活應用科學、畜牧、獸醫、化學、化工、農業化學、生物化學、生物、藥學、公共衛生等相關科系所畢業者。
　　　　　　二、應前款科系所相關類科之高等考試或相當於高等考試之特種考試及格者。
　　　　　　三、應第一款科系所相關類科之普通考試或相當於普通考試之丙等特種考試及格，並從事食品或食品添加物製造相關工作三年以上，持有證明者。

第　五　條　中央廚房食品工廠或餐盒食品工廠設置之衛生管理人員，得由領有中餐烹調乙級技術士證並接受衛生講習一百二十小時以上，持有經中央主管機關認可之食品衛生相關機構核發之證明文件者擔任。

第　六　條　資本額未達新臺幣三千萬元之食品製造工廠設置之衛生管理人員，得由同時具備下列資格者擔任：
　　　　　　一、公立或經政府立案之私立高級職業學校食品科、食品加工科、水產食品科、烘焙科、家政科、畜產保健科、野生動物保育科、農場經營科、園藝科、化工科、環境檢驗科、漁業科、水產養殖科、餐飲管理科、觀光事業科畢業。

二、於同一事業主體之食品或食品添加物製造工廠從事製造或製程品質管制業務四年以上,持有證明。

三、持有經中央主管機關認可之食品安全管制系統訓練機關(構)核發之食品安全管制系統訓練六十小時以上之證明文件。

第　七　條　　中央主管機關依本法第八條第二項公告指定之食品業者,其設置之衛生管理人員除應符合第四條規定外,並應具備以下條件之一:

一、經食品安全管制系統訓練六十小時以上。

二、領有食品技師、畜牧技師、獸醫師、水產養殖技師或營養師證書,經食品安全管制系統訓練三十小時以上。

前項各款食品安全管制系統訓練時數之認定,以中央主管機關認可之食品安全管制系統訓練機關(構)核發之證明文件為據。

第　八　條　　食品製造工廠設置衛生管理人員時,應檢具下列文件送請直轄市、縣(市)衛生主管機關核備,異動時亦同:

一、申報書一份及資料卡一式三份。

二、衛生管理人員之資格證件文件、身分證、契約書影本一份。

三、工廠登記證明文件影本一份。

第　七　條　　衛生管理人員執行工作如下:

一、食品良好衛生規範之執行與監督。

二、食品安全管制系統之擬訂、執行與監督。

三、其他有關食品衛生管理及員工教育訓練工作。

第　十　條　　衛生管理人員於從業期間,每年至少應接受主管機關或經主管機關認可之食品衛生相關機構舉辦之衛生講習八小時。

第　十一　條　　本辦法除第六條自中華民國一百零九年七月一日施行外,自發布日施行。

附錄八　食品業者登錄辦法

修正日期：民國109年4月29日

第　一　條　本辦法依食品安全衛生管理法（以下簡稱本法）第八條第四項規定訂定之。

第　二　條　本辦法之適用對象，爲中央主管機關依本法第八條第三項公告類別及規模之食品業者。

第　三　條　食品業者應依中央主管機關規定之格式及內容，以書面或使用電子憑證網路傳輸方式，向直轄市、縣（市）主管機關申請登錄、變更登錄、廢止登錄及確認登錄內容之定期申報。

食品業者應指定人員（以下簡稱塡報人），負責前項之登錄及申報事項。

第　四　條　各產業類別之食品業者應登錄之事項如下：

一、製造及加工業：

(一)塡報人基本資料。

(二)食品業者基本資料。

(三)工廠登記資料。

(四)工廠或製作場所基本資料。

(五)委託或受託代工情形。

(六)製造及加工之產品資訊。

(七)倉儲場所基本資料。

(八)其他有關製造行爲之說明。

二、餐飲業：

(一)塡報人基本資料。

(二)食品業者基本資料。

(三)工廠或餐飲場所基本資料。

(四)倉儲場所基本資料。

(五)連鎖店資料。

(六)其他有關餐飲行爲之說明。

三、輸入業：

(一)塡報人基本資料。

(二)食品業者基本資料。

(三)輸入類別。

(四)輸入之產品資訊。

(五)倉儲場所基本資料。

　　　　　　　　(六)分裝及其他有關輸入行為之說明。
　　　　四、販售業：
　　　　　　　　(一)填報人基本資料。
　　　　　　　　(二)食品業者基本資料。
　　　　　　　　(三)販售之產品資訊。
　　　　　　　　(四)倉儲場所基本資料。
　　　　　　　　(五)其他有關販售行為之說明。
　　　　五、物流業：
　　　　　　　　(一)填報人基本資料。
　　　　　　　　(二)食品業者基本資料。
　　　　　　　　(三)倉儲場所基本資料。
　　　　　　　　(四)運輸工具基本資料。
　　　　　　　　(五)其他有關物流行為之說明。
　　　　食品業者同時從事不同產業類別之營業行為者，應分別辦理登錄。
　　　　第一項第一款第六目登錄事項，其內容應符合附表一之規定；第三
　　　　款第四目登錄事項，其內容應符合附表二之規定；第四款第三目登
　　　　錄事項，其內容應符合附表三之規定。

第　五　條　食品業者未依中央主管機關規定之格式或內容申請登錄者，直轄
　　　　　　市、縣（市）主管機關應命其限期改正；屆期不改正者，駁回其申
　　　　　　請。
　　　　　　直轄市、縣（市）主管機關對於完成登錄之食品業者，應給予登錄
　　　　　　字號。

第　六　條　直轄市、縣（市）主管機關為確認登錄內容，依本法第四十一條規
　　　　　　定，得進入食品業者作業場所查核及要求其提供相關證明文件，食
　　　　　　品業者不得規避、妨礙或拒絕。

第　七　條　登錄內容如有變更，食品業者應自事實發生之日起三十日內，申請
　　　　　　變更登錄。
　　　　　　食品業者完成登錄後，應於每年七月申報確認登錄內容。

第　八　條　食品業者歇業或其應登錄之營業類別經廢止公司、商業或工廠登記
　　　　　　者，應向直轄市、縣（市）主管機關申報，直轄市、縣（市）主管
　　　　　　機關應廢止其登錄。未申報經查獲者，直轄市、縣（市）主管機關
　　　　　　應逕行廢止其登錄。

第　九　條　非食品業者取得登錄字號者，直轄市、縣（市）主管機關應撤銷其
　　　　　　登錄。

第　十　條　本辦法自發布日施行。

附表一　製造及加工產品應登錄之資訊

一、食品添加物

產品類別	應登錄之資訊
香料以外之食品添加物產品	「中文商品名稱」、「用途分類」、「型態」、「成分」、「產品規格書或含產品規格之檢驗報告」、「產品標籤（應依食品安全衛生管理法第二十四條及其相關規定）」
香料產品	「中文商品名稱」、「型態」、「成分」、「產品規格書或含產品規格之檢驗報告」、「產品標籤（應依食品安全衛生管理法第二十四條及其相關規定）」

二、食品器具容器及包裝

產品類別	應登錄之資訊
含塑膠類材質之食品器具容器及包裝	「原料中文名稱或英文名稱或美國化學文摘化學品登記號碼（CAS Number）」、「原料供應商名稱」、「原料廠牌型號」

附表二　輸入產品應登錄之資訊
一、食品添加物

產品類別	應登錄之資訊
香料以外之食品添加物產品	「中文商品名稱」、「英文商品名稱」、「用途分類」、「型態」、「成分」、「產品規格書或含產品規格之檢驗報告」、「產品標籤（應依食品安全衛生管理法第二十四條及其相關規定）」
香料產品	「中文商品名稱」、「英文商品名稱」、「型態」、「成分」、「產品規格書或含產品規格之檢驗報告」、「產品標籤（應依食品安全衛生管理法第二十四條及其相關規定）」

備註：輸入食品添加物之業者，應於產品輸入我國，到達港埠前二十日完成產品登錄，並於報關時將「登錄字號」及「產品登錄碼」填入邊境查驗自動化管理資訊系統之檢附文件相關欄位，以利通關資料之比對。

二、食品器具容器及包裝

產品類別	應登錄之資訊
含塑膠類材質之食品器具容器及包裝	「原料中文名稱或英文名稱或美國化學文摘化學品登記號碼（CAS Number）」、「原料供應商名稱」、「原料廠牌型號」

附表三　販售產品應登錄之資訊

食品添加物

產品類別	應登錄之資訊
香料以外之食品添加物產品 （上游供應商為食品添加物製造及加工業者）	「中文商品名稱」、「用途分類」、「型態」
香料產品 （上游供應商為食品添加物製造及加工業者）	「中文商品名稱」、「型態」
香料以外之食品添加物產品 （上游供應商為食品添加物輸入業者）	「中文商品名稱」、「英文商品名稱」、「用途分類」、「型態」
香料產品 （上游供應商為食品添加物輸入業者）	「中文商品名稱」、「英文商品名稱」、「型態」

附錄九　參考文獻

1. 陳建源校正，黃登福，陳陸宏等編著，2008，實用食品添加物，華格那企業有限公司。
2. 夏文水等編譯，2005，食品加工原理，藝軒圖書出版社。
3. 汪復進、李上發編著，2011，食品加工學，新文京開發出版股份有限公司。
4. 汪復進等編著，2000，食品加工學（上）（下），文京圖書出版社。
5. 程修和，2009，食物學原理，華都文化事業有限公司。
6. 彭清勇等10人，2011，食物學原理與實驗，新文京開發出版股份有限公司。
7. 增尾清著／張萍譯，2009，與食品添加物和平共處世茂出版有限公司。
8. 金安兒等11人編著，2003，食品科學概論（上冊下冊），富林出版社。
9. 劉靜、邢建華編著，2011，食品配方設計7步，北京化學工業出版社。
10. 李錦楓／李明清等著，2015，圖解食品加工學與實務，五南圖書出版股份有限公司。
11. 中華穀類食品工業技術研究所餅乾製作。
12. TECHNICAL BULLETIN, 2008. Soy protein concentrate for Aquaculture. Feeds USSEC.
13. Peisker, 2001.Manufacturing of soy protein concentrate for animal nutrition.CIHEAM
14. Walstra. Wouters. Geurts, 2006.Dairy Science and Technology. Second Edition, Taylor & Francis.
15. 今井中平，南羽悅悟，栗原健志，1995，改訂增補タマゴの知識，幸書房。
16. 淺野悠輔，石原良三編著，1994，卵－その化學と加工技術－。
17. 倉澤文夫，1982，米とその加工，建帛社。
18. 福井晉著，2009，最近食品業界動向（日文版）齊藤和邦。
19. 河岸宏和，2008，最新食品工場衛生及危機管理（日文版）齊藤和邦。
20. 食品添加物國際法規查詢
    20.1 聯合國食品添加物通用標準http://www.codexalimentarius.net/gsfaonline/index.html?lang=en
    20.2 歐盟http://ec.europa.eu/food/food/fAEF/index_en.htm
    20.3 紐澳http://www.foodstandards.gov.au/code/Pages/default.aspx
    20.4 美國http://www.fda.gov/Food/IngredientsPackagingLabeling/FoodAdditivesingredients/default.htm
    20.5 日本http://www.mhlw.go.jp/stf/seisakunitsuite/bunya/kenkou_iryou/shokuhin/syokuten/index.html
    20.6 衛生福利部食品藥物管理署http://www.fda.gov.tw/
21. 新版食品添加物使用範圍及限量標準草案說明會。2019年度主辦：衛生福利部食品藥物管理局。承辦：台灣優良食品發展協會。

國家圖書館出版品預行編目資料

圖解食品添加物與實務／張哲朗，李明清，黃種
華，吳伯穗，顏文俊，蔡育仁，徐能振，邵隆志
著.--三版.--臺北市：五南圖書出版股份有限公
司，2023.03
　　面；　　公分.

ISBN 978-626-343-823-1（平裝）

1.CST: 食品添加物

463.11　　　　　　　　　　112001413

5P22

圖解食品添加物與實務

作　　者 ─ 張哲朗、李明清（85.9）、黃種華、吳伯穗

　　　　　　顏文俊、蔡育仁、徐能振、邵隆志

發 行 人 ─ 楊榮川

總 經 理 ─ 楊士清

總 編 輯 ─ 楊秀麗

副總編輯 ─ 王正華

責任編輯 ─ 張維文

封面設計 ─ 姚孝慈

出 版 者 ─ 五南圖書出版股份有限公司

地　　址：106台北市大安區和平東路二段339號4樓

電　　話：(02)2705-5066　　傳　　真：(02)2706-6100

網　　址：https://www.wunan.com.tw

電子郵件：wunan@wunan.com.tw

劃撥帳號：01068953

戶　　名：五南圖書出版股份有限公司

法律顧問　林勝安律師

出版日期　2015年10月初版一刷

　　　　　2020年 3 月二版一刷

　　　　　2023年 1 月二版二刷

　　　　　2023年 3 月三版一刷

定　　價　新臺幣420元

經典永恆・名著常在

五十週年的獻禮——經典名著文庫

五南，五十年了，半個世紀，人生旅程的一大半，走過來了。

思索著，邁向百年的未來歷程，能為知識界、文化學術界作些什麼？

在速食文化的生態下，有什麼值得讓人雋永品味的？

歷代經典・當今名著，經過時間的洗禮，千錘百鍊，流傳至今，光芒耀人；

不僅使我們能領悟前人的智慧，同時也增深加廣我們思考的深度與視野。

我們決心投入巨資，有計畫的系統梳選，成立「經典名著文庫」，

希望收入古今中外思想性的、充滿睿智與獨見的經典、名著。

這是一項理想性的、永續性的巨大出版工程。

不在意讀者的眾寡，只考慮它的學術價值，力求完整展現先哲思想的軌跡；

為知識界開啟一片智慧之窗，營造一座百花綻放的世界文明公園，

任君遨遊、取菁吸蜜、嘉惠學子！